제국의 전쟁과 전략

제국의 전쟁과 전략

초판 1쇄 발행 2013년 12월 10일

지은이 장회식
펴낸이 윤관백
펴낸곳 선인

편 집 김지현
표 지 박애리
영 업 이주하

등록 제5-77호(1998.11.4)
주소 서울시 마포구 마포동 324-1 곳마루빌딩 1층
전화 02)718-6252 / 6257
팩스 02)718-6253
E-mail sunin72@chol.com
Homepage www.suninbook.com

정가 21,000원
ISBN 978-89-5933-671-5 93390

제국의 전쟁과 전략

장회식

선인
도서출판

머리말

　『전쟁론』을 저술한 프러시아 제국의 장군이자 전략가인 칼 폰 크라우제비츠는 전략(strategy)은 전쟁에서 이기는 것에 관한 것이고, 거대전략(grand strategy) 또는 대전략은 어떤 전쟁을 선택해 싸워야 할지를 결정하는 것에 관한 내용이라고 주장한 적이 있다. 그는 또한 전략은 합동참모본부, 거대전략은 왕이나 장관의 임무에 속하는 것이라고 말했다. 크라우제비츠가 책을 저술한 시기인 19세기 초기와 지금의 상황은 다르지만 그의 전략에 대한 예지는 현대에도 대체로 적용된다고 할 수 있고 그렇기 때문에 그의 책은 지금도 널리 읽히고 있다.[1] 이 책은 지금까지 저자가 학술지에 발표하였던 글을 모아 한 권으로 묶은 것으로 전쟁 전략에 관한 것이기도 하고 거대전략의 영역에 속한다고도 할 수 있다. 주요 내용은 심리전쟁, 인종전쟁, 통화전쟁, 자원전쟁, '보호책무'전쟁 등 다양한 전쟁을 테마로 하여 국제정치사(학)의 관점에서 연구한 것이다.

　처음에 책의 제목을 무엇으로 할까 고민하다가 결국 '사실상의 제국'인 미국과 '공개적인 제국'이었던 일본의 전쟁과 전략을 주로 다루고 있어 『제국의 전쟁과 전략』이라 붙이게 되었다. 물론 지금까지 미국정부가 공식적으로 자국을 '제국'이라고 부른 적이 거의 없다. 그러나 미

---

[1] Walter Russell Mead, *Power, Terror, Peace, and War: America's Grand Strategy in a World at Risk* (New York: Vintage Books, 2005), p.13에서 인용.

국인 중에서 자기 나라가 제국이라는 것을 부정하는 사람은 거의 없을 것이다. 그들이 쓴 책이나 논문 제목 중에는 '제국'이라는 단어가 붙여진 것이 수없이 많다. 일본은 20세기 전반기까지 '제국'이라는 단어를 빈번하게 사용한 나라로 유명하다. 태평양전쟁에서 연합국에게 항복하기 전까지 일본인들은 '대일본제국', '제국 일본', '제국 육군', '제국 해군'처럼 '제국'이라는 단어를 사용하는 것을 선호했다.

저자가 국제정치사(학)을 본격적으로 연구한 때는 일본의 히토츠바시(一橋)대학교 석사과정에서 심리전쟁을 공부하면서부터였다. 원래 일본에 갈 때는 일왕제를 연구할 계획이었다.[2] 그런데 입학 직후 석사 논문의 테마를 결정하는 과정에서 태평양전쟁기 미국의 심리전쟁이 연구의 중심이 되어 버렸다. 하지만 최종적으로 일왕제 연구에 대한 미련을 버리지 못하고 논문 제목은 「맥아더군의 對일 심리전과 전후 일왕제 구상」으로 정했다.

이 책은 6장으로 구성되어 있다. 제1장과 제2장은 전시 공공외교(public diplomacy)의 핵심 구성요소인 심리전쟁으로 구성되어 있는데 모두 석사논문을 수정, 보완하여 학술지에 게재한 것이다. 제1장은 『軍史』에 게재한 논문인 「태평양전쟁기 미국의 對일 심리전과 일본인의 반응」이고, 제2장은 일본 학술지 『계간 전쟁책임연구』에 실은 「맥아더군의 對일 심리전과 일왕관」을 한글로 번역한 것이다. 제1장의 주요 내용은 미국이 일본을 향해 실시한 심리전 삐라와 이에 대한 일본인의 반응을 중심으로 분석하고, 미군이 살포한 삐라가 1945년 8월 14일 히로히토 일왕의 항복 결정에 영향을 주었다는 점을 밝혀내었다. 제2장은 태평양전쟁 당시 더글러스 맥아더 장군이 지휘한 연합국남서태평양군이 일본군을 상대로 실시한 심리전쟁과 일왕제에 관한 구상

---

[2] 이 책의 모태가 되는 논문에는 '일왕'을 '천황'으로 표기한 곳도 있으나 여기서는 전자로 통일한다.

을 분석했다. 여기서는 일왕을 일본의 점령 통치에 이용함과 동시에 전범에서 제외하는 정책이 맥아더가 점령군 사령관으로서 일본에 오기 전에 이미 결정되어 있었다는 사실을 밝히고 있다.

제3장의 인종전쟁은 필자의 박사논문 중 일부를 수정하여 『일본역사연구』에 게재한 논문인 「태평양전쟁기 일본 지도층의 인종전쟁에 대한 공포가 전쟁정책에 미친 영향에 관한 연구」이다. 이 장에서는 일본 지도자들이, 연합국 중 '백인'국가인 미국과 영국인, 심지어 동맹국의 독일인이 일본인에 대해 가지고 있던 인종편견으로 인해 태평양전쟁이 인종전쟁化 될 가능성에 대하여 매우 두려워하였으며, 이러한 인종전쟁에 대한 공포가 일본 지도자들의 전쟁정책에 큰 영향을 미쳤다는 점을 주목하고 있다.

이 책의 전반부가 태평양전쟁기를 중심으로 한 미국과 일본의 전쟁사라면, 후반부는 냉전 붕괴 이후 미국의 전쟁을 국제정치학적인 측면에서 분석한 글이다. 제4장의 통화전쟁은 『군사논단』에 게재한 「오일달러 체제와 미국의 통화전쟁」을 바탕으로 하고 있다. 이 장에서는 국제정치를 통화전쟁의 관점에서 분석하면서 2003년 이라크 전쟁, 2011년 리비아 정권교체 그리고 최근까지 진행되고 있는 유로존의 재정위기와 이란의 핵무기 개발 의혹을 둘러싼 미국과 이란 간 대치 상태의 이유는 모두 미국이라는 제국의 패권유지에 매우 중요한 요소인 오일달러(petrodollar) 체제 방어와 깊이 관련되어 있다는 점을 분석했다.

제5장의 자원전쟁은 『군사논단』에 게재한 논문인 「유라시아의 가스 파이프라인 전쟁 : TAPI 및 IPI를 둘러싼 미국의 전략과 관련국의 대응」을 수록했다. 이 장에서는 지난 20여 년 동안 유라시아 지역에서 가스 파이프라인 건설을 둘러싸고 주요 강대국들 사이에서 치열한 각축전을 벌여온 자원전쟁을 다룬다. 특히 투르크메니스탄-아프가니스탄-파

키스탄-인도를 연결하는 가스 파이프라인(TAPI)과 이란-파키스탄-인
도를 연결하는 파이프라인(IPI) 건설을 둘러싼 '신 거대 게임'(New
Great Game)에 있어서 미국의 파이프라인 루트 견제 전략과 관련 당사
국인 중국·러시아·이란 등의 대응을 다루고 있다. 여기서는 두 개의
가스 파이프라인 루트를 둘러싸고 벌어진 '신 거대 게임'은 미국이 유
라시아 지역의 패권국 부상을 억제하기 위해 추진한 거대전략의 일환
으로서 중국·러시아·이란을 견제하는 구도를 보였고, 앞으로도 이와
같은 추세가 당분간 계속될 것이라고 전망했다. 두 개의 파이프라인
추진과정에서 드러난 미국의 전략과 관련국의 행태는 앞으로 우리나
라가 남·북·러 파이프라인 건설을 검토할 때 여러 가지 시사점을 줄
것으로 믿는다.

　제6장의 '보호책무'전쟁은『한국아프리카학회지』에 게재한 글인
「NATO의 리비아 정권교체 원인에 관한 분석」을 바탕으로 하고 있다.
이 장에서는 2011년 미국이 주도하는 북대서양조약기구(나토)가 무아
마르 카다피 정권을 교체한 원인에 관한 분석을 통해 리비아에서 일
어난 '아랍의 봄'의 성격을 규명하고, 카다피 정권교체는 시민의 자발
적 혁명이라기보다는 미국인이 사령관직을 맡고 있는 나토가 조직적
으로 개입하여 이루어진 혁명의 성격에 더 가깝다는 사실을 밝히고
있다.

　특히 저자가 제6장의 논문을 쓴 배경에는 연구자로서 역사 왜곡에
대한 비판의식이 자리 잡고 있다. 1953년 미국과 영국은 이란에서의
석유이권을 위해 정보기관을 동원하여 민주적 절차에 의해 선출된 모
하마드 모사데크 정권을 교체했다. 그러나 당시 양국 정부와 언론은
모사데크 정권붕괴의 성격이 이란인에 의한 '시민혁명'인 것처럼 선전
하였고, 그 후 서방이 규정한 혁명의 성격이 세계인들의 기억 속에 자
리 잡았다.[3] 그런데 이러한 혁명의 성격 왜곡은 21세기 들어서도 계속

되고 있다. 2011년 아프리카 북부의 자원부국인 리비아에서 발생한 '아랍의 봄'도 순전히 리비아 국민에 의한 '자발적인 혁명'인 것처럼 왜곡되어 묘사되고 있다. 물론 앞으로 역사책에서도 그렇게 쓰일 것이다. 여기서 주목해야 할 것은 지금까지 외국에서 발생한 혁명 과정에는 종종 서방 정보기관의 그림자가 보였다는 것이다. 이 점은 일본의 정보통 고위 외교관 출신으로 방위대학교 교수를 역임한 마고사키 우케루의 아래 글에서 발견할 수가 있다.

　　국제정치라는 관점에서 보면, 중앙정보국이 다른 나라의 학생 운동, 인권단체, 민간단체 등에 자금과 노하우를 제공하여 반미정권을 전복시키는 것은 흔한 일입니다. '공작'의 기본이라고 해도 되고, 대규모 시위에서는 먼저 중앙정보국의 개입을 의심할 필요가 있습니다. 1979년의 이란혁명, 2000년경부터 구 공산권에서 일어난 색깔혁명, 최근 미국에서 생겨난 소셜 미디어를 이용한 아랍의 봄 등 미국의 개입을 의심하지 않을 수 없는 예가 얼마든지 있습니다.[4]

　미국은 중동과 아프리카에서 '아랍의 봄'이 발생하기 훨씬 이전부터 리비아의 카다피 정권을 붕괴시키려는 계획을 가지고 있었다는 사실은 전직 미국인 나토 사령관의 증언에서 확인할 수 있다. 웨슬리 클라크 장군은 2007년 10월 샌프란시스코에서 행한 연설에서, 본인이 과거에 국방성 고위 장교에게 직접 확인한 결과 미국은 리비아에서 '아랍

3) 미국 중앙정보국은 60년이 지난 2013년에 개입 사실을 공식적으로 인정했다. http://www2.gwu.edu/~nsarchiv/NSAEBB/NSAEBB435/. 미국과 영국 정보기관이 모사데크 정권교체를 비밀리에 지원한 과정에 대해서는 Ervand Abrahamian, *The Coup: 1953, the CIA, and the Roots of Modern U.S.-Iranian Relations*(New York: The New Press, 2013) 참조.
4) 孫崎 享, 『アメリカに潰された政治家たち』, 小学館, 2012, pp.41-42.

의 봄'이 발생하기 약 10년 전인 2001년에 이미 카다피 정권을 붕괴시
키려는 계획을 가지고 있었다고 주장했다.[5] 만약 클라크의 주장이 틀
리지 않았다면 미국은 '아랍의 봄'과는 관계없이 오래전부터 리비아 정
권을 교체하려는 계획을 가지고 있었다는 이야기가 된다. 제6장의 내
용은 리비아 혁명의 외부요인에 초점을 맞추어 분석한 것으로서 지금
까지 언론을 통해 알려진 혁명의 성격과는 정반대의 내용을 포함하고
있다.

이 책을 편집할 때 가능하면 논문 게재 당시의 원문을 그대로 수록
하고자 하였으나 학술지별로 게재 방식의 차이가 있고 용어의 불일치
등이 있어 일부 내용을 수정, 보완하였고, 독자의 이해를 높이기 위해
지도와 만화 등 시각자료 일부를 추가했다. 또한 같은 시기의 비슷한
주제를 다룬 분야의 경우 기본적인 사실에 대한 서술이 중복되어 있
고 독자가 느낄 지루함을 생각하여 일부 내용은 삭제하였음을 밝혀둔
다(특히 제2장 서론 부분).

세계 초강대국인 미국은 전략을 수립할 때 세계지도를 펴놓고 시작
한다는 말이 있다. 이 책에 나오는 내용의 대부분은 미국의 전쟁전략
에 관한 것으로 유라시아, 아프리카 등 세계 대부분의 지역을 다루고
있다. 한국은 동북아에 위치한 작은 나라이지만 우리 기업이 전 세계
를 누비며 활동하고 있고 한류도 세계 도처에서 인기를 얻고 있어 앞
으로 한국인은 동북아와 아시아를 넘어 전 세계를 바라보는 시각을
가져야 한다. 이것은 저자가 평소 대학에서 학생들에게 강의할 때 자
주 쓰는 표현이기도 하다.

---

[5] 클라크 장군은 국방성 고위 장교로부터 미국이 향후 5년 이내에 리비아, 이라
크, 시리아, 레바논, 수단, 소말리아, 이란 등 7개국을 공격하는 계획을 가지고
있다는 정보를 입수했다고 주장했다. 당시 7개국 모두 미국에 적대적인 국가
였다. 클라크의 연설 장면은 http://www.youtube.com/watch?v=TY2DKzastu8 참조.

저자의 좁은 학문적 지식으로 인해 책의 내용에 부족한 부분이 많음을 솔직히 인정한다. 그렇지만 이 책이 역사, 전쟁, 국제정치, 심리전, 공공외교, 전략 등에 관심을 가지고 있는 독자나 정부와 군에서 외교와 안보 전략을 수립하는 분들에게 조금이라도 도움이 되었으면 한다. 마지막으로 논문을 책으로 엮어낼 수 있도록 허락해 준 각 학회와 연구소 그리고 출판을 위해 수고하신 선인출판사 윤관백 사장님과 직원 여러분에게 감사를 드린다.

2013년 9월 저자

목 차

제1장.
심리전쟁(1)

- 태평양전쟁기 미국의 對일 심리전과
  일본인의 반응

제1장 심리전쟁(1)
– 태평양전쟁기 미국의 對일 심리전과 일본인의 반응

1. 서론

전쟁의 종류에는 무력전, 심리전, 자원전 등 다양한 형태가 존재한다. 특히 전시에 적국인을 대상으로 실시하는 심리전은 상대국의 정치, 군사, 경제, 사회, 역사, 문화, 예술, 외국어 등 다양한 분야에 걸친 전문가들과 외국인 등이 총집결하여 수행하는 특징을 가지고 있다.[1] 이와 같이 융합 작전의 특성을 가진 심리전은 오랫동안 전쟁사 연구자들 사이에서 관심의 대상이 되어 왔다.

근대 이후 일본이 참전한 전쟁 중 가장 규모가 크고 많은 희생자를 낸 태평양전쟁(1941~1945)에서 당국이 미국을 대상으로 심리전을 실시한 것처럼 미국도 일본에 대해 대규모의 심리전을 전개했다. 그런데 여기서 미국의 대일 심리전을 논할 때 주목할 부분은 일본의 항복 결정과 상관관계에 있다는 점이다. 1941년 12월 8일, 일본군의 진주만 기습공격을 계기로 미국과 일본은 전쟁 상태에 돌입했다. 개전 초기 일본군은 일시적으로 승리를 거뒀으나, 얼마 후 군사력의 열세 등으로 인해 점차 패색이 짙어졌다. 결국 일왕 히로히토(裕仁)는 1945년 8월

14일에 전쟁을 종결하는 결단을 내렸다. 소위 '성단'(聖斷)으로 불린 일왕의 결단 배경에는 일본군의 전력 약화, 미군의 공습과 원자폭탄 투하, 소련의 참전 등 여러 가지 요인이 있으나, 이 외에도 특별한 외부적 요인이 있었다. 8월 14일 일왕이 항복을 결정한 이유 중에 하나는 8월 13일 오후부터 14일 오전에 걸쳐 미군기가 수도인 도쿄 등지에 살포한 삐라가 군의 손에 들어갈 경우 쿠데타가 일어날 가능성이 있었기 때문이었다.[2]

제1차 세계대전 이후 본격적으로 실시된 심리전에서 삐라가 국가원수의 항복 결정에 영향을 미친 사례는 아마 태평양전쟁기 미군이 일본에 살포한 삐라가 유일할 것이다. 이처럼 삐라의 중요성에도 불구하고 기존 연구에서는 미국이 일본을 대상으로 실시했던 심리전과 일본인의 반응에 대한 종합적인 분석이 이루어지지 않고 있다.[3] 이 글은 미국이 일본인의 사기를 저하시켜 전쟁을 조기에 종결하거나 또는 적의 항복을 유도하는 것을 목적으로 일본에 살포한 삐라가 일왕의 항복 결정에 일정 부분 영향을 주었다고 가정한다. 이 가정이 가능하다면 미국이 일본을 향해 실시한 심리전과 이에 대한 일본인의 반응은 태평양전쟁사 연구 분야에 있어서 중요한 과제로 다루어질 필요가 있다.

제1장에서는 이상과 같은 문제의식을 가지고 미국의 대일 심리전과 일본인의 반응에 관해 분석하는 것을 목적으로 하고 있다. 미국의 심리전 수행의 구체적인 매체로는 삐라와 단파 및 중파 방송이 있었으나, 전시기 일본당국은 미국이 일본 본토를 향해 심리전을 전개할 것을 미리 예상하고 일찌감치 일본인들이 소유하고 있던 단파수신기 중 대부분을 몰수한 상태였고, 미국의 중파 방송을 듣지 못하도록 방해전파(jamming) 시스템을 가동하는 등 강력한 조치를 취했다.[4] 전후 미국이 일본인을 대상으로 실시한 인터뷰 자료에 의하면, 응답자의 91%가 미국의 중파 방송을 듣지 못했으나, 약 과반수인 49%가 미군 삐라를

접한 것으로 나타났다.5) 결국 일본 국민 중 극소수만 샌프란시스코와 하와이에서 송출된 단파 및 사이판의 중파 방송을 들을 수 있었으나, 삐라는 훨씬 더 많이 노출되었다. 따라서 이 장에서는 당시 일본 사회에서 나타난 미국의 심리전 매체에 대한 접근성을 고려하여 삐라를 중심으로 분석하고자 한다.

이 글의 분석내용은 첫째, 미국의 대일 심리전에 관여한 기구 및 일본에 투하된 삐라의 운반 수단과 수량이다. 둘째, 대표적인 삐라의 내용을 분석하고 그 속에는 어떤 메시지가 담겨있는지에 관해 다룬다. 셋째, 미국의 대일 심리전의 목적은 일본인의 전쟁 의지를 저하시켜 전쟁을 조기에 종결시키거나 항복을 유도하는 데 있었으므로 삐라에 대한 일본인의 반응이 중요한 분석대상이다. 여기서는 먼저 삐라에 대해 일본당국이 취한 대책을 살펴 본 후 국가원수인 일왕과 일반 국민의 반응에 대해 알아본다.

이 글에서는 미국의 대일 심리전 관련 인물 가운데 주요 인사의 보고서(미국 스탠포드대학교 후버연구소 자료관 소장), 종전 후 미국전략폭격조사단(USSBS)이 일본에서 수행한 조사 보고서와 인터뷰 자료(일본 히토츠바시대학교 경제연구소 소장 마이크로필름), 일본정부 각 기관의 문서, 일왕을 지근거리에서 보좌한 인사들의 회고록, 전시기 발행된 일본 신문 등 미국과 일본 측의 1차 사료를 주로 활용하여 분석하고자 한다.

이 연구의 의의는, 먼저 미국의 대일 심리전에 대한 기존 연구가 지니고 있는 개별 주제 중심 또는 오키나와라는 특정 지역에 치중된 분석의 한계를 보완하기 위해 본토 전체를 대상으로 종합적 고찰을 시도함으로써, 태평양전쟁기 미국이 실시한 대일 심리전의 전반적 흐름을 이해하는 데 도움을 주는 것에 있다. 또한 당시 더글러스 맥아더 장군이 지휘하던 연합국남서태평양군사령부(이하 '맥아더군')에서 일본에 대한 심리전에 종사한 많은 요원들이 1950년 발발한 한국전쟁에서도 맥아더의 지휘 아래 심리전을 수행한 점 그리고 미군이 대일 심리전에서 가장 성공적인 사례로 든 〈공습예고 삐라〉가 한국전쟁에서도 다시 살포되어 "성공한 정책"이라는 평가를 내렸던 사실에서 볼 때 한국전쟁 시 실시된 미국 심리전의 전사(前史)를 이해할 수 있게 해준다.[6]

2. 심리전 기구 및 삐라의 운반 수단과 수량

　전시기 태평양 전선의 일본군과 후방의 일본인을 향해 실시한 미국의 심리전 기구는 다양하게 존재했는데 심리전 영역을 둘러싸고 정치적 다툼을 보이는 것이 특징이다. 우선 미국정부의 공식 선전기관은 1942년 6월에 설립된 전시정보국(OWI)이었다. 이 기관은 워싱턴의 본부 이외에 샌프란시스코, 하와이, 사이판 등지에 지부를 두었다. 전시정보국은 설립 당초 국내·외 선전 모두를 담당하였으나, 전통적으로 선전에 대해 부정적인 이미지를 가지고 있던 야당인 공화당의 일부 의원들이 중심이 되어 대내선전용 예산을 대폭 삭감한 결과, 1943년 초부터 기구가 축소되어 대외선전만을 담당하는 기구로 전락했다. 정치적 야심이 강했던 공화당 성향의 군인인 맥아더도 민주당 출신인 프랭클린 루즈벨트 정권이 만든 전시정보국이 자신의 휘하에서 일하는 것을 탐탁지 않게 여겨 요원들의 활동을 금지시킨 일화는 유명하다.[7] 선전의 내용면에서 보면, 전시정보국은 소위 '백색선전'(white propaganda)으로 불리는 공개적인 부문을 담당했다. 전시정보국과는 달리 같은 시기에 국방부 합동참모본부 산하의 조직으로 설립된 전략

국(OSS, 현 정보기관 CIA의 전신)은 '흑색선전'(black propaganda), 파괴
활동, 특수작전, 첩보활동, 유언비어 유포 등 주로 비밀활동에 속하는
임무를 수행했다. 전략국 또한 전시정보국과 유사한 이유로 맥아더 사
령부 내에서 활동이 금지되어 주로 미국 본토, 버마(현재의 미얀마),
중국, 인도 등지에서 대일 비밀공작 업무를 수행했다.[8]

　일본군과 싸우던 태평양전선의 미군은 각 사령부에 별도로 심리전
부서를 운용하는 체제를 유지했다. 남서태평양 전선에는 1944년 6월
육군의 맥아더군이 심리전부(PWB), 중남태평양 방면은 평소 맥아더와
경쟁관계에 있던 체스터 니미츠 제독이 이끄는 태평양해군사령부(이
하 '니미츠군')가 심리전부(PWS)를 각각 설치하여 대일 심리전에 임했
다. 두 심리전부는 태평양전선에서 육군과 해군의 심리전을 각각 분담
했다. 각 전선의 사령부에 설치된 심리전부에는 미군과 일본 전문가
이외에도 본국의 일본계 1, 2세와 태평양전선에서 미군에 잡히거나 투
항해 온 일본군 포로 등이 심리전 활동에 참여했다.[9] 심리전에 적군
포로를 이용한 것은 명백히 전시 포로의 대우에 관한 전쟁 법규 위반
이었으나, 당시 영국, 독일의 경우와 마찬가지로 미국도 이를 용인했다.

　맥아더군이 일본에 투하한 최초의 삐라는 전쟁 후반인 1944년 10월
필리핀 근해의 레이테해전에서 일본군을 대파한 사실을 알리는 신문
형태의 삐라 〈낙하산뉴스〉의 호외로 알려졌다. 그러나 일본에 본격적
으로 삐라가 투하된 시기는 필리핀 중심부인 루손섬을 점령한 후 일
본 본토에 대한 공략을 준비하던 1945년에 들어서였다. 이렇게 일본에
살포된 삐라의 주요 운반수단으로서는 맥아더와 함께 작전을 펼치던
극동공군(FEAF)의 B-24와 B-25 그리고 해군의 함재기가 동원되었
다.[10] 또한 니미츠군 소속 폭격기와 함재기 그리고 제20공군의 B-29
도 참가했다.[11]

　일본에 투하된 삐라의 수량에 관한 정확한 통계는 존재하지 않는다.
급박하게 돌아가는 전시상태에서 삐라 통계를 조직적으로 관리하는

일이 쉽지 않았던 점이 주요 원인일 것으로 짐작된다. 그 결과 현재 맥아더의 육군과 니미츠의 해군 심리전부의 통계는 불완전한 형태로만 존재한다. 맥아더와 니미츠의 심리전부 통계에서 나타나는 공통점은, 전쟁 막바지인 1945년 6월부터 8월 사이에 집중적으로 삐라를 제작, 본토에 투하했다는 점에 있다.

먼저, 맥아더군이 제작 및 투하한 삐라는 [표 1-1]에 나타난 바와 같이 약 2억 7천 2백만 장으로 파악되고 있다. 하지만 태평양전선의 일본군과 본토의 일본인들에게 각각 얼마만큼 투하하였는지 구체적으로 구분되어 있지 않아서 본토에 살포된 삐라의 수량을 가늠할 수 없는 상태이다. 삐라의 총수에 대해서는 맥아더군이 태평양전선의 일본군을 대상으로 실시한 심리전을 연구한 엘리슨 길모어가 약 4억 장의 삐라가 제작되어 일본군에게 살포되었다고 주장한 점을 고려할 경우, 맥아더군이 태평양전선 및 일본 본토를 향해 살포한 삐라는 적어도 4억 장 이상일 것으로 추정된다.[12]

[표 1-1] 맥아더군에 의한 시기별 삐라 제작 및 투하

기 간	수 량(장)	비 고
계	272,000,000	
1944년 12월까지	12,691,023	투하량
1945년 1~3월	31,667,000	"
1945년 4~6월	47,007,515	"
1945년 7~8월 초순	107,964,974	"
1945년 8월 중순(?)	72,669,488	미상

맥아더군의 삐라는 일본의 패전 후인 1945년 9월까지도 저항을 계속하고 있던 필리핀 지역의 일본군에게 투하되었다.
출처: Fellers, "Report," 15 Mar. 1946, *Bonner F. Fellers Collection*에서 재구성.

니미츠군이 투하한 삐라는 [표 1-2]에 나타난 것과 같이 약 1억 9백만 장으로 기록되어 있으나, 이 또한 태평양전선과 본토의 구분이 명

확하게 정리되어 있지 않다. 그리고 맥아더의 육군과는 달리 해군이 투하한 삐라는 니미츠군의 심리전부와 전시정보국의 지부가 있는 하와이, 사이판에서 제작한 삐라가 모두 포함되어 있는 것이 특징이다.

[표 1-2] 니미츠군이 투하한 삐라

기 간	수 량(천장)	비 고
계	108,583	
1944년 8월	1,060	
9월	1,373	
10월	1,016	
11월	1,602	
12월	1,424	
1945년 1월	5,348	
2월	1,400	
3월	10,722	
4월	1,200	
5월	1,100	
6월	28,553	
7월	21,637	
8월	32,148	

출처 : Joint Intelligence Center, "Propaganda Materials and Records," *USSBS Records*, Roll 135를 재구성.

한편, 일본정부도 본토에 투하된 미군 삐라를 회수한 통계를 가지고 있었다. 내무성 통계에 의하면, 본토에는 74종 458만 4천 장 가량의 삐라가 투하된 것으로 파악되었다.[13] 미국의 경우와 마찬가지로 일본정부의 통계를 가지고 본토에 얼마만큼의 삐라가 투하되었는지를 파악하기에는 불충분하다. 당시 삐라를 주운 일본인들이 당국에 신고하지 않고 소지하거나 산이나 강에 떨어지는 등 당국이 전부 회수하는 것이 불가능했기 때문이다.[14] 이상에서 살펴 본 바와 같이 불완전한 통계이기는 하지만, 미국은 태평양전선과 일본 본토에 대한 심리전에서 적어도 5억 장 이상의 삐라를 제작, 살포한 것으로 추정된다.

3. 삐라 속에 담긴 메시지

벨기에의 역사비평가 앙느 모렐리가 주장하듯이, 심리전에서는 적국의 국민 전체를 비판하지 않는 것이 특징이다. 따라서 상대국 국민으로 하여금 지도자들에게 적개심을 가지도록 하는 것이 심리전의 핵심이다. 상대국 지도자들의 나쁜 점을 최대한 강조함으로써 지배자의 아래에서 살고 있는 국민을 자기편으로 끌어 들일 필요가 있기 때문이다. 다시 말하면, 상대국의 전쟁 의지를 저하시키기 위해서는 먼저 지도자의 무능함을 강조하여 지도자에 대한 신뢰를 약화시킬 필요가 있다는 것이다.[15)]

태평양전선에서 미국의 대일 심리전의 일차적 대상은 일본군이었지만, 일본 본토의 대상은 민간인이었다. 따라서 일본인에 대한 이미지 형성이 심리전의 중요한 과제이다. 태평양전선에서 장교와 사병의 분열을 일으켜 일본군의 투항을 유도한 '이간책'(divide and rule)은 일본 본토에도 대체로 적용되었다. 뒤에서 상세히 설명하듯이, 태평전쟁기를 통틀어 일본 본토를 향한 미군 심리전의 주제는 '선 對 악'이라는 이분법적인 이미지가 지배하였고 '이간책'을 통해 일본 사회 내부의 분열을 유도하는 구도가 형성되었다.

미군이 일본 본토를 향해 실시한 심리전의 두 가지 전략은 '진실'을 전달하는 것과 군부(미군은 '군벌' 또는 '군국주의자'로도 호칭) 또는 각료를 비판하되 일왕과 일반 국민은 '희생자' 또는 '평화주의자'로 취급하는 것이었다.[16)] 따라서 미군의 적은 군부와 각료이지 신성한 일왕과 일반 국민은 아니라고 하는 〈일왕·국민 = 선·평화·피해자 對 군부·각료 = 악·전쟁·가해자〉라는 대립 구도 이미지로 고착화되었다. 그 결과 미군 삐라 중에는 일본의 군부 또는 각료를 비판한 대립 구도의 내용이 압

도적으로 많은 양상을 보였다.17) 특히 군부의 전쟁 책임에 대해 명확히
표현한 내용은 〈싸움은 본토에 가까워지고 있다〉는 제목의 다음 삐라에
잘 나타나 있다.

 일본의 대도시는 태평양 및 오키나와 기지로부터 끊임없이 공
습에 의해 파괴되고 있습니다. 도쿄, 나고야, 고베 등의 군수공업
지대는 지금 폐허가 되어 가고 있으며, 과거에 번영을 누렸던 이
도시들 대부분이 마침내 잿더미로 변하고 있습니다. 전쟁터가 본
토까지 이르게 된 것은, 즉 이기적인 군벌이 타도되기 전까지 미
군의 공습이 매일 치열하게 전개되어 간다는 것으로서 참으로 슬
픈 일입니다. **일본이 직면하고 있는 지금의 참상에 대해서는 오직
일본 군부가 책임져야** 합니다. 공격의 목표는 일본 국민이 아니며
어디까지나 일본 군부입니다(강조 부분은 원문).18)

 이 삐라는 오키나와 전투가 종료된 1945년 6월 직후 본토에 살포된
것이다. 미군은 당시 전황을 발표하던 대본영 보도부가 일본 국민에게
'진실'을 전달하지 않는다는 사실을 일본 국내 방송을 청취하여 파악한
후 전선과 본토가 미군에 의해 파괴되어 가고 있음을 알려주는 한편,
전후의 전쟁책임 문제에 대해서는 "오직 일본군부가 책임져야"하는 것
으로 보통의 일본인은 책임이 없다는 식으로 해석할 수도 있는 흥미
로운 내용을 담고 있는 것이 특징이다.
 미군의 대일 심리전에서 보이는 또 다른 특징으로 지적할 수 있는
것은 일왕의 이미지가 동맹국인 독일과 이탈리아의 최고지도자와는 차
별성을 보인다는 점이다. 물론 미국이 본토의 미국인을 향해 실시한 선
전에서는 독일의 아돌프 히틀러와 이탈리아의 베니토 무솔리니와 더불
어 일왕 히로히토도 세계평화를 어지럽히는 '원흉'으로 묘사했다.19)

[그림 1-1] 미국 국내 우편엽서 속의 추축국 지도자들

이 엽서에는 군인들이 참전하여 지명 수배중인 추축국 지도자를 잡아 오면 거액의 보상금을 받아 부자가 될 수 있다는 메시지를 전달하고 있다(왼쪽부터 히틀러, 무솔리니, 히로히토). 출처 : Bird and Rubenstein, *Design for Victory: World War II Posters on the American Home Front*, p.59.

[그림 1-2] 오리 형상의 일왕 히로히토와 미·영 수뇌부를 그린 미국 내 만화

이 만화는 미국의 유명한 만화가인 시러스 헝거포드(Cyrus Hungerford)가 1944년 9월 14일 일간지인 〈피츠버그 포스트-가제트〉(Pittsburgh Post-Gazette)에 실은 것으로, 영국의 윈스턴 처칠 총리(오른쪽에서 첫 번째)와 미국의 프랭클린 루즈벨트 대통령(오른쪽에서 두 번째)이 요리를 위해 히로히토의 얼굴모양을 한 오리(HIROHITO'S GOOSE)의 목을 조르며 끓는 물에 넣고 있는 장면이다. 당시 미국 내 신문, 잡지 등에서 히로히토를 희화화하거나 뱀, 박쥐 등 동물로 표현한 내용이 자주 등장했는데 미국인의 전쟁의지 고양과 전시 국채 및 우표 판매가 주목적이었다. 출처 : Pittsburgh Post-Gazette

　그런데 독일과 이탈리아의 최고지도자에 대한 이미지는 대내·외 선전에서 큰 차이가 없었으나 일왕의 경우는 달랐다. '악의 축'의 최고 지도자들을 비난하여 자국민의 전쟁 의지를 고양시키는 의도를 가진 국내 선전과는 달리 일본 본토에 대한 심리전에서는 일왕을 '희생자'

또는 '평화주의자'로 취급하는 정반대의 전략을 구사한 것이다. 그렇다
고 해서 미국의 심리전 요원들이 대외선전에서 일왕에 대한 비판을
삼가한 이유가 이들이 실제로 일왕을 '희생자' 또는 '평화주의자'로 보
았기 때문은 아니었다. 전후 미국의 일본 점령과 세계질서 구상이라는
큰 틀에서 일왕을 이용하자는 의견이 미국정부 내에서 나왔고 또한
당시 일본인들 사이에서 '살아있는 신'과 같은 존재였던 그를 비판할
경우 오히려 적국 국민을 자기편으로 끌어들이는 심리전 본래의 목적
이 훼손될 가능성이 있었기 때문이었다.[20] 다음은 일왕에 관해 묘사
한 전형적인 삐라이다.

> 현재의 각료는 제국을 평안하게 해야 한다는 소임을 다하고 있
> 지 않다. 그들은 **평화를 애호하시는 폐하와 국민의 사이에서 평화
> 에 대한 상의하달을 저해**하고 있다. 그들은 국민의 운명을 걸고
> 큰 도박을 하다가 완전히 실패했음에도 불구하고 할복자살로서
> 실패의 책임을 지기는커녕, 반대로 전국적으로 국민에게 자살을
> 강요하여 자신의 죄를 은폐하려 하고 있다. 일본에는 평화를 추구
> 하는 사람이 많이 있다. **헌법이 규정하는 권리에 의해 제군은 폐
> 하에게 직접 호소해야 한다. 강력한 군벌이라고 해도 폐하와 국민
> 의 평화를 향한 열렬한 희망을 막을 수 없다**(강조 부분은 원문).[21]

이 삐라는 본토에 투하된 삐라 중에 가장 정교하게 제작된 삐라 중
의 하나로 일왕가의 문양이 그려져 있는 것이 특징이다. 또한 일왕과
국민 사이에서 평화에 대한 의사소통을 저해하고 있는 각료들의 책임
을 묻도록 국민이 일왕에게 직접 호소해야 한다고 주장한다.

한편 미국은 [그림 1-3]와 같이 일본 국내에 인플레이션을 일으켜 경
제를 혼란시키고 일반 국민과 군국주의자 등 지도자 사이를 이간시켜
내부 분열을 조성(이간책)할 목적으로 일본 지폐를 위조한 〈10엔 지폐

[그림 1-3] 〈10엔 지폐 삐라〉의 예(앞면)

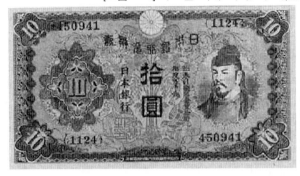

출처 : 平和博物館を創る会 編, 『紙の戦争・伝単—謀略宣伝ビラは語る』, エミール社, 1990, p.128.

[그림 1-4] 〈10엔 지폐 삐라〉의 예(뒷면)

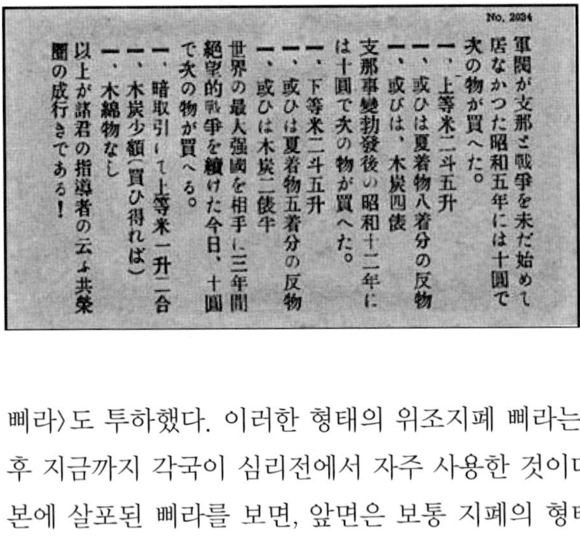

No. 2034

軍閥が支那と戰爭を未だ始めて居なかつた昭和五年には十圓で次の物が買へた。

一、上等米二斗五升
一、或ひは夏着物八着分の反物
一、或びは、木炭四俵

支那事變勃發後の昭和十二年には十圓で次の物が買へた。

一、下等米二斗五升
一、或ひは夏着物五着分の反物
一、或ひは木炭二俵半

世界の最大強國を相手に三年間絕望的戰爭を續けた今日、十圓で次の物が買へる。

一、暗取引して上等米一升二合
一、木炭少額(買ひ得れば)
一、木綿物なし

以上が諸君の指導者の云ふ共榮圏の成行きである！

출처 : 平和博物館を創る会 編, 『紙の戦争・伝単—謀略宣伝ビラは語る』, p.128.

삐라〉도 투하했다. 이러한 형태의 위조지폐 삐라는 제2차 세계대전 이후 지금까지 각국이 심리전에서 자주 사용한 것이다. 태평양전쟁기 일본에 살포된 삐라를 보면, 앞면은 보통 지폐의 형태이나, [그림 1-4]와 같이 뒷면에는 군부가 만주사변을 일으키기 1년 전인 1930년 당시 10엔으로 살 수 있는 물건과 중일전쟁이 발발한 1937년 그리고 미국과의 전쟁 후 3년인 현재 살 수 있는 물건을 각각 비교하여 군부를 비판하는 내용이 담겨 있다. 〈10엔 지폐 삐라〉는 그 외에 일본의 패전을 전제로 식료품과 일용품의 구입을 국민에게 권하는 내용을 포함하여 모두 4종류가 제작, 살포되었다.[22] 삐라를 지폐 형태로 만든 이유는 '돈을 좋아하는 인간의 본성'을 이용하여 일단 일본인의 주의를 끌게 한

후 자신들이 전하고자 하는 뒷면의 선전 문구를 읽도록 유도하는 것이 목적이었다.

이 삐라와는 달리 뒷면에 선전 문구가 들어가지 않은 위조지폐 삐라도 제작, 살포되었을 가능성이 엿보인다. 미국이 일본 지폐의 원본과 거의 유사한 위조지폐를 제작하려는 이유에 관해서는 당시 태평양전선에서 일본군과 싸우고 있던 맥아더군 휘하의 제6군 소속 정보장교로 근무하던 존 패튼 대령이 1944년 11월 19일, 맥아더군 심리전부 부장인 보너 펠러스 준장에게 보낸 편지에 명확히 나타나 있다. 패튼은 그 이유를 다음과 같이 설명한다.

> 이 편지를 보내는 이유는 우리 정보장교 중 한 명으로부터 **장래에 일본경제를 교란시키기 위해 대량의 위조지폐를 일본에 투하**하는 심리전을 제안했기 때문이다. 제안에 의하면, 삐라는 보통의 일본인이 주워 사용할 수 있도록 소액으로 작은 지폐가 좋다. 크기가 크고 고액인 지폐의 불리한 점은 보통 일본인이 가지고 있지 않고, 사용할 수 없거나 숨기든지 아니면 줍지 않을 우려가 있기 때문이다. 이 아이디어는 큰 도움이 될 것으로 믿는다(강조 부분은 원문).23)

패튼의 설명에서 보이는 것은 선전 문구가 없는 위조지폐 투하도 심리전의 일환이었다는 점이다. 그러나 이처럼 '모략'의 성격이 농후한 심리전은 펠러스가 근무하던 태평양전선의 심리전부가 아닌 비밀공작을 주로 수행하는 본국의 전략국에 더 어울리는 업무였다.

따라서 패튼의 제안을 받은 펠러스는 과거 함께 근무한 적이 있는 전략국장 윌리엄 도노번 소장과 의논했다. 펠러스가 볼 때, 일본 경제에 인플레이션을 발생시키기 위해서는 대량의 위조지폐가 필요하였고 제작에는 정밀한 기술과 특수재질의 종이가 필요했다.24) 도노번의 전

략국은 그 후 〈토이호스 작전〉(Operation 'Toy Horse')으로 명명된 비밀
작전 아래 캘리포니아주에서 위조지폐를 제작하여 일본에 살포하였을
것으로 판단된다. 위조된 지폐가 정확하게 언제부터 일본에 투하되었
는지는 불분명하지만, 펠러스가 패튼과 삐라에 관해 직접 논의한 시기
가 1944년 12월인 점 그리고 일본의 신문에 이 지폐 삐라에 관한 기사가
나온 시기가 1945년 3월경이라는 점을 고려하면, 1944년 12월부터 1945년
3월 사이일 것으로 추측된다.[25]

[그림 1-5] 미국 샌프란시스코의 비밀시설에서
위조지폐 삐라 제작을 하는 여성들의 모습

출처 : 미국 국립
공문서관(NARA)

한편 일본에 대한 삐라 투하는 미군의 본격적인 공습이 시작된 후 집중적으로 실시되었다. 미군이 실시한 첫 공습은 1942년 4월 18일이었다. 이 공습은 중국에 기지를 둔 제임스 두리틀 중령이 지휘하는 B-25 폭격기 편대가 태평양상의 항공모함 호네트에서 발진하여 도쿄, 요코스카, 나고야 등지를 폭격한 것이었다. 그러나 일본 본토에 대한 본격적인 공습은 1944년 6월부터 규슈지역, 관동지역에는 같은 해 11월부터 실시되었다. 초기단계의 공습은 군수공장과 군 관련 시설을 중심으로 전개되었으나, 전쟁 막바지인 1945년에 들어서는 도심부의 주민 밀집지역에 집중되었다. 특히 3월 10일과 25일에 일어난 도쿄대공습은 가장 큰 피해를 입힌 것으로 유명하다.[26]

일본 내 군사목표물이 거의 잿더미로 변해가던 시기인 1945년 7월경부터 공습대상 지역을 사전에 예고하는 〈공습예고 삐라〉가 본격적으로 투하되기 시작했다. 이와 같은 종류의 삐라 제작을 최초로 제안한 인물은 제21폭격전대사령관으로서 도쿄대공습을 주도한 인물로 악명이 높았던 커티스 르메이 소장으로 알려졌다.[27] 〈공습예고 삐라〉는 주로 사이판의 르메이 휘하 제21폭격전대와 남서태평양 지역의 맥아더군 소속 공군기들이 투하했다. 전자는 하와이와 사이판 등지에 지부를 둔 전시정보국이, 후자는 필리핀 수도 마닐라에서 맥아더군의 심리전부가 제작한 삐라를 주로 사용했다. 르메이 휘하의 공군기가 투하한 〈일본 국민에게 고한다〉는 제목의 삐라를 보면, 앞면에 아오모리, 후쿠시마, 돗토리 등 12개 지역을 열거하고 있으며 당시 '하늘의 요새'라고 불리던 폭격기로서 민간지역에 대한 무차별 공습으로 악명 높던 B-29의 사진도 함께 실려 있다. 삐라의 뒷면에는 다음과 같이 쓰여 있다.

당신은 자신과 부모·형제·친구들의 목숨을 구하고 싶지 않으십니까? 구하고 싶으면 이 삐라를 잘 읽어 보십시오. **수일 이내에**

뒷면에 적혀 있는 도시 중 전부 또는 일부 도시에 있는 군사시설을 미 공군이 폭격합니다. 이 도시들에는 군사시설과 군수품 제조 공장이 있습니다. 군부가 승산이 없는 전쟁을 계속하기 위해 사용하는 무기를 미 공군은 전부 파괴합니다만 폭탄에는 눈이 없기 때문에 어디에 떨어질지 모릅니다. 잘 아시겠지만 인도주의의 미국은 죄가 없는 사람들에게 피해를 주고 싶지 않기 때문에 뒷면에 적혀 있는 도시로부터 피난하십시오. 미국의 적은 여러분들이 아닙니다. 여러분들을 전쟁에 끌어들인 군부야말로 적입니다. (중략) 뒷면에 적혀 있는 도시가 아니라도 폭격될 수도 있습니다만 적어도 뒷면에 적혀 있는 도시 중 전부 또는 일부는 반드시 폭격합니다. 사전에 예고하오니 뒷면에 적혀 있는 도시에서 피난하여 주십시오(강조 부분은 원문).[28]

이 삐라를 살포한 목적은 공습예고 이외에 적어도 두 가지 특징을 가지고 있었다. 첫째, 일본 국민은 전쟁책임이 없고 오직 미국의 적인 군부에게만 있다는 사실을 주장하여 일본의 내부를 서로 이간시키는 전략이 돋보인다. 둘째, "인도주의의 미국"이라는 문구를 애써 강조하고 있다는 점이다. 후자는 당시 민간인 밀집지역에 대한 미군의 공습으로 인해 일본인들 사이에서 미국에 대한 상당한 적개심이 존재한다는 점을 의식한 것이다. 또한 삐라가 투하되기 전에 당시 정보국을 비롯한 일본의 선전기관이 미군의 공습에 대해 '인도주의의 탈을 쓴 미국'이라고 부르는 등 대미 적개심을 자극하기 위해 실시한 선전을 다분히 의식한 결과 궁리한 대응선전의 성격도 가지고 있었다. 이 대응선전은 당시 미국 당국이 일본의 방송을 청취하고 있어서 일본정부의 선전 내용을 상세히 파악하고 있었기 때문에 가능했던 것이다.[29]

[그림 1-6] 〈일본 국민에게 고한다〉는 제목의 삐라(뒷면)

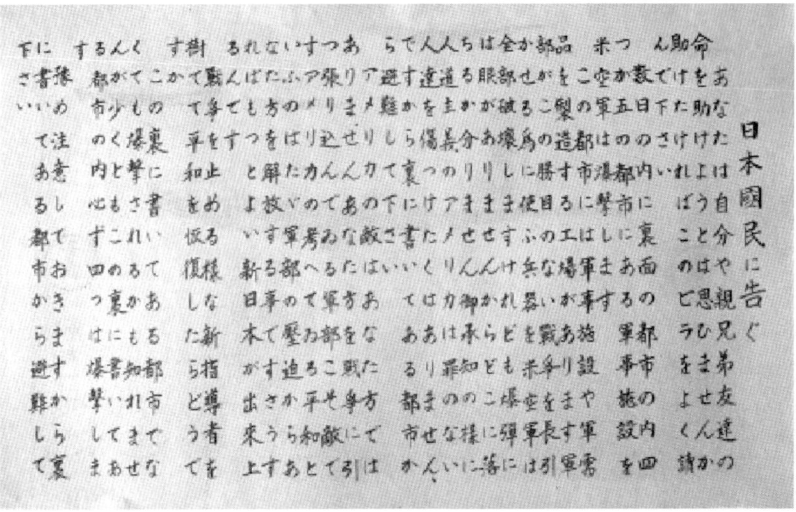

출처 : 미국 국립공문서관(NARA)

　비슷한 시기에 맥아더군 소속 공군기도 〈이 도시가 미 공군의 다음 공격 목표입니다〉라는 제목의 삐라를 살포하기 시작했다. 르메이군의 삐라와 비교하면 맥아더군의 삐라가 일본인의 눈에 들어오기 쉽게 칼라로 제작되어 있고 "이 삐라를 투하하고 난 후 72시간 이내 즉 3일 이내에 공습을 개시합니다. 또한 이 사실을 폭격 이전에 미리 알려주는 이유는 일본 군부 당국이 충분한 시간적 여유를 가지고 여러분을 우리의 공습으로부터 보호하기 위한 조치를 취하도록 하기 위한 것입니다"라며 공습의 시기를 명확히 알려준 점이다.[30] 르메이군과 맥아더군이 투하한 〈공습예고 삐라〉의 공통점으로 지적할 수 있는 것은, 공습을 예고하면서도 동시에 일본 군부를 비판하여 지도자와 일반 국민 사이를 이간시키려는 전략을 구사했다는 점에 있다.

　그런데 원자폭탄과 관련하여 〈공습예고 삐라〉 살포과정에 특이한 사실이 드러났다. 사이판에서 발진하는 르메이군의 B-29가 1945년 8

월 6일과 9일에 히로시마와 나가사키에 각각 원자폭탄을 투하한 것은 잘 알려진 사실이다. 미 공군은 폭탄 투하 직후인 8월 9일부터 10일에 걸쳐 〈원자폭탄이 투하된 사실을 알리는 삐라〉라는 제목의 삐라를 도쿄, 오사카, 요코하마, 후쿠오카, 나가사키, 야하타 등지에 투하했다. 이 삐라에는 "미국은 바야흐로 누구도 이룰 수 없었던 무서운 원자폭탄을 발명하고 이것을 사용하기에 이르렀다. 이 원자폭탄은 단지 1개만으로도 저 거대한 B-29의 2천 대가 1회에 투하하는 폭탄에 필적한다"고 적혀 있다.[31] 그러나 여기서 문제는 "B-29의 2천 대가 1회에 투하하는 폭탄에 필적한다"고 강조하면서도 다른 지역과는 달리 히로시마와 나가사키라는 지명을 특정한 〈공습예고 삐라〉를 투하하지 않았다는 사실이다.[32] 물론 원자폭탄이 투하되기 며칠 전인 8월 1일 아래 [그림 1-7]를 히로시마와 나가사키를 비롯한 35개 지역에 〈공습예고 삐라〉로서 투하한 적은 있으나, 원자폭탄이 떨어질 두 도시의 이름은 빠져 있다.

당시 이 삐라를 읽은 히로시마와 나가사키 시민들의 입장에서는 두 도시의 이름이 적혀있지 않아 자신들의 지역은 공습하지 않을 것으로 이해했을 수도 있다. 실제로 원자폭탄이 투하되었을 때 대부분의 시민들이 대피하지 않았다는 사실이 이를 증명해 준다. 태평양전쟁기 B-24 폭격기의 승조원으로 오키나와와 히로시마현의 구레 등지에 삐라를 투하하는 임무에 종사한 로버트 버스틴은 미국이 "원자폭탄 투하 전에 많은 삐라를 투하하여 시민들에게 알렸어야 되지 않았을까"라고 회고한다.[33] 후술하는 바와 같이, 전시기 미군이 일본 본토에 투하한 삐라 중 〈공습예고 삐라〉가 가장 큰 효과를 발휘한 점을 감안할 때, 히로시마와 나가사키의 이름도 특정하여 〈공습예고 삐라〉를 뿌렸다면 시민들이 보다 안전한 장소에 피난할 수 있었고, 그 결과 수많은 생명을 구할 수도 있었다.[34] 하지만 미군은 의식적이었든 아니었든 간에

[그림 1-7] 1945년 8월 1일의 〈공습예고 삐라〉(앞면)

전시정보국이 제작한 이 삐라에는 나가노, 다카오카, 구루메, 후쿠야마, 도야마, 마이즈루, 오츠, 니시노미야, 마에바시, 구리야마, 하치오지, 미토 등 12개 지역만 표시하고 있고 히로시마와 나가사키는 포함되어 있지 않다는 것을 알 수 있다.
출처 : 히로시마평화기념관

다른 공습 때와는 달리 히로시마와 나가사키에 원자폭탄을 투하하기 전에는 지명을 특정하여 예고하지 않음으로써 〈공습예고 삐라〉에서 애써 강조하던 "인도주의의 미국"이라는 주장을 무색하게 만드는 결과를 초래했다.[35)]

4. 일본인의 반응

심리전 연구자들 사이에서는 심리전의 효과를 측정하는 작업이 매우 복잡하고 변수가 많다는 공통된 인식이 있다.[36)] 심리전이 실시되기 이전 상대 국가 국민의 전쟁 의지, 식량사정, 사회적 요인, 적국의 공습 등 다양한 요인이 복잡하게 얽혀 있어 특정국가 국민에게 미친 효과를 정확히 측정하는 것이 쉽지 않기 때문이다. 미국은 일본의 패망 직후 전시기 일본을 향해 실시한 공습(원자폭탄을 포함)의 효과를 조사하기 위해 학계, 재계, 관계 전문가와 군인 그리고 사진, 마이크로 필름, 문서정리 관계 전문기술자를 포함한 총 1,150명 이상의 대규모 조사단을 파견했다. 이 조사단이 바로 미국전략폭격조사단이다. 1946년에 작성된 조사단의 종합보고서를 보면, 심리전의 유용성을 강조하기 위한 의도로 조사통계가 부풀려진 경향이 있었고 심리전 효과도 다소 과장된 측면이 있었다.37) 따라서 이상과 같은 문제점을 감안하여, 이 장에서는 미국의 심리전이 전체적으로 효과가 '있었다' 또는 '없었다'로 일반화시키기는 방법을 지양하고 그 대신 삐라에 대한 일본인의 반응을 중심으로 분석한다.

일본의 신문과 방송은 진주만 공격 이전부터 이미 당국의 엄격한 통제 아래 놓여 있었다. 내무성의 각종 검열로 인해 군국주의 일본의 언론 자유는 악화될 대로 악화된 상태에 있었다.38) 특히 태평양전쟁 중에는 검열을 통한 소극적인 의미의 통제를 넘어 미국의 심리전에 대응하기 위한 각종 조치와 대응심리전을 전개했다.39) 미국의 심리전이 일본인에게 미칠 영향을 사전에 차단하기 위해 일본정부가 현실문제로 인식하고 본격적인 대책을 강구하기 시작한 시기는 1944년 7월 사이판이 함락된 직후로서, 주로 이 섬에서 송출되는 미국의 중파 방송에 대응하기 위해서였다.40)

중파 방송과는 달리 일본정부가 미군 삐라에 대해 직접적인 조치를 시행한 때는 전쟁 말기 미군의 대공습이 도쿄지역에 집중되던 1945년 3월경부터였다. 미 공군은 1945년 3월 9일부터 10일 사이에 걸쳐 B-29를 총동원하여 도쿄대공습을 단행함과 동시에 대량의 삐라를 살포했다. 미군의 삐라에 대처하기 위해 내무성은 3월 10일자로 〈적의 문서·그림 등의 제출에 관한 건〉(내무성령 제6호)을 공포·시행했다. 내무성령은 "적이 살포 또는 송부하는 문서, 그림과 기타의 물건을 발견하거나 습득 또는 받은 자는 조속히 이것을 경찰 관리에게 가져오거나 제출할 것. 이유 없이 전 항의 가져오거나 제출할 의무를 태만히 한 자는 3월 이하의 징역 또는 구류에 처하거나 백 엔 이하의 벌금 또는 과료에 처한다"는 적의 심리전에 대응한 행동요령과 함께 이를 어길 경우에 받게 될 벌칙을 규정했다.[41] 동시에 정부 당국은 적의 심리전 결과 발생할 수 있는 유언비어 유포에 관한 규제도 한층 강화했다.[42]

경찰 자료를 보면, 내무성령이 시행된 후 초기 단계에는 살포된 삐라의 70~80%가 수거되었으나, 전쟁 막바지에 들어서는 50%에도 미치지 못한 것으로 밝혀졌다.[43] 정부 당국은 언제 하늘에서 삐라가 투하될 지 예측이 불가능하였기 때문에 주로 삐라가 뿌려지고 난 뒤에 대책을 수립하는 후속 조치에 치중하는 경향을 보였으나 경계를 늦추지는 않았다.[44] 미군 삐라에 대해 큰 관심을 가지고 있던 외교평론가 기요사와 기요시는 1945년 3월 11일자 일기에서 드디어 정부가 적의 심리전에 대해 신경과민 증상을 보이고 있다며 당국의 반응을 소개했다.[45] 이 당시 자주 사용되었던 미군 삐라에 대한 일본정부의 대응선전은 "전쟁은 정신의 문제"로 "적의 심리전에 패하지 말라"였다.[46] 패전 직전 2, 3개월 동안은 "독일과 이탈리아의 국민이 겪은 모든 곤경은 연합국의 심리전 때문이다"라는 표현을 써가면서 일본인들이 적의 심리전에 대해 경계를 늦추지 않도록 경고했다.[47]

미군 심리전에 대한 일본정부의 대응선전 중 또 다른 방법으로는 유명인사로 하여금 방송 연설과 신문, 잡지 등에 투고하게 하는 것이었다. 주요 내용은 적국의 심리전에 대해 "보지도 듣지도 말하지도 말

라"는 것이었다. 이와 더불어 각종 신문사의 독자란에 투고하는 방식
도 등장했다. 이 경우 투고자의 주소와 신원은 모두 위장 또는 가짜였
다. 또한 정부는 언론 지도를 통해 미군의 심리전과 관련하여 허위 사
실을 유포하기 위해 노력했다. 다음의 1945년 6월 13일자 〈마이니치신
문〉의 독자투고란 기사를 보면, 일본정부가 미군 삐라의 파급 효과에
대해 고심한 흔적을 엿볼 수 있다.

> 삐라에 의한 모략전술 이외에 이미 적이 사용하고 있는 수법은
> 라디오 방송을 비롯하여 최근에는 독이 든 초콜릿, 폭약이 장치된
> 샤프 연필 등의 살포가 있다. 이것들은 모두 겉으로는 천사의 탈을
> 쓰고 있지만, 속으로는 잔인한 동물적 습성을 가진 적이 마침내 가
> 면을 벗은 잔인한 전법으로 보인다. 특히 독이 든 초콜릿까지 투하
> 하여 우리 일본의 어린 생명마저 빼앗으려 하고 있다.[48]

그러나 이 신문의 주장과는 달리 당시 당국이 실제로 독이 든 초콜
릿, 폭약이 장치된 샤프연필이 발견된 흔적은 없었다. 신문기사의 내
용은 미국의 잔인성을 국민들에게 널리 알려 미군이 투하하는 삐라에
적힌 내용이 가져올 파급 효과를 반감시키기 위해 꾸며낸 이야기에
불과했다.

미국인들의 잔인성을 강조하여 심리전 효과를 반감시키려는 대응선
전은 태평양전선에서의 미군의 만행을 예로 들어 설명하는 경우가 종
종 돋보였다. 물론 이 선전은 사실과는 관계없는 꾸며진 이야기였다.
이 수법은 제1차 세계대전 이후 전쟁 당사국이 자국민을 대상으로 한
심리전에서 〈적의 만행 이야기〉(atrocity stories)로 불리며 자주 사용되
던 것이었다. 적에 대한 공포심을 유발하는 방법으로서 일본 본토에
적용된 구체적 사례를 보면 "이미 전선에서는 일본 병사의 시체를 비

행기 날개에 달고 와서 우리 진지에 투하하고 돌아가는 잔학무도한
만행을 저지른 것으로 미루어 볼 때 본토에 대해서도 어떠한 동물적
인 성격의 모략전술을 도모할지 모른다"며 일본군이 태평양전선에서
병사가 연합군의 포로가 되지 않고 끝까지 싸우도록 널리 퍼뜨린 방
식을 국내 선전에 응용했다.[49] 특히 〈적의 만행 이야기〉는 미군의 일
본 본토 상륙이 예상되던 전쟁 말기의 신문과 잡지에 자주 등장했다.
이러한 선전의 의도는 미군이 점령하면 부녀자에 대한 폭행 등 처참
한 일이 일어날 가능성이 있다며 공포심을 자극하여 일본인의 전쟁
의지를 불태우고, 나아가 끝까지 항전하여 '신의 나라 일본'(神國日本)
을 사수해야 한다는 메시지를 전달하는 것에 있었다.[50]

　　〈적의 만행 이야기〉이외에도 악천후 때문에 미군 삐라가 예고한
대로 폭격하지 않은 사실을 이용하여 "'○일에 대공습을 한다' 등 삐라
내용과는 달리 [폭탄이] 전혀 투하되지 않았을 뿐 아니라 문제의 ○일
은 무사히 평온하게 지나갔다. 이것이 바로 [적의] 선전이라는 것을 반
증하고 있지 않은가?"라며 〈공습예고 삐라〉는 믿을 수 없는 적의 선전
이라고 주장했다.[51] 그러나 일본정부의 내부문서에는 〈공습예고 삐
라〉에 관해 "수 개의 도시를 지정하여 폭격을 예고하고 그대로 실시되
면 전국적으로 큰 동요가 일어나 '악마의 예언'으로 취급되어 대책이
필요하다"며 삐라가 미칠 영향에 대해 고심한 흔적이 역력했다.[52]

　　하지만 일본정부는 전쟁 막바지까지 대체로 내무성령의 규정에 따
른 삐라 회수 등 소극적인 대책에 머물렀다는 지적도 나왔다. 이것은
칙명에 의해 1945년 6월 7일부터 11일에 걸쳐 행정 사찰을 하고 그 결
과를 스즈키 간타로 총리에게 보고한 〈행정사찰보고서〉에 나타나 있
었다. 이 보고서에는 미국의 심리전에 대해 "적의 비행기가 살포하는
삐라에 대해서 단순히 회수하는 데 머무르는 점은 심히 유감이다. 뭔
가 적극적인 대책을 강구할 필요가 있다"며 미군 삐라에 대해 정부가

적극적인 대책을 수립하도록 진언하고 있다.[53]

행정사찰단이 조사한 6월은 일본정부가 본토결전에 국력을 집중하고 있던 때였고 또한 설상가상으로 미군의 공습이 극심했던 시기였던 만큼 당국으로서는 미국의 심리전에 대해 적극적인 대응을 할 만한 시간적·정신적 여유가 거의 없었다. 결국 항복한 달인 8월에 들어가면서 "삐라의 정체는 진실이 아닌 것을 진실로 포장하는 것으로서 이런 이유로 [전황에 관한] 일부의 진실을 덧붙이는 것이 심리전의 요체다"며 적극적인 대책을 취하기보다는 오히려 미군 삐라에 쓰여 있는 전선에서의 실제 전황을 일부나마 사실로 인정할 수밖에 없게 되었다.[54]

그럼 미군 삐라에 대한 일본인의 반응은 어땠을까? 먼저, 미국의 삐라에 대해 당시 일본의 헌법상 선전포고권자이자 전쟁종결권자였던 히로히토 일왕은 어떤 반응을 보였는지에 대해 살펴본다. 일왕의 반응은 일본의 항복을 요구한 연합국의 〈포츠담선언〉과 깊은 관계가 있었다. 1945년 7월 26일 미·영·중 등 연합국 정상들은 독일 베를린 외곽의 소도시인 포츠담에서 일본의 무조건 항복을 요구하는 〈포츠담선언〉을 발표하고 일본정부에게 이 선언을 수락하도록 촉구했다. 연합국의 요구에 대해 일본 측은 1945년 8월 9일부터 10일에 걸쳐 일왕이 주재하는 어전회의를 개최하고 일왕제 유지를 조건으로 동 선언을 수락한다는 취지의 답신을 연합국 측에 보냈다. 그러나 연합국을 대표하여 미국정부가 일본 측에 보낸 문서인 소위 〈번즈회답〉에는 일왕제 유지 문제에 대해 어떠한 긍정적인 메시지도 들어 있지 않았다. 〈번즈회답〉에는 "항복 시부터 일왕 및 일본정부의 국가통치의 권한은 항복 조항의 실시를 위해 필요하다고 인정하는 조치를 취하는 연합국최고사령관의 제한 아래에 둔다"며 전후 일왕제의 존속여부에 대해 애매한 태도를 취했다.[55] 그 결과 일본 지도층 내부에서는 미국 측 회답에 대한 해석을 둘러싸고 의견이 모아지지 않은 상태가 며칠 동안 계속되고 있었다.

이처럼 일본 지도층 내부에서 항복과 철저 항전 여부를 놓고 치열한 대립이 계속하고 있는 가운데, 미군은 '진실'을 전달하는 심리전 전략에 따라 8월 13일 오후부터 14일 오전에 걸쳐 "귀국 정부가 요구한 항복조건을 미국, 영국, 중국, 소련을 대표하여 일본정부에 보낸 회답을 여러분께 알려드리기 위해 이 삐라를 투하합니다"라는 내용의 삐라가 도쿄 등지에 살포했다. 당시 미국의 전시정보국 요원으로 근무한 존 킹 페어뱅크에 의하면, 이 삐라는 전시정보국이 제작한 것으로 사이판 주둔의 제20공군 소속 B-29에 의해 투하된 것이었다.[56] 일왕의 정치고문격인 나이다이진으로서 최측근으로 불리던 기도 고이치는 궁궐 안에서 주운 삐라를 직접 일왕에게 보여 주면서 만약 이 삐라가 군인들과 국민들 손에 들어가면 심각한 상황이 발생할 것이라고 진언했다.[57] 히로히토는 전후 일본의 전쟁범죄자들을 재판한 극동국제군사재판(일명 '도쿄재판')의 대책을 논의하던 당시 이 삐라에 대한 자신의 반응을 다음과 같이 밝혔다.

의견이 분열되어 있는 사이에 미군은 비행기에서 선전 삐라를 뿌리기 시작했다. 일본이 〈포츠담선언〉 수락에 대해 회답했다는 사실을 일본 국민에게 알리는 삐라였다. 이 삐라가 군부의 손에 들어가면 쿠데타가 일어난다. 그래서 나는 어떻게 하든지 조야의 중지를 모으기 위해 한시라도 빨리 [회의를 개최]하지 않으면 안 된다고 결심하고 14일 오전 8시 반 경 스즈키 총리를 불러 조속히 회의를 개최하도록 명했다.[58]

이 회의에서 히로히토는 항복을 최종적으로 결정했다. 히로히토의 말에서 알 수 있는 것은, 일본 지도부 내에서 미국정부가 보내 온 〈번 즈회답〉으로는 일왕제 유지가 불확실하다며 논란이 일고 있는 사이에 미군이 투하한 삐라가 일왕으로 하여금 항복에 대한 최종 결정을 하 도록 한 사실이다. 나이다이진 기도의 기록에도, 히로히토의 항복 결 심 배경에는 뒤에서 종전을 위한 공작을 하고 있었다는 사실이 군부 강경파에게 알려질 경우 정국이 큰 혼란에 휩싸일 가능성이 있다고 판단했기 때문이었다고 적혀 있어 일왕의 주장을 뒷받침 하고 있다.[59]

히로히토와 기도의 주장을 뒷받침하는 자료는 미국의 심리전 담당 고위 장교가 남긴 편지에서도 확인되었다. 전시기 맥아더 휘하의 심리 전부 부장으로 그리고 일본의 패전 후에는 점령군으로 도쿄의 맥아더 사령부에서 근무하고 있던 펠러스 준장은 1946년 3월 10일, 본국에 있 는 아내 도로시 펠러스에게 보낸 편지에서, 일왕이 하루 전(3월 9일) 측근인 데라사키 히데나리를 통해 자신에게 "삐라를 본 군인들이 쿠데 타와 같은 과격한 행동을 할 우려가 있어 항복의 결단을 내렸다"는 말 을 전해 왔다고 밝혔다.[60] 전시기 맥아더군 내의 대표적 '지일파'로서 맥아더에게 일본의 일왕제 등에 관해 조언한 펠러스는 미국의 삐라가 일왕의 항복 결정에 기여했다는 사실에 대해 자부심을 가지고 있었고 이 사실을 본국의 아내에게 털어놓은 것이다.

다음은 일반 국민의 삐라에 대한 반응을 살펴본다. 당시 삐라에 대 한 일본인들의 반응을 조사한 내무성 자료를 보면, 일반적으로 삐라가 투하된 초기에 "일부 국민들이 호기심을 가질 정도로 대체로 적도 드 디어 [일본을 향한] 선전에 몰두하기 시작했다. 또는 유치한 선전 삐라 라며 웃어넘기는 것에 지나지 않고 오히려 적개심을 불러일으키는 등 문제시 되는 반응"은 없었다고 되어 있다. 그러나 미국의 삐라 제작 기 술과 내용이 점차 향상되었고, 일본의 전황 악화, 식량 부족, 미군의

공습 등과 맞물려 국민들 사이에서 전쟁의 향배에 대해 회의적인 반
응이 나오면서 미군 삐라가 "전황에 대한 진상과 원인 등을 알려 국민
의 심리에 영향을 미친 결과 [삐라의 내용을] 믿는 사람들이 서서히 증
가"하는 추세를 보였다. 즉, 삐라가 투하된 초기에는 거의 효과가 없었
으나 전쟁 말기부터는 영향을 받았다.[61] 도쿄지방경찰청(경시청) 자료
에는, 도쿄 도민이 "삐라의 진실성을 인정하고 일본의 필승에 의문"을
품었으며, 특히 1945년 "7월경부터 드디어 동요하는 조짐"이 보였다고
적혀있다.[62]

삐라는 일본 사회의 치안 붕괴의 한 요인으로도 작용했다. 내무성은
전쟁 말기 치안이 붕괴된 직접적인 원인으로서 공습의 격화, 식량 부
족, 인플레이션의 악화, 반군·반관 사상의 심화, 본토결전에 대한 불
안감 그리고 활발한 미국 심리전을 들었다. 또한 내무성은 미군의 심
리전에 대해 전황의 악화와 더불어 미군 삐라의 살포 빈도가 증가하
고 내용도 다양화 되면서 민심에 미치는 영향이 심각한 것으로 판단
했다.[63] 이러한 상황에서 미군 삐라는 유언비어 발생의 원인을 제공
했다. 동부헌병대는 비관적인 전황을 틈타 미군 심리전의 내용을 둘러
싸고 유언비어가 발생하고 있어 "적극적인 대책이 필요"하다고 경고했
다.[64]

실제 전황에 대해 목말라 있던 일본인들 사이에서 많이 읽혀진 삐
라는 〈낙하산뉴스〉와 〈마리아나시보〉였다. 〈낙하산뉴스〉는 맥아더
휘하의 심리전부가 마닐라에서, 〈마리아나시보〉는 태평양상의 섬인
마리아나에 있던 전시정보국 파견 요원들이 만들어 일본 본토에 살포
한 삐라였다. 이들 삐라가 널리 읽히게 된 이유는, 대본영 보도부와는
달리 미군이 만든 〈낙하산뉴스〉와 〈마리아나시보〉는 전선에서의 실
제 전황을 자세히 알려 주었기 때문이다.[65] 미군의 '진실'을 전달하는
심리전 전략이 어느 정도 먹혀 들어간 것이었다.

〈10엔 지폐 삐라〉는 이것을 고안한 미국 심리전 요원들의 당초 의도대로 일본 금융계에 상당한 영향을 미쳤다. 내무성 자료를 보면 "10엔 지폐의 앞면은 극도의 위조기술로 교묘하게 인쇄되어 있고 (중략) 특히 크기가 작아서 주운 사람들 중에는 [당국에] 가지고 오지 않는 사람들이 많으며 (중략) 한편으로는 조만간 반드시 양면 모두 위조된 일본지폐가 살포될 것이라며 금융계에 상당한 불안감을 조성했다"고 적혀 있다.[66]

특히 〈공습예고 삐라〉는 미군이 만든 삐라 중에서 일본인들에게 가장 큰 영향을 주었다.[67] 예를 들면, 일본 동북지역의 아오모리현 아오모리시의 경우, 1945년 7월 27일 삐라가 투하된 후 수많은 시민들이 다른 지역으로 피난을 떠났다. 그러나 아오모리현 지사인 가나이 모토히코는 〈방공법〉 제8조의 3에 의거해 명령을 내려 시민들을 소개지로부터 돌아오게 했는데, 미군이 예고한대로 7월 28일 공습을 실시하여 731명이 사망하는 대참사가 일어났다.[68] 또한 〈공습예고 삐라〉는 국민들이 대본영의 전황 발표에 의문을 품게 하는 역할을 했다.[69] 그 결과 일본정부로 하여금 조금씩이나마 실제 전황을 발표하지 않을 수 없는 상황을 만들었다.[70]

1946년 작성된 미국전략폭격조사단 보고서에는 삐라가 일본인에게 미친 영향에 대해 분석되어 있다. 미국 조사단의 보고서에 나타난 일본인의 반응을 보면, 〈삐라 내용을 완전히 믿었던 사람〉 32%, 〈조건부로 믿었던 사람(처음에는 믿지 않았지만 나중에 의견을 바꾼 사람 포함)〉 24%, 〈믿지 않았던 사람〉 33%, 〈무응답〉 11%로 각각 나타났다. 계층별·지역별 반응을 보면, 농촌지역의 젊은 부인과 도시지역의 젊은층이 삐라의 내용을 가장 신뢰하지 않았다는 것을 알 수 있다. 즉, 전쟁 의지가 가장 높았던 층은 주로 젊은층으로 나타났다. 도시와 농촌에 공통되는 현상은 교육정도가 낮은 사람일수록 삐라를 신뢰하지 않았다. 다만, 〈공습예고 삐라〉에 관해서는 교육정도와 거의 관계없이 믿는 경향을 보였다. 그리고 공습을 받은 도시의 사람들은 그렇지 않은 사람보다 삐라의 내용을 신뢰했다. 결론적으로 미국 조사단은 미군의 심리전은 전황의 악화, 공습의 격화, 생필품의 부족 등과 연동하여 국민에 대한 심리적 효과를 발휘하였고, 방송에 의한 심리전은 실패한 반면, 삐라는 일부 국민들을 지도자로부터 이간시키는 역할을 했다고 평가했다.[71] 삐라 제작자들의 당초 의도대로 '이간책'이 어느 정도 효력을 발휘한 것이다.

5. 결론

이상에서 분석한 바와 같이, 태평양전쟁기 미국이 일본을 향해 실시한 심리전의 2대 전략은 일본인들에게 '진실'을 전달하는 것과 전쟁을 일으키고 실제 전황을 국민들에게 알려주지 않는 군부 또는 각료를 비판한 반면에, 일왕과 일반 국민은 '희생자' 또는 '평화주의자'로 묘사하는 '이간책'이 돋보였다. 따라서 미군 삐라 속에 나타난 메시지는 미국의 적은 군부와 각료이지 신성한 일왕과 일반 국민은 아니라고 하는 〈일왕·국민 = 선·평화·피해자 對 군부·각료 = 악·전쟁·가해자〉라는 대립 구도의 이미지로 고착화되었다.

미군 심리전에 대한 보통 일본인의 반응을 보면, 전쟁 초기 단계에서는 거의 효과가 없었으나, 전쟁 말기부터 영향이 나타나기 시작하였고, 미군의 심리전은 일본 국내의 치안 붕괴에 원인을 제공했다. 일본 측의 미군 삐라에 대한 본격적인 대책은 1945년 3월부터 시작되었다.

전황의 악화, 공습, 식량 부족 등에 의해 국민의 전쟁 의지가 저하되었기 때문에 당국은 삐라가 국민에게 미칠 영향에 대해 신경을 곤두세웠으며 경찰과 헌병에 의한 감시를 강화하였으나 삐라 회수 이외의 적극적인 대책을 취하지는 못한 것으로 나타났다. 전파 방해 시스템을 가동하여 사전에 차단할 수 있는 미국의 방송과는 달리 하늘에서 떨어지는 '종이폭탄'을 막는 것은 사실상 불가능했다.

여기서 주목해야 할 사실은 미군 삐라가 히로히토 일왕의 종전 결정에 일부 영향을 주었다는 것이다. 태평양전선에서 일본군의 전세가 이미 기울어져 있었고, 본토에는 연일 계속되는 미군의 공습에 의해 수많은 민간인들이 살상되고 있는 와중임에도 불구하고 항복 결정을 머뭇거리고 있던 일왕으로 하여금 1945년 8월 14일 종전을 최종적으로 결심하게 만든 요인 중의 하나가 바로 미군기에서 투하된 실제폭탄이 아닌 '종이폭탄'이였던 것이다. 일왕의 항복 결심에 영향을 준 '종이폭탄'은 '진실'을 전달하는 심리전 전략에 따라 제작, 투하된 것이었다. 국민들에게 철저 항전을 독려하면서도 뒤에서는 종전을 위한 공작을 하고 있었다는 '진실'을 국민들에게 공개함으로써 조기에 항복을 유도한다는 전략이 효력을 발휘한 것이었다.

태평양전쟁기 일본을 대상으로 실시된 미국의 심리전에서는 장래에 지킬 수 없는 약속은 하지 않는다는 원칙을 가지고 있었다. 맥아더의 부하였던 데이비드 바로즈 소장은 종전 직후 "전시기 맥아더군이 삐라에서 일본인에게 약속한 장기적 정책은 전후 그가 일본 점령군 사령관으로 부임한 후 실제 정책으로 시행되었다"고 주장했다.[72] 전시기 미군이 삐라를 통해 일본 국민에게 약속한 것은 전후 맥아더의 정책으로서 실행되었다는 의미이다.

일본의 전쟁 책임에 관하여 전쟁 말기 본토에 뿌려진 삐라 중에는 "일본 군부만이 책임을 져야 한다"고 되어 있었다. 전쟁 중 이미 심리전 삐라의 내용에 '지도자 책임론'이 부상한 것이다. 바로즈 장군의 주장은 틀린 말이 아니었다. 잘 알려진 바와 같이, 전후 점령군 사령관으로서 일본에 부임한 맥아더가 일왕의 전쟁 책임에 대해 특별히 조사한 흔적이 발견되지 않았고, 전시 심리전에서 고착화된 '지도자 책임론'은 점령 정책으로서 그대로 전환되었다. '지도자 책임론'은 맥아더주도로 일본의 전범을 재판하기 위해 열린 극동국제군사재판에서도실현되었다. 동 재판에서 일왕과 일반 국민은 전쟁 책임을 면하고, 반면에 도조 히데키 전 총리 등 고위 장교와 관료 등 일부만 전범으로서유죄를 언도받았다. 결국 전시기 미국의 심리전에서 '이간책'의 일환으로 실시한 〈일왕·국민 = 선·평화·피해자 對 군부·각료 = 악·전쟁·가해자〉로 고착화된 이미지가 전후 점령정책에 계승됨으로써 일본인의 전쟁 책임 의식을 희석시키는 요인 중의 하나로 작용했다고해도 과언이 아닐 것이다.

주석 ···

1) 일반적으로 '심리전'(psychological warfare 또는 줄여서 psywar)과 '선전'(propaganda)이란 용어는 종종 혼용되어 사용된다. 두 용어 모두 전시에 사용되나 전자가 군사적인 성격이 더 강하며 태평양전쟁기 미군이 주로 사용했다. 이 글에서는 '심리전'과 '선전'을 혼용하여 사용하기로 한다.

2) 寺崎英成, マリコ・テラサキ ミラー, 『昭和天皇独白録・寺崎英成御用掛日記』, 文藝春秋, 1991, p.133.

3) 현재까지 미국이 일본 본토에 대해 실시했던 심리전에 관한 한글 연구서는 거의 보이지 않는다. 외국의 연구로는 일본 본토 전체를 대상으로 한 미국의 심리전에 관한 것은 없으나, 미국이 일본과 지상전을 벌인 지역인 오키나와를 대상으로 실시한 심리전에 관한 연구로 大田昌秀의 『沖縄戦下の米日心理作戦』(岩波書店, 2004)이 있다. 오타의 연구는 미국이 일본에 대해 실시한 심리전과 일본인의 반응에 관한 종합적인 분석이 결여되어 있다. 태평양전쟁기 연합국인 미국, 영국, 호주가 일본군과 민간인을 대상으로 살포한 삐라가 작성된 과정과 일본인의 반응을 분석한 최신 연구로는 土屋礼子의 『対日宣伝ビラが語る太平洋戦争』(吉川弘文館, 2011)이 있다. 미국과 일본의 전쟁을 '인종전쟁'의 시각에서 연구한 John Dower, *War Without Mercy: Race and Power in the Pacific War* (New York: Pantheon, 1987)은 미국의 국내 선전에서 나타난 일본인의 이미지와 일본의 對미 선전 속의 이미지를 비교하여 분석하고 있으나, 미국이 일본에 대해 실시했던 심리전에 관한 내용은 거의 보이지 않는다. 더글러스 맥아더 장군의 연합국남서태평양군사령부의 심리전과 전후 일왕제 구상에 관해서는 필자의 논문인 「マッカーサー軍の対日心理作戦と天皇観」(『季刊 戦争責任研究』, 第41号, 2003年 9月)이 있고, 맥아더군이 태평양 지역의 일본군을 대상으로 실시한 심리전에 관한 대표적인 연구로는 Allison Gilmore, *You Can't Fight with Bayonets: Psychological Warfare against the Japanese Army in the Southwest Pacific* (London: Bison Books, 1998)이 있다.

4) 전시기 일본 국내에는 약 500만 대의 라디오가 있었다. 단파수신기는 약 500대가 있었으나, 일본정부는 외국의 단파방송 수신을 금지했다. 당시 일본 국내 상황에 관해서는 北山節郎, 『ピース・トークー日米電波戦争』, ゆまに書房, 1996, pp.60・70 참조.

5) 米国戦略爆撃調査団, 『The United States Statess Strategic Bombing Survey』

(太平洋戦争白書)(第7巻)』, 日本図書センター, 1992, pp.127-128.

6) 이임하, 『적을 삐라로 묻어라-한국전쟁기 미국의 심리전』, 철수와영희, 2012년, 353쪽.

7) 張會植, 「マッカーサー軍の対日心理作戦と戦後天皇制構想」, 一橋大学大学院修士論文, 2003, p.5.

8) 위의 논문, 같은 쪽.

9) 위의 논문, pp.5 · 10.

10) Bonner Fellers, "Report on Psychological Warfare Against Japan, Southwest Pacific Area, 1944-1945"(이하 "Report"), 15 Mar. 1946, *Bonner F. Fellers Collection*, Archives of Herbert Hoover Presidential Library and Hoover Institution on War, Revolution and Peace, Stanford University, California. 미국 스탠포드대학교 후버연구소 내 자료관에 소장되어 있는 Bonner F. Fellers Collection은 소량으로 별도의 파일명이 따로 존재하지 않는다.

11) Joint Intelligence Center, "Leaflets Dropped and Target Areas(5 Mar. 1945 to 16 Aug. 1945)," *U.S. Strategic Bombing Survey(Pacific): Records and Other Records, 1928-47*, Microfilm Publications M1655(National Archives; Washington, 1991), Institute of Economic Research, Hitotsubashi University (이하 "USSBS Records"), Roll 136. 미국전략폭격조사단 자료인 USSBS Records는 1991년 미국 국립공문서관(NARA)이 원본을 마이크로필름으로 촬영한 것이다. USSBS Records에는 미국 조사단의 보고서 이외 전시기 일본정부가 작성한 방대한 문서가 수록되어 있어 태평양전쟁사 연구에 귀중한 자료이다. 이 장에서는 일본 히토츠바시대학교 경제연구소가 미국으로부터 구입, 소장하고 있는 마이크로필름을 이용하였으며, 이 자료는 파일명이 아닌 Roll 번호로 구분되어 있다.

12) Gilmore, *You Can't Fight with Bayonets*, p.2.

13) 內務省, 「極東防空軍司令部フィシャア大尉会見資料」, *USSBS Records*, Roll 128.

14) Joint Intelligence Center, "Leaflets Dropped and Target Areas(5 Mar. 1945 to 16 Aug. 1945)," *USSBS Records*, Roll 136과 警視庁, 「米国戦略爆撃調査ニ関する件」, *USSBS Records*, Roll 130 참조.

15) アンヌ・モレリ 著, 永田千奐 訳, 『戦争プロパガンダ 10の法則』, 草思社, 2002, pp.54-55.

16) Gilmore, *You Can't Fight with Bayonets*, p.5.

17) 이하 미군 심리전의 2대 전략인 '진실'을 전달하는 것과 일본의 군부 또는 각료를 비판하는 내용이 담긴 대표적, 전형적인 삐라를 중심으로 살펴본다. 이 장에서 제시하는 삐라 이외에도 미국은 물적인 면에서 일본보다 우세하다는 것, 무조건 항복의 의미가 일본의 멸망 또는 노예화를 의미하지 않는다는 것, 미군이 잔인하다는 일본정부의 선전은 '거짓말'이라는 것, 소련의 대일 참전을 알리는 것, 전쟁종결과 국가재건을 호소하는 것, 대동아공영권은 일본 지도자들의 허황된 생각에 지나지 않는다는 것 등의 내용을 담은 다양한 종류의 삐라가 일본 본토에 살포되었다. 오키나와와 일본 본토에 살포된 삐라의 차이점은 여러 가지가 있다. 예를 들면, 실제 전황을 알리는 주간지 형태의 삐라인 〈류큐주보〉는 오키나와 현지의 군인과 민간인에게만 살포되었다. 大田昌秀, 『沖縄戦下の米日心理作戦』, p.226.

18) 鈴木明・山本明, 『秘録・謀略宣伝ビラ』, 講談社, 1977, p.16.

19) William Bird and Harry Rubenstein, *Design for Victory: World War II Posters on the American Home Front* (New York: Princeton Architectural Press, 1998), p.59.

20) 張會植, 「マッカーサー軍の対日心理作戦と天皇観」, p.20.

21) 平和博物館を創る会 編, 『紙の戦争・伝単—謀略宣伝ビラは語る』, エミール社, 1990, p.125.

22) 위의 책, p.128.

23) John Patton, Headquarters XI Corps, "Letter to Brigadier General Bonner Fellers," 19 Nov. 1944, *Fellers papers*. Fellers Papers는 맥아더군의 심리전부 부장 펠러스가 딸인 낸시 펠러스 길레스피의 자택에 보관한 문서로서, 이것을 일본 공영방송인 NHK의 히가시노 마코토 씨가 발굴하여 히토츠바시대학교 요시다 유타카 교수실에 기증한 문서이다. 이 책에서는 이 문서를 "Fellers Papers"로 표기한다.

24) William Donovan, "Letter to Brigadier General Bonner Fellers," 12 Dec. 1944, *Fellers Papers*.

25) 張會植, 「マッカーサー軍の対日心理作戦と戦後天皇制構想」, p.32.

26) 위의 논문, 같은 쪽.

27) 르메이는 전후 미국 공군참모총장을 역임한 인물로서 일본 자위대 육성에 기여한 공로로 일왕으로부터 훈장을 받았다. 일본 본토 공습과 원자폭탄 투하에 대한 르메이의 주장에 대해서는 그의 회고록인 Curtis

LeMay and MacKinlay Kantor, *Mission with LeMay: My Story by General Curtis E. LeMay with MacKinlay Kantor* (New York: Doubleday&Company, INC., 1965), pp.383-388 참조.

28) 平和博物館を創る会 編, 『紙の戦争・伝単—謀略宣伝ビラは語る』, p.104.

29) 張會植, 「マッカーサー軍の対日心理作戦と戦後天皇制構想」, p.33.

30) 平和博物館を創る会 編, 앞의 책, p.13.

31) 위의 책, p.139.

32) 張會植, 「マッカーサー軍の対日心理作戦と戦後天皇制構想」, p.34.

33) 『読売新聞』 1999년 3월 22일자.

34) 희생자 중에는 다수의 조선인, 대만인 등도 포함되어 있었다.

35) 원자폭탄 투하지역은 그 직전까지도 확정되지 않았으므로 사전에 인쇄해야 하는 삐라에는 예고하기 어려웠을 것으로 본다는 견해도 일부 존재한다.

36) Gilmore, *You Can't Fight with Bayonets*, p.146.

37) 米国戦略爆撃調査団, 『The United States States Strategic Bombing Survey』 (太平洋戦争白書)(第7巻)』 참조.

38) 일본정부는 미국과의 전쟁 개시 이후 일반인의 편지쓰기조차 금지했다.

39) 당시 일본에서는 적의 심리전을 '선전', '심리전', '모략선전' 등으로 일컫는 반면에, 자국의 '선전'은 주로 '사상전'이라고 불렀다. 이와 같은 태도는 '선전'이라는 용어에 대내·외적으로 부정적인 의미가 포함되어 있다는 점을 의식하였고, 또한 전쟁의 이데올로기적인 측면을 강조하여 '일본사상과 외국사상 사이의 전쟁'이라는 인식을 가지고 있었기 때문이었다. 주요 '사상전' 실시기관으로서는 군 관련 발표를 수행하는 대본영 보도부와 일반 선전을 담당하는 정보국과 산하의 대일본언론보국회 등 각종 어용단체가 있었다. 그리고 본토에 살포된 미국의 삐라에 대한 회수 등의 대책은 주로 경찰업무가 속한 내무성이 담당했다.

40) 張會植, 「マッカーサー軍の対日心理作戦と戦後天皇制構想」, p.48.

41) 内務省, 「敵ノ文書、図画等ノ届出等ニ関スル件」, 『法令全書(昭和20年)』, マイクロフィルム(YC/2), 国会図書館法令議会資料室所蔵.

42) 張會植, 「マッカーサー軍の対日心理作戦と戦後天皇制構想」, p.27.

43) 米国戦略爆撃調査団, 『The United States States Strategic Bombing Survey』

(太平洋戦争白書)(第7巻)』, p.134.

44) 佐々木克己, 「空襲ノ与論ニ及ボシタル影響及其ノ対策等」, *USSBS Records*, Roll 128.

45) 清沢洌, 『暗黒日記Ⅲ』, 評論社, 1976, p.70.

46) 米国戦略爆撃調査団, 『The United States States Strategic Bombing Survey』 (太平洋戦争白書)(第7巻)』, p.134.

47) 위의 책, 같은 쪽.

48) 『毎日新聞』 1945년 6월 13일자.

49) 위의 신문, 같은 날짜.

50) Hoi Sik Jang, *Japanese Imperial Ideology, Shifting War Aims and Domestic Propaganda during the Pacific War of 1941-45*(Ph.D. Thesis: University of New York at Binghamton, 2007), pp.207-208.

51) 『毎日新聞』 1945년 6월 3일자.

52) 佐々木克己, 「空襲ノ与論ニ及ボシタル影響及其ノ対策等」, *USSBS Records*, Roll 128.

53) 世界経済調査会, 「行政査察報告書」, 1945年 7月 23日, *USSBS Records*, Roll 142.

54) 『朝日新聞』 1945년 8월 4일자.

55) 張會植, 「マッカーサー軍の対日心理作戦と戦後天皇制構想」, p.35.

56) John King Fairbank, *Chinabound: A Fifty-Year Memoir*(New York: Harper & Row, Publishers, 1982), p.296.

57) Bonner Fellers, "Peace from the Palace," *Fellers Papers*, p.10.

58) 寺崎 英成, マリコ・テラサキ ミラー, 『昭和天皇独白録・寺崎英成御用掛日記』, p.133.

59) 木戸幸一, 『木戸幸一日記(下)』, 東京大学出版会, 1966, p.1227.

60) Bonner Fellers, "Letter to Dorothy," 10 Mar. 1946, *Fellers Papers*.

61) 内務省, 「極東防空軍司令部フィシャア大尉会見資料」, *USSBS Records*, Roll 128.

62) 警視庁, 「米国戦略爆撃調査ニ関する件」, *USSBS Records*, Roll 130.

63) 粟屋憲太郎・中園裕 編集・解説, 『敗戦前後の社会情勢第1巻 戦争末期の民

心動向)』, 現代資料出版, 1998, pp.435-436.

64) 南博·佐藤健二 編, 『近代庶民生活誌 第4卷 流言』, 三一書房, 1985, pp.308-309.

65) 張會植, 「マッカーサー軍の対日心理作戦と戦後天皇制構想」, p.44.

66) 内務省, 「極東防空軍司令部フィシャア大尉会見資料」, *USSBS Records*, Roll 128.

67) 南博·佐藤健二 編, 『近代庶民生活誌 第4卷 流言』, p.196.

68) 日本の空襲編集委員会 編, 『日本の空襲－北海道·東北』, 三省堂, 1980, p.107.

69) 内務省, 「極東防空軍司令部フィシャア大尉会見資料」, *USSBS Records*, Roll 128.

70) USSBS, "Interview with Isamu Iuoue," 5 Dec. 1945, *USSBS Records*, Roll 129.

71) 米国戦略爆撃調査団, 『The United States States Strategic Bombing Survey』 (太平洋戦争白書)(第7卷)』, pp.129, 130-134.

72) Nat Schmulowitz and Lloyd D. Luckmann, "Foreign Policy by Propaganda Leaflets," *Public Opinion Quarterly*, Vol. 9, No. 4, Winter 1945-46, p.492.

제2장.

심리전쟁(2)

– 맥아더군의 對일 심리전과 일왕관

제2장 심리전쟁(2)
– 맥아더군의 對일 심리전과 일왕관

1. 서론

태평양전쟁기 더글러스 맥아더 장군이 지휘하는 연합국남서태평양군(이하 '맥아더군')은 일본군의 사기를 저하시켜 전쟁을 조기에 종결시키기 위해 대일 심리전을 전개했다. 심리전에는 전황의 '진실을 전달'하는 것과 '군국주의자는 비판'하되 '일왕을 희생자로 표현'한다는 두 가지 전략을 취했다. 전시기 미국의 심리전에서는 장래에 지킬 수 없는 약속은 하지 않는다는 원칙이 확립되어 있었다.[1] 만약 이것이 사실이라면, 전시기 맥아더군이 실시한 심리전을 분석하면 전후 맥아더의 대일 점령정책을 이해하는 데 중요한 실마리를 제공해 줄 수 있다.

아와야 겐타로의 훌륭한 연구인『도쿄재판론』은 1945년 9월 27일에 열린 '일왕·맥아더 제1차 회담'을 계기로 맥아더가 "점령통치를 원활히 하기 위해 일왕을 이용하는 정책과 일왕을 면책하는 결심을 굳혔다"고 말하고 있다.[2] 그리고 동시에 "맥아더가 일왕의 전쟁책임에 대해 특별히 조사를 지시한 흔적이 전혀 없다"고 주장하고 있다.[3] 현재까지 전후 맥아더가 일왕의 전쟁책임 문제에 대해 조사한 자료가 발견되지 않은 것은 사실이다. 하지만 전시기 미국의 심리전 기구 중에

서 가장 많은 일본 또는 일본어 전문가들이 소속되어 있던 맥아더군
이 일본 군인들 사이에서 '신과 같은 존재'였던 일왕에 관해 아무런 조
사도 없이 전후 점령군으로서 일본에 왔다고 단언할 수 있을까? 특히
일왕의 군대와 실전 경험이 있는 맥아더가 일왕에 대해 아무런 조치
계획도 없이 일본에 건너와서 일왕과의 첫 회담을 개최한 때에 일왕
의 태도에 감동하고, 그 후 그를 점령 통치에 이용함과 동시에 전범에
서 제외하는 방침을 정했다고는 생각할 수 없다. 과거의 연구들은 전
후 맥아더의 일왕에 대한 정책이 전시기에 이미 어떤 행태로든 형성
되어 있었을 가능성을 간과해 왔다.

따라서 이 글에서는 첫째, 전시기 맥아더군이 어떤 방침을 가지고
심리전을 실시했는지에 대해 조사한다. 둘째, 심리전의 대상인 일본군
은 미군의 심리전에 대해 어떤 반응을 보였는지에 대해 연구한다. 셋
째, 맥아더군의 주요 심리전 전략 중의 하나인 '일왕을 희생자 또는 평
화주의자'로 취급하게 된 배경을 알아보기 위해 맥아더를 비롯한 심리
전 담당자들이 일본의 독특한 제도인 일왕 또는 일왕제에 대해 어떤
생각을 가지고 있었는지에 대해 분석한다. 또한 여기에 추가로 맥아더
군의 일본관 또는 일본인관과 그들의 전후 구상에 관해서도 논한다.

전시기 심리전에 이용된 주요 매체로는 삐라뿐만 아니라 방송도 있
었다. 그러나 맥아더군은 미국 본토의 전시정보국(OWI)과 전략국(OSS,
현 CIA의 전신) 등 다른 심리전 기구와는 달리 방송보다는 삐라를 중
시하고 있었다. 그 이유는 일본인은 방송과 같이 눈에 보이지 않는 것
은 믿지 않는다고 분석했기 때문이다. 따라서 이 글에서는 미군 삐라
를 중심으로 분석한다.

전후 맥아더의 대일 점령 정책에 관한 선행연구는 무수히 존재한다.
그러나 전시기 맥아더가 실시한 심리전, 특히 삐라를 분석한 연구는
거의 없다. 또한 일본군 또는 일본인 사이에서 '살아있는 신'이었던 일

왕에 관해 삐라에서는 어떤 표현이 사용되었는지 그리고 맥아더군 내에서는 어떤 일왕관을 가지고 있었는지에 관한 분석은 여전히 불충분하다. 지금까지 맥아더군의 대일 심리전에 관한 선행연구로는 히가시노 마코토의 『쇼와 일왕 두 개의 '독백록'』(1998년)과 앨리슨 길모어의 『너희는 총검을 가지고 탱크와 싸울 수 없다』(1998년)를 들 수 있다.

히가시노는 「펠러스문서」를 이용하여 맥아더군의 심리전부 부장이었던 보너 펠러스 준장의 전쟁 이전 일본관과 전후 일왕의 전범 문제에 대한 그의 관여를 중심으로 논하고 있다. 특히 펠러스의 전시기 일왕관과 전후의 연속성, 일왕의 전범 문제를 둘러싼 펠러스와 궁중 그룹 사이의 움직임 등에 초점을 맞추고 있다. 그러나 히가시노의 연구에서는 삐라 분석을 통한 맥아더군의 심리전에 관한 연구가 아직 불충분하다. 더욱이 심리전부(PWB) 내부에서의 일왕 또는 일왕제에 관한 논의에 대해서는 거의 논하고 있지 않고, 전후 일왕 정책에 대해 큰 권한을 가졌던 맥아더에 관한 분석도 불충분하다. 길모어는 전시기 남서태평양 지역을 대상으로 실시한 심리전에 대하여 상세히 논하고 있으며, 특히 맥아더군이 실시한 심리전과 이것이 일본인 포로에게 미친 영향을 중심으로 논하고 있다. 그러나 심리전 전문가들의 전후 일왕제 구상에 관해서는 언급하고 있지 않다.

2. 남서태평양 지역과 맥아더군의 대일 심리전

1) 심리전부 설치

맥아더군은 뉴기니섬의 홀란디아 작전에서 일본군을 제압한 직후인 1944년 6월 5일, 동 사령부 내에 심리전부를 설치하고 전선의 일본군을 향해 본격적인 심리전을 실시했다.

맥아더의 지시에 의해 설치된 심리전부의 목적은 일본군의 사기를 저하시켜 전쟁을 조기에 끝내는 데 있었다. 심리전부가 설치되기 이전까지 남서태평양 지역에서는 전시정보국과 연합국번역통역부(ATIS) 및 호주군의 정보기관(FELO)이 대일 심리전을 전개하고 있었다. 맥아더군의 심리전 실시가 지연된 이유는, 전황이 적보다 불리한 시기에는 통상의 군사작전에 전념하였기 때문에 심리전에 눈을 돌릴 여유가 없었기 때문이었을 것이다. 그러나 맥아더군이 뉴기니섬의 '개구리 뛰기 작전'에서 승리한 시기, 즉 필리핀에 대한 공격이 임박한 단계에서 본격적인 심리전에 돌입했다. 심리전부의 발족에 즈음하여 심리전의 일반적인 정책을 결정한 문서인 〈심리전부 발족령〉에는 심리전의 목적을 "적의 저항의식을 약화시킬 것, 제압된 사람들의 협력을 구할 것, 향후 아군이 군사작전을 효과적으로 수행하도록 적을 혼란에 빠뜨릴 것"이라고 되어 있다.[4] 심리전부 활동은 맥아더군의 정보부(G-2), 작전부(G-3), 정보교육부(IES), 연합국 번역통역부, 전시정보국, 극동공군(FEAF) 등의 기관과 긴밀히 연계하여 실시되었다.[5] 특히 연합국번역통역부는 중요한 기관이었다.[6]

내부조직과 구성을 보면, 심리전부는 3개의 하부조직으로 구성되었다. 조정과는 일본군으로부터 압수한 문서, 일기 등과 포로의 심문을 통해 현재의 일본군 심리를 분석하고 이를 바탕으로 작전계획을 수립했다. 기획과는 조정과의 계획에 따라 주간계획을 작성했다. 제작과는 조정과와 기획과의 방침에 따라 삐라를 제작했다. 이렇게 만들어진 삐라는 극동공군의 공군기에 의해 일본군에 투하되었으며, 맥아더의 지휘 아래에 있는 각 군(6·8·10군)도 심리전부의 실행기관으로서 심리전을 전개했다.

심리전부에는 수백 명의 군인, 민간인이 소속되어 있었다.[7] 그리고 태평양전쟁기 미국의 심리전에는 다수의 일본인과 일본군 포로가 협력했다. 주목할 부분은 심리전부의 경우 전시정보국, 전략국 등 다른 심리전 기구보다도 더 많은 일본인과 일본군 포로가 작전에 관여하고 있었다는 사실이다. 심리전부의 작전을 지원하는 연합국번역통역부에는 약 4,000명의 일본 관계 또는 일본어 전문가가 소속되어 있었고, 이 중 약 85%가 일본계였다.[8] 이들은 전쟁 중 약 14,000명의 일본군 포로를 심문하고 약 2천만 페이지에 이르는 일본 관계 문서 번역에 참여했다. 맥아더군의 정보부 부장이었던 찰스 윌로비 소장이 "일본인 2세들은 수많은 연합국 병사의 생명을 구했고 전쟁을 2년 빨리 종결시켰다"고 칭찬한 것처럼 그들은 미군의 심리전 수행에 있어서 매우 중요한 존재였다.[9]

또한 맥아더군은 1945년 2월 이후부터 본격적으로 일본인 포로를 심리전부 활동에 이용했다.[10] 종전까지 약 40명의 포로가 일본군 관계 문서의 번역, 포로 심문, 삐라 제작 등 심리전에 협력했다.[11] 이들 중에는 '제7일 안식일 예수재림교'(Seventh Day Adventists)의 목사, 신문 편집자, 교사, 변호사, 농민 출신의 병사가 포함되어 있었다.[12] 또한 B-29 폭격기를 타고 일본에 날아가 낙하산으로 침투하여, 당국에 일본이 완전히 파괴되기 전에 항복하라고 호소하고 싶다며 미군에 부탁한 포로도 있었다.[13]

다음은 삐라 제작과정에 대해 설명하기로 한다. 심리전부의 조정과는 매일 군과 정보기관(전시정보국 등 정보선전기구를 지칭)으로부터 심리전에 관한 정보를 수집하고, 이 정보를 바탕으로 작전의 목표를 세운 후 기획과에 전달한다. 기획과는 이 목표와 실제로 전장에 살포한 삐라에 대한 일본군의 반응을 검토하여 조정과의 제작 지시문에 따라 삐라의 초안 만들기에 들어간다. 초안은 우선 영어로 작성하고 이것을 일본어로 번역한다. 이것을 다시 영어로 번역하여 일본어와 영어 번역본 내용이 서로 일치할 때까지 계속 반복한다. 초안이 완성되면 연합국번역통역부와 일본군 포로에게 보여준다. 이 단계에서 삐라의 문안과 디자인이 변경되는 경우가 많다. 마지막으로 포로 대표자에게 보여주고 반응이 좋을 경우 인쇄에 들어간다. 인쇄는 심리전 초기 단계에는 호주의 브리스벤과 시드니에서, 미군이 필리핀을 점령하면서부터는 마닐라에서 수행했다. 인쇄된 삐라는 맥아더군과 공동작전을 벌이고 있던 조지 케니 장군이 지휘하는 극동공군의 B-24와 B-25 폭격기에 의해 전선의 일본군 지역에 투하되었다.[14]

그럼 맥아더군 관할의 남서태평양 지역에서는 어느 정도의 삐라가 제작되어 일본 측에 살포되었을까? 미군 측의 자료에는 남서태평양 지역과 일본 본토를 향해 살포된 삐라의 통계가 구별되어 있지 않아 정확한 숫자를 파악하기는 쉽지 않으나 적어도 2억 7천 2백만 장 이상의 삐라를 제작, 투하한 것으로 보인다.[15]

앞에서 언급한 것처럼, 심리전부는 일본인의 특징을 "일본인은 방송과 같이 눈에 보이지 않는 것은 믿지 않는다"고 분석하고 있었기 때문에 심리전 수단으로서 방송보다는 삐라를 더 중시하고 있었다. 우선 일본군의 심리를 파악하기 위해 일본군으로부터 압수한 기밀문서, 포로 심문, 일본군의 일기, 도쿄라디오와 도메이통신(뉴스 배급사)으로부터 얻은 일본 국내 정보, 미국 본토로부터의 정보 등을 분석하고 이

것에 근거하여 심리전 계획을 수립했다. 그 중에서도 일본군의 일기는 일본군의 심리를 알아내는 데 가장 도움이 되었다.[16] 다음은 심리전부의 주요 심리전 방침에 대해 살펴보자.

2) '진실'을 전달하는 것

여기서 말하는 '진실'이란 전황의 추이 등을 일본군에게 정확히 전달하는 것, 즉 삐라의 내용에 거짓 정보를 이용하지 않는다는 의미이다. 삐라의 내용은 다음의 3가지로 요약할 수 있다.

먼저, 포로가 좋은 대우를 받고 있다는 것이다. 당시 일본군은 미군에 항복하면 사살되거나 고문을 당한다고 교육받았기 때문에 좀처럼 미군에 투항하지 않았다. 그래서 삐라에 "미군은 잔학행위를 저지른다는 [일본군의] 선전에도 불구하고 미군에게 도움을 요청하는 일본군을 절대로 학대하지 않는다는 사실을 제군은 알고 있을 것이다. 선전과는 정반대로 충분한 음식, 물, 의복, 의료 등 전부 미군과 동일하게 지급하고 있다"[17]고 적고, 이와 함께 포로수용소에서의 일본군 생활상을 담은 사진도 일본군에 투하했다.[18]

그 다음은 미군이 물량 측면에서 일본군을 압도하고 있다는 내용도 적었다. 예를 들면, "1941년 12월 8일 이후 미국은 3천 3백만 톤의 배를 건조하여 세계 1위를 기록하고 있다. 여러분은 이 섬에서 일본의 배가 어느 정도 빈약한지 잘 알고 있을 것이다. (중략) 근대전은 무한한 생산력에 의해 승리를 거둘 수 있기 때문에 정신력만으로는 도저히 이길 수 없다"며 미군의 힘을 강조하고 일본군이 정신력만으로는 이길 수 없다고 설득하고 있다.[19]

마지막으로, 전황의 추이를 정확이 전달하는 것이다. 이 방침은 신문 형식의 삐라로 일본군 포로들이 중심이 되어 제작한 〈낙하산뉴스〉

를 분석하면 잘 알 수 있다.[20] 이 삐라는 1945년 3월 13일 제1호가 나왔고 8월 25일까지 총 24호가 제작되었다. 주요 내용으로는, 태평양 지역과 유럽의 전황, 일본 국내의 공습정보, 일왕의 일정, 만화 등이 게재되어 전황에 관한 정보가 부족한 일반 병사들 사이에서 가장 많이 읽혀졌다. 그 이외에도 일본군이 '항복'이라는 단어에 거부감을 가지고 있다는 점을 감안하여 '저항을 그만둔다'(I cease resistance)와 같은 표현을 사용하였으며, 일본군 내 육·해군 사이의 알력을 이용하는 내용도 있었다. 예를 들면, "육군 측은 심각한 식량사정을 이유로 들어 해군 부대에 대해 육군 관할 지역에서 전원 철수를 명했기 때문에, 해군 측에서는 그 보복으로 해군 관할 지역에 육군의 출입을 금지했다"고 하는 등 육·해군 사이를 이간시키는 내용이었다.[21]

3) 일왕과 군부에 대한 표현

제1장에서도 언급하였듯이 심리전의 또 다른 중요 방침은 "군국주의자는 비판하되 일왕에 대한 비판·공격은 피하고, 일왕을 군국주의자에게 속고 있는 존재"로 표현하는 것이었다. 전시기 미국 본국은 심리전에 있어서 일왕의 표현에 대해 신중한 대응을 하고 있었다. 1944년 6월 전시정보국은 국무부에 심리전에서의 일왕제 취급에 관한 지침을 내려줄 것을 요청했다. 이에 대해 국무부의 부국간극동지역위원회(CAC)는 "이 문제를 너무 거창하게 다루는 것은 일왕제의 중요성에 대해 권위를 부여하려는 일본 측의 의도에 편승할 우려가 있으므로 일왕제에 관해 과도하게 논하는 것은 삼가"하도록 전시정보국에 권고했다.[22] 실제로 중국 전선에 있는 전시정보국 레도 지부에서 일본군에 대한 삐라를 제작하고 있던 칼 요네다는 1944년 8월 6일자 일기에 "일왕에 관해 적는 것이 금지되어 있다"고 적었다.[23]

이상과 같이 국무부의 신중한 대응으로 볼 때 당시 미국정부 내에서 아직 일왕제에 관한 정책 방향이 확정되어 있지 않았다는 것을 짐작할 수 있다. 일왕이 살고 있는 궁궐에 대한 폭격도 삼가고 있었다. 1944년 7월 28일 전략국의 조사분석부가 작성한 「도쿄의 궁궐을 폭격해야 하는가?」(R & A 2395)라는 제목의 문서에는 "1. 도쿄의 궁궐 폭격은 미국의 군사적·정치적 목적 달성에 있어 불리하게 작용할 것으로 판단된다. 2. 이러한 공격은 궁극적으로 일본 국민의 전쟁 수행 의지를 고양시키는 결과를 초래할 것이다"라고 분석하고 있다.[24] 다시 말하면, 궁궐에 대한 폭격은 오히려 역효과를 가져올 가능성이 있으므로 삼가야 한다는 것이었다.

한편, 맥아더군 내에서는 1943년에 연합국번역통역부가, 1944년에는 심리전부가 "일왕과 국민을 군부로부터 분리한다"는 내용의 작전 계획을 미국 본국에 제출했다. 그러나 이 계획은 전략국으로부터 비판을 받았다. 전략국은 일왕에 대한 일본인의 존경심은 "일본 시골의 농민들" 사이에서만 보이는 미신이라고 생각하고 있었기 때문이었다.[25] 그러나 그 후 맥아더군의 심리전 전문가들은 일왕을 '희생자'로서 취급하고, 더욱이 "언젠가 일왕을 이용할 수 있는 날이 올 수 있다는 확신이 있었기 때문에 일왕을 직접 비판하는 것을 삼가는" 방침을 정하게 되었다.[26] 하지만 맥아더군 내에서도 소수파에 속하기는 하였으나, 처음에는 이상과 같은 일왕에 대한 표현에 반대하는 의견도 존재했다. 맥아더군의 정보부 부장 윌로비를 비롯해 일왕이 전쟁을 교사했다고 판단한 그룹은 일왕을 군국주의자의 '꼭두각시'로 표현하는 것은 '진실'을 전달하는 심리전 방침과 모순된다고 주장했다.[27] 일본에 관한 지식이 거의 없었던 윌로비는 일왕에 대한 일본인의 존경심이 강한 것을 몰랐기 때문에 반대한 것으로 보인다. 일왕의 전쟁 책임을 둘러싼 맥아더군 내의 이견에 대해서는 나중에 상세하게 논한다.

이상과 같이 심리전부는 일왕에 관해서는 신중히 표현하는 방침을 가지고 있었기 때문에 일왕을 직접 다룬 삐라는 거의 없었다. 그 이유는 일왕을 다룬 삐라는 '진실'을 전달하는 내용의 삐라보다도 일본군의 사기를 저하시키는 효과가 그리 크지 않았기 때문이었다. 또한 일왕에 대한 변함없는 충성심을 보이는 군인들에게 일왕에 대해 과도하게 언급하면 오히려 역효과가 날 것으로 보았기 때문일 것이다. 그러나 일본군의 패배가 결정적이었던 1945년 4월부터는 일왕의 이름이 나오는 삐라의 양이 서서히 늘어갔다. 현재까지 발견된 최초의 삐라는 같은 해 4월 28일에 투하된 〈오늘은 탄신일〉이라는 제목의 삐라이다. 그 내용을 보면 "전쟁 책임이 있는 군지도부는 폐하의 탄신일에 승리를 보고하지도 못하고 오히려 자신의 무능함이 폭로되는 것을 두려워하고 있을 것이다. 군지도부는 과연 언제까지 폐하를 속일 수 있을까?"라고 적혀 있다.[28] 이 삐라에서 주목할 점은 전쟁책임자로서 일왕이 아닌 군부를 지목하고 있다는 것이다.

다음에 나오는 삐라는 전쟁 말기 필리핀의 산 속에서 저항을 계속하고 있던 후지 부대의 병사들에게 투하한 〈안전한 길〉이라는 제목의 삐라이다. 이 삐라에는 **"폐하께서는 장래에 평화의 나라 일본의 재건이라는 대업을 위해 여러분과 같은 충성스런 국민을 반드시 필요"**로 하고 있으며, 그리고 **"전쟁이 끝나는 날에는 폐하를 받들어 모시고 신생 일본을 재건하기 위해 자유의 몸이 되어 고국에 돌아갈 수가 있다"**고 적혀 있다(강조부분은 원문).[29] 이 삐라는 전후에도 계속해서 일왕이 살아남을 가능성을 암시하고 있다는 점이 흥미롭다. 앞에 나온 〈오늘은 탄신일〉과 같이 이 삐라도 손으로 쓴 글씨가 아닌 활자로 인쇄된 것이며 문장은 경어체로 매우 예의를 갖춰 쓴 것이다. 이 삐라에는 '폐하'라는 단어가 7번이나 나온다. 그러나 일본어 원고와는 달리 영어 원고에는 괄호 안에 한 번밖에 나오지 않는다.[30] 그 이유는 아마 맥아더

군 내에서 일왕에 대해 비판적인 태도를 취하고 있는 그룹을 의식하고 있었기 때문일지도 모른다.[31]

4) 미군의 인종편견과 일본군에 대한 취급

1941년 12월 8일 발발한 태평양전쟁은 개전부터 전쟁 말기에 이르기까지 미군의 일본인에 대한 인종 편견이 가득 차 있는 '용서 없는 전쟁'이었다. 이 편견은 개전 당초부터 일본인을 '악'으로 묘사한 다큐멘터리 영화 등 미국 국내용 선전도 그 원인 중의 하나였다.[32] 전선의 미군은 전쟁 후반기에 이르러서도 투항해 오는 일본군을 포로로 받아들이려고 하지 않았다. 이것은 어떤 의미에서는 일본군 측에게도 그 책임이 있었다. 다시 말하면, 일본군이 종종 미군 진지에 투항을 가장한 공격을 감행했기 때문이었다. 세계 최초로 비행기를 타고 대서양을 횡단하는 데 성공한 것으로 유명한 찰스 린드버그는 뉴기니에 머무르고 있던 1944년 7월 13일자 일기에서 당시 태평양 전선의 상황을 다음과 같이 적고 있다. "아군 병사 중에도 일본군과 비슷할 정도로 잔인하고 야만적인 사람이 있다는 것은 널리 알려진 사실이다. 아군 병사들은 일본군 포로와 투항해 오는 병사를 사살하는 것을 아무렇지도 않게 생각한다. 그들은 일본인에 대해 동물 이하의 관심밖에 보이지 않는다. 이런 행위는 너그럽게 대충 넘어가고 있다."[33] 또 다른 유명한 사례를 들면, 포획한 일본군을 일렬로 세운 후 심문하여 영어로 대답하는 자는 살려주고 나머지는 전부 죽이는 방식이었다.[34]

한 명이라도 많은 일본군 포로를 수중에 넣어 그들로부터 일본군의 정보를 수집하여 조기에 전쟁을 끝내려는 심리전부로서는 이상과 같은 상황은 바람직하지 않았다. 또한 투항해 오는 일본군을 사살하지 말도록 미군을 설득하는 데 애를 태우고 있었다. 전선의 미군은 삐라를 가지고 투항해 오는 일본군을 죽이고 있었다. 이에 대해 심리전부부장 펠러스 준장은 제6군 정보장교인 화이트 대령에게 다음과 같이 협조를 구했다. "전선에 파견되어 있는 심리전 담당자들로부터 최근 아군이 삐라를 가지고 투항하려는 일본군을 죽이고 있다는 보고를 받고 있다. 그러나 항복 삐라를 가지고 오는 그들에게 안전을 보장했음에도 불구하고 이런 상황이 계속되는 것은 우리의 명예를 훼손시키는 것이다. 삐라를 가지고 **투항하려는 일본인을 죽이는 것은 그들로부터 귀중한 정보를 획득하는 일을 불가능**하게 만든다. 그래서 지금과 같은 상황이 계속되지 않도록 전선의 정보장교와 지휘관에게 전해 주기 바란다."(강조부분은 원문)[35] 이 문서에서는 미군이 포로를 잡는 목적이 일본군의 정보를 알아내기 위한 것에 있음을 알 수 있다.

하지만 이상과 같은 상황은 1945년 1월에 이르러서도 계속되었다. 한편 투항해 오는 일본군을 살해하는 사람은 미군 이외에도 있었다. 필리핀 전선에서는 필리핀 게릴라에게 항복한 일본군이 살해되는 사례가 종종 발생하여 일본군이 투항하려고 하지 않았다. 필리핀인은 일본 점령 중 일본군에게 당한 아픈 경험이 있었기 때문에 원한을 품고 있었던 것이다. 그래서 미군은 필리핀에 항복해 오는 일본군을 죽이지 말도록 설득하러 돌아다니지 않으면 안 되는 지경에 이르렀다. 더욱이 "필리핀인을 두려워하지 말고 오라. 필리핀인에게 이 삐라 또는 백기를 들고 오는 자를 해하지 않도록 경고하였으니 안심하고 산에서 내려오라"라는 삐라까지 일본군에 투하했다.[36]

5) 일본군의 무항복주의

일본군이 포로가 되려 하지 않았던 이유를 한마디로 설명하기는 어렵다. 일본군에는 전통적으로 깨끗하게 산화하는 것을 아름답게 생각하는 무사도 정신이 있었다. 또한 1941년 1월 8일 육군대신 도조 히데키의 이름으로 육군에 시달한 〈전진훈〉에서 "살아서 죄수로서의 수치를 당하지 말라"는 말로 대표되듯이 적의 포로가 되는 것을 수치스럽게 여겼고, 항복을 금하는 군대의 교육, 사회적 규범 등 여러 가지 요인도 있었다.[37] 그래서 일본군은 아예 처음부터 적의 포로가 되는 것을 상정하지 않았기 때문에 당연히 포로에 관한 교육도 철저히 시키지 않았고, 군인들도 포로로서 취할 행동에 대해 알지도 못했다. 그리고 일본정부도 1929년의 〈제네바 포로협약〉에 조인하였으나 군부의 반대에 부딪혀 동 협약을 비준하지 않았다.

더욱이 태평양 전선에서는 일본군이 병사에 대해 '협박용'으로 사용하는 선전재료가 하나 있었다. 그것은 과달카날전투에서 포로가 된 3,000명의 일본인이 살해되었다는 소문이었다.[38] 이 소문은 군대 내에서 의도적으로 유포되었다. 이 소문에 관해 전 하와이 포로수용소 소장이었던 오티스 케리는 "과달카날과 같이 병이 많이 발생하는 전선에서는 시체를 치우는 것이 급선무였을 것이다. 그래서 하나하나씩 치우게 되면 전염병을 예방할 수 없다. 언뜻 보기에는 무자비하게 보일지 모르지만 흔히 있는 일처럼 적과 아군의 구분 없이 불도저로 시체를 매장하였을 것이다. 이 광경을 공중이나 정글에서 일본군 생존자가 목격했다. 이것이 잘못 전해졌다"고 추측한다.[39]

그래서 1945년 1월 25일 필리핀 민도로에서 미군의 포로가 된 오카 쇼헤이가 심문이 끝나면 살해될 것으로 믿고 있었다고 말한 것처럼, 실제로 일본군은 포로가 되면 미군에게 살해될 것으로 생각하고 있었고 심문 초기 단계까지도 그 불안이 계속되었다.[40] 일본군 포로에 대한 심문 결과를 보면, 병사의 약 75%가 포로가 되면 처벌과 고문을 받을 것으로 생각했다는 사실을 알 수 있다.[41]

6) 일본군의 전쟁 의지와 삐라의 영향

심리전을 실시하는 목적 중의 하나가 적의 전쟁 의지를 약화시키는 데 있기 때문에 여기서 일본군의 전쟁 의지에 관해 논할 필요가 있다. 전시기 미국의 전시정보국은 태평양 전선에 있는 일본군의 전쟁 의지를 분석하고 심리전에 활용했다. 전시정보국이 1945년 이전 미군의 포로가 된 일본군과 군무원 709명(육군 477, 해군 163, 군무원 69)을 대상으로 조사한 결과를 분석한 보고서가 있다.[42] 이 전쟁 의지 분석 자료를 보면, 일본군의 일왕에 대한 존경심이나 '아시아 해방'을 위한 '대동아전쟁'과 같은 이데올로기적인 측면에 대한 전쟁 의지가 높았다는 것을 알 수 있다. 또한 무기, 식량 등의 보급, 전황에 관한 정보 제공에 불만을 품은 사람이 가장 많았다는 점이 눈에 띈다.[43] 출신지역별로 보면, 오사카 출신보다는 규슈와 도호쿠 출신 병사의 전쟁 의지가 높았다.[44] 그리고 육군보다 해군, 도시보다 농촌 출신 병사의 전쟁 의지가 높았다.[45]

전쟁 초기, 미군에 잡힌 일본군 포로는 대부분이 부상 등으로 인한 의식불명 상태에서 미군에 발견된 자로서 병사의 전쟁 의지는 비교적 높았다. 하지만 전쟁 후반기로 접어들수록 전쟁의 장기화에 따른 일본군의 전력약화로 인해 병사의 전쟁 의지가 서서히 약화되어 갔다. 전쟁 의지가 약화된 주요 원인은 식량과 무기의 보급 부족, 지휘관의 잘못된 작전 지휘, 공군력의 약화에 의한 것이다.[46]

한편 미군이 살포한 삐라가 실제로 일본군에게 어느 정도 영향을 미쳤는지에 대해 분석하는 것은 쉬운 작업이 아니다. 다시 말하면, 병사 개인의 사상, 훈련의 정도, 무기와 식량의 보급, 전황 등 병사를 둘러싼 여러 가지 상황을 종합적으로 고려하지 않으면 안 된다. 심리전부가 1944년 10월 20일부터 1945년 8월 20일 사이 필리핀에서 일본군

전사자와 포로에 관해 취합한 자료를 보면, 1944년 10월 20일부터 같은 해 12월 1일 사이에 일본군의 전사자 대비 포로의 비율은 겨우 1.0%로 매우 낮다는 것을 알 수 있다. 그런데 1945년 6월부터는 급속히 증가하여 전쟁의 최종단계인 8월 이후부터는 23.4%까지 올라갔다. 후자의 수치는 종전의 사실을 알고 항복한 병사가 많았기 때문일 것이다.[47)]

전시정보국의 전쟁의지분석과가 작성한 삐라의 영향에 관한 보고서에는 필리핀 전투에서 포로가 된 병사 중 삐라를 읽었다고 대답한 자의 46%가 삐라의 영향을 인정했다고 한다.[48)] 필리핀 전투 이전의 1942년 10월부터 1944년 3월 사이에 잡힌 포로 중 12%(조사 대상 128명 중 15명)만이 삐라의 영향을 인정한 것과 비교하면 전쟁 말기에 삐라가 병사에게 미친 영향은 무시할 수 없는 것이었다.[49)] 포로가 된 병사들은 대부분이 혼자였으나, 지휘관을 포함해 그룹으로 미군에게 투항한 경우도 있었다. 장교 중에서 삐라의 영향을 가장 많이 받은 부류는 위생장교였다.[50)]

3. 맥아더군의 일왕관과 전후 일왕제 구상

1) 심리전부의 일왕 연구

지금까지 맥아더는 1945년 9월 27일에 개최된 '일왕·맥아더 제1차 회담'을 계기로 자신의 권력에다 일왕이 일본인 사이에서 가진 권위를 합쳐 일본점령 정책을 효율적으로 수행해 가는 방침을 결정했다고 주장되어 왔다.[51] 그런데 과연 맥아더가 일왕에 대한 예비지식과 구상 없이 처음 만난 일왕과 화기애애한 분위기 속에서 회담을 하고 일왕 을 점령정책에 이용하는 정책을 결정하는 것이 가능했을까? 그렇지 않다. 맥아더는 전시기에 이미 예비지식을 가진 후 일왕을 이용하는 방침을 결심했다. 지금부터 맥아더와 그를 보좌하여 대일 심리전에 관 여한 지일파 군인들이 일본에 점령군으로 오기 전에 어떤 일왕관을 가졌는지 또는 일왕에 관해 어떤 연구를 하였는지에 관해 고찰한다.

심리전부가 설치된 직후인 1944년 6월 20일, 심리전부에서는 미군 내의 장교들이 작성한 일왕(일본)에 관한 세 편의 논문을 비교하여 향 후 심리전에서의 일왕 취급에 대해 검토를 했다. 이 논문들은 심리전 부장인 펠러스 준장의 「일본에 대한 회답(Answer to Japan)」, 셔우드 모건(Sherwood Morgan) 대위의 「일본인의 심리(The Psychology of the Japanese)」, 칼 볼드윈(Karl Baldwin) 대령의 「일본인(Those Japanese)」 이다. 심리전부가 작성한 「심리전에 있어서 관계 논문의 비교·평가」 라는 제목의 문서를 보면, 세 편의 논문 저자들이 공통으로 주장한 점 은 심리전에 있어서 일왕의 표현에 대해 "일왕의 신성성에 대한 공격 을 삼가야 한다. 그러나 우리의 목적을 위해 이용한다"는 것이었다.[52] 이 문서에서 "일왕의 이용"이라는 것은 당면한 심리전을 위해 일왕을 이용한다는 의미일 것이다.

또한 일본의 패전 약 한 달 전인 1945년 7월 22일, 심리전부는 「일본 의 왕(The Emperor of Japan)」이라는 일왕에 관한 비밀 연구서를 작성 했다.[53] 73페이지에 달하는 이 자료는 전후 일왕의 지위를 어떻게 할 것인지에 대해 미군에게 기초지식을 제공하기 위해 작성된 것으로서 맥아더군 내 141명 이상의 고급장교들에게 배포되었다. 연구서에는 일왕가의 역사와 재산, 히로히토 일왕의 성장과정, 일왕을 둘러싼 권 력구조, 일왕의 멘토, 일왕의 법적 지위, 일왕의 전쟁 관여, 일왕을 처

벌할 경우 섭정 문제, 일본인 포로와 오카노 스스무(노사카 산조)의 일
왕관, 미국 본국과 연합국의 일왕에 대한 반응 등이 상세히 서술되어
있다. 일왕의 전쟁 책임에 대해서는, 전쟁 전 뿐만 아니라 전시기 그가
취한 모든 행동을 고려하지 않으면 안 되고 "일왕은 국가원수로서 전
쟁 책임을 면할 수 없다"고 하면서도 "일왕을 속인 군국주의자는 전후
일본에서 존재할 수 없다"고 하여 일왕을 희생자로 묘사하고 있다. 또
한 "일본에게 이상적인 정부 형태는 왕실이 폐지되어 기본적으로 미국
과 비슷한 정부 형태일 것이다. 하지만 왕실에 대한 일본 국민의 종교
적 숭배를 고려하지 않으면 안 된다. 만약 일본 국민 중 다수가 왕실
의 존속을 원한다면 의례적인 꼭두각시 기관으로 남아야 한다"고 적혀
있다. 즉, 일왕제의 존속 여부는 일본 국민의 자유의사에 맡기고, 일왕
제가 폐지되지 않을 경우라도 전쟁 이전의 일왕제가 아닌 새로운 형
태로 존속되어야 한다는 것이다. 맥아더가 이 연구서를 읽었을 가능성
은 높으나, 이 자료가 그의 일왕정책에 어느 정도 영향을 미쳤는지는
확인할 수 없다. 그리고 자료에는 심리전부가 일본인 사이에 존재하는
일왕의 신성성, 신의 국가, 민족적 우월감, 국가신도, 배타적이고 비과
학적인 민족주의, 팔굉일우 등에 대해 비판적인 입장을 취하고 있다는
것을 알 수 있다. 여기에서 전시기 맥아더군의 심리전 관계자들의 일
본관 또는 일본인관을 읽을 수 있다. 자료의 마지막 부분에는 전후 일
본인에 대한 '심리적 무장해제' 즉 '일본인 재교육'을 권고하고 있고,
'일본인 재교육'이 성공적으로 이루어지는 날에는 일본인이 '팔굉일우'
를 더 이상 믿지 않을 것이라며 문장을 끝마치고 있다.

당시 맥아더의 참모 중 다수가 일왕에 대해 비판적인 태도를 취하
고 있었다. 전후 일본에 설치된 연합국총사령부에서 민정국장을 역임
한 코트니 화이트니로부터 '구 일본파'라고 불리며 아침에 일어나면 먼
저 궁궐을 향해 절을 올린다는 비난을 받고 있던 심리전 전문가들 중

에도 일왕을 전범으로 처형하는 것에 찬성하는 사람도 있었다. 다시 말하면, 전쟁에 이기기 위해 일왕을 이용하는 문제와 일왕의 전범문제를 구분하고 있었을 지도 모른다는 것이다. 이에 대해 전시기 워싱턴의 전시정보국 본부에서 일본 관계 업무를 담당하였고 종전 후 연합국총사령부의 역사과에서 근무한 해리 와일즈는 다음과 같이 회고한다.

　　심리전 전문가로 참전한 유명한 대령은 맥아더에게 일본인은 생명을 걸고 일왕을 지킬 것이다, 일왕에 대한 일본인의 헌신성을 역이용하여 연합군의 모든 전차에 히로히토의 초상을 새기고, 모든 미군에게 일왕의 초상을 새긴 단추를 달게 하도록 제안했다. 그러면 연합군 장병을 일본인의 공격으로부터 지킬 수 있을 것이라는 게 대령의 의견이었다. 그런데 이 대령은 동시에 히로히토를 전쟁범죄자로서 처형하는 편이 안전할 것이라고 주장했다.[54]

2) 맥아더군의 일본통 보너 펠러스

　맥아더군 심리전부의 중심인물인 펠러스는 미국 육군사관학교를 졸업한 직업군인으로 위관장교 시절인 1922년 처음으로 방일하는 등 총 5회에 걸쳐 일본을 방문한 소위 '지일파 군인'이었다.[55] 일본 내에는 가와이 미치, 와타나베 유리 등 여러 명의 여성 친구가 있었는데 전후 그녀들과 함께 일왕을 구하기 위해 힘을 모으게 된다. 펠러스는 1935년 육군지휘참모대학을 졸업할 당시 논문으로 일본군에 관한 연구인 「일본군의 심리(The Psychology of the Japanese Soldier)」를 제출했다. 일왕에 관해 상세히 분석한 이 논문은 맥아더군 내에서 일본군 연구의 입문서였다.[56] 펠러스는 1922년부터 1937년 사이에 중국, 조선, 러시아, 일본 등을 여행할 당시의 문서를 남겼다. 여기에는 보고서 형태로 군에 제출한 것으로 보이는 「일본군의 심리」가 포함되어 있다. 펠러스는 논문의 결론 부분에 당시의 일본군과 일본인에 관해 분석하고 있다.

> 1. 일본이 빠르게 세계의 강국이 된 주요 요인은 자국의 사명을 달성하려는 강한 민족적 야심이다. 2. 일본인은 다른 어떤 민족보다도 애국에 큰 가치를 둔다. 3. 일본군의 심리는 다름 아닌 일본인의 심리이다. 4. 일본인은 단결을 잘 한다. 5 일본군은 미국 육군사관학교 생도보다 잘 훈련되어 있다. 6. 일본은 전력을 주로 인력과 총검에 의존하고 있다. 7. 일본인은 역경에 처해 있을 때 국민성의 가장 나쁜 부분이 나타난다. 8. 일본군의 심리에는 다음과 같은 특징이 나타난다. 서양식 군사전략을 경시한다(공격, 이동, 모략은 제외). 적에게 선제공격을 당하지 않으려고 한다. 바로 접근전에 돌입하려고 한다. 자신과잉으로 적을 과소평가한다. 군지도자는 암살을 두려워한 나머지 경솔한 행동을 취할 가능성이 있다. 9. 일본군의 작전계획에는 유연성이 거의 없다. 10. 미·일 간에 분쟁이 일어날 조건이 성숙되고 있다. 11. 미국이 일본과 지상전을 벌일 경우 보병부대로 방어를 하고, 기계화 부대와 공군을 가지고 공격하는 것이 적절하다. 12. 일본군과 싸우는 지휘관에게 일본군의 심리에 관한 지식이 유용하다.[57]

이 「일본군의 심리」는 나중에 내용을 개정하여 전술한 「일본에 대한 회답」으로 제목이 변경되어 심리전부 관계자들의 교과서가 되었다.

펠러스와 맥아더의 관계는 1922년 당시 필리핀 마닐라군관구 사령관이었던 맥아더의 부관으로 근무하던 시절까지 거슬러 올라간다. 그 후 1936년 필리핀 케손 대통령의 군사고문으로 취임한 맥아더와 케손 사이의 연락관으로 근무하였고, 이듬해 봄에는 맥아더 및 케손과 함께 일본을 방문했다. 펠러스는 방일 당시 상황에 대해 다음과 같이 적고 있다. "우리는 신도와 군국주의자의 광신성을 주목하고 일왕의 지위 그리고 일본인의 기질 등에 관해 자주 토론했다. 당시 맥아더와 케손 도 내가 쓴 「일본군의 심리」를 읽었다."[58]

펠러스는 미 · 일 사이에 전쟁이 발발한 후인 1943년 10월에는 또 다 시 맥아더 휘하로 들어가 기획부 부장을 거친 후 맥아더의 군사비서 겸 심리전 부장으로 근무했다.[59] 맥아더가 펠러스를 심리전 부장으로 발탁한 이유에 대해 펠러스는 전후의 인터뷰에서 "일왕에 관해 가장 잘 알고 있었기 때문이다"라고 회고했다.[60]

그럼 맥아더군 내에서 '일왕통'으로 부를 수 있는 펠러스는 어떤 일 왕관을 가지고 있었을까? 그의 견해는 다음과 같이 「일본에 대한 회답」 속에서 알 수 있다. "왕으로서 그리고 국가원수로서 히로히토는 전쟁 책임을 면할 수 없다. 그는 태평양전쟁에 가담한 인물이고 전쟁 선동 자의 한 명이라고 볼 수밖에 없다. 그가 지도자로 인정한 도조가 정부 를 완전히 장악한 것이다. 왕의 지지를 받았기 때문에 그 광신적인 지 도자(도조를 지칭)는 광기에 서린 모든 행동을 서슴지 않고 할 수 있 었다."[61] 바꿔 말하면, 국가원수인 일왕은 자신이 임명한 부하의 행동 에 대해 '임명권자로서의 책임'이 있다는 것이었다.

그러나 전술한 비밀 연구서인 「일본의 왕」이 발간되기 하루 전인 1945년 7월 21일 친구인 프레이저 헌트에게 보낸 편지에서 펠러스는 전후 일왕의 처우에 대해 "일왕을 일본의 정신적 상징으로 하여 군국 주의자를 없애고 자유주의적인 정치를 요구하도록 함으로써 일본을 컨트롤 할 수 있다"는 이유에서 일왕에 대한 처벌을 반대했다.[62] 펠러스는 기본적으로 일왕에게는 도덕적인 책임이 아닌 자신의 행동에 대한 실질적 책임이 있다고 보았다. 맥아더의 심리전 관계자들은 전쟁의 거의 마지막 날까지 일왕을 전쟁범죄자로 취급하도록 명령을 받고 있었다는 사실을 감안하면, 거의 같은 시기에 작성한 「일본의 왕」의 내용은 펠러스가 미군 내의 반발을 강하게 의식하여 작성한 것이고, 친구에게 보낸 편지에서 보이는 일왕관은 전후 미국의 국익을 고려한 주장일 것이다.[63]

펠러스는 또한 미국의 '무조건 항복주의'(unconditional surrender)가 일본의 종전에 걸림돌이 되고 있다며 일본에 제시해야 할 '무조건 항복주의'의 의미에 대해 자기 나름대로의 안을 작성했다. 친구인 헌트에게 보낸 것으로 짐작되는 초안을 보자.

1. 일본은 정복한 외국 영토를 포기해야 한다. 2. 일본은 함대와 비행기를 폐기해야 한다. 3. 일본은 육군을 무장해제 시켜야 한다. 4. 일본의 전쟁과 관련된 산업을 파괴해야 한다. 5. 일본은 상선을 폐기해야 한다. 6. 군벌은 배제해야 한다. 7. 일왕이 아닌 국민에게 책임을 지는 자유주의적인 정부를 수립해야 한다.[64]

펠러스는 앞의 7번 조건과 관련하여, 전후 일왕과 정부의 지위에 대해 미국이 태도를 분명히 해야 한다고 주장한다.[65] 그리고 일왕에 관해 여러 가지 논란이 일어나고 있는 원인은 일왕에 대한 오해에서부터 비롯된 것으로 "일본인에게 일왕은 그들이 숭배하는 상징이다. 단지 19세기부터 최고 정치적·군사적 권력으로 여겨졌을 뿐이다. 그러나 [그 이전까지] 2,600년 동안은 종교적 권위밖에 없었다"며 일본인의 일왕에 대한 숭배를 미국인의 '헌법' 또는 '대서양헌장'에 대한 그것과 비교하고 있다.[66]

3) 맥아더의 일왕관

맥아더군의 방첩대 부장을 역임한 엘리어트 소프 준장이 말하듯이, 맥아더는 필리핀을 비롯하여 아시아 지역에서 오랫동안 생활한 경험이 있었고, 동양인의 심리에 관한 깊은 지식도 가지고 있었다.[67] 또한 맥아더의 친구이자 종군기자로서 맥아더군 내에서 취재활동을 하고 있던 헌트는 전시기 발간한 맥아더 전기에서, 맥아더는 러·일전쟁기부터 일본인의 성격과 일본의 야심에 관해 분석하였고, 일왕을 위해서라면 죽을 각오가 되어 있는 일본군에 대해 잘 알고 있었다고 적었다.[68]

그럼 일본의 항복 후인 1945년 8월 30일 연합국최고사령관으로서 일본에 부임한 맥아더는 전시기 어떠한 일왕관을 가지고 있었을까? 1964년에 출판된 그의 회고록에는 "일본군의 대담함과 용기, 일왕에 대한 광신적인 신뢰와 존경의 태도에서 영원히 지울 수 없는 감명을 받았다"고 되어 있으나, 전전과 전시기의 일왕에 대해서는 언급하고 있지 않다.[69]

그래서 그의 일왕관은 측근의 발언이나 기자회견 등 간접적인 자료에서 알아볼 수밖에 없다. 일견 보기에는 일왕에 관한 맥아더의 최초 발언은 1945년 5월 마닐라에서 그의 부관 겸 주치의인 로저 에그버그 소령에게 말한 것이다. 그 내용은 "일왕은 도조 등 장군들의 꼭두각시라고 생각한다. 전쟁의 실제 책임은 이러한 군인들이다. 일본의 통치구조를 완전히 바꾸는 데 있어서 일왕은 도움이 될 것이다"라는 것이었다.[70]

이렇게 일왕이 "꼭두각시"라는 맥아더의 생각은 전후까지도 계속되었다.[71] 특히 일본의 항복 직전인 1945년 도조 등을 중심으로 한 군국주의자들을 처벌하고 일왕을 이용하는 방침을 암시한 것에 주목할 필요가 있다. 그러나 같은 해 7월 14일 맥아더는 부하들과 가진 회식 자리에서 "일본군 최고사령관인 일왕을 죽이고 싶다"고 말했다.[72] 이 발언은 아마 오랫동안 일왕의 군대와 싸우고 수많은 부하를 잃은 휘하 장군들의 일왕에 대한 강경한 입장을 배려하여 나온 발언이었을 가능성이 있다. 그런데 그 후 8월 마닐라에서 항복 준비 사절로 온 일본 육군 참모차장 가와베 도라시로 등과 만난 연합국번역통역부 부장 시드니 매슈비어 대령에게서 보고를 받았을 때, 맥아더는 "일본인의 면전에서 일왕을 비난할 필요가 없다. 일왕을 통하면 완전히 질서정연한 통치를 유지할 수 있기 때문이다"고 말하면서 일왕을 점령통치에 이용하려는 의지를 보였다.[73]

그리고 매슈비어의 회고록을 보면, 맥아더는 일본에 도착한 후 일왕을 접견하고 싶다고 말했다고 한다. 이러한 맥아더의 희망에 대해 매슈비어는 "일본에 도착한 후 곧장 접견 절차에 착수할 것"이라고 대답했다.[74] 잘 알려진 바와 같이, 9월 27일 일왕은 맥아더를 예방하는데 이 방문은 수면 아래에서 맥아더의 희망사항이 일왕 측에 전달되어 실현되었을 가능성이 있다.

이상에서 분석한 것처럼, 맥아더는 전후 일본 점령정책을 원활히 수행하기 위해 일왕의 권위를 이용할 방침을 일본 본토에 도착하기 전에 이미 결정하였을 가능성이 매우 높다.[75] 철저항전을 계속해 온 일본군이 일왕의 칙서에 따라 무기를 내려놓는 것을 본 맥아더가 일왕의 권위를 다시 한 번 실감하게 된 것이 틀림없었다. 일본 본토에 도착하기 하루 전인 8월 29일 오키나와에 있던 맥아더는 군사비서 펠러스에게 일본 점령을 위한 '일왕 이용 정책'에 관해 다음과 같이 말했다.

그것은 완전히 단순하다. 우리는 일본정부를 통해 모든 명령을 내린다. 어떤 일본인을 미국의 목적을 위해 집에서 쫓아낼 경우 그 사람은 화를 낼 것이다. 그러나 일왕의 대리인을 그에게 보내 그것은 일왕의 뜻이라고 말하면 그 집은 점령 목적을 위해 인도될 것이다.[76]

여기서 맥아더가 일왕을 이용하려는 이유는, 전시기 대일 방첩활동에 종사한 적이 있던 앤드류 로스가 "일왕은 일반적으로 말하자면 다른 집단을 조종하는 도구다. 이는 점령을 용이하게 하기 위해 우리가 원하는 것을 칙령으로 공포하도록 하는 등 이용할 수 있다는 것을 암시한다. 국민은 자신들의 왕이 말하는 것이라면 무엇이라도 받아들이게 될 것이다. 군국주의자는 폐하의 문서에는 반대하지 못할 것이다"라고 한 주장과 의미가 통하는 부분이다.[77] 그래서 맥아더는 "일왕의 권위가 일본이 패전한 이후에도 절대적일 것이라는 것을 꿰뚫고 있었기 때문에, 말하자면 이것을 이용"하려고 한 것이다.[78]

맥아더는 일본 점령정책에 일왕의 권위를 이용하고 정책의 실시는 일본정부를 통해서 한다는 7개의 방침을 펠러스에게 털어 놓았다.

1. 일본군을 무장해제한다. 2. 무장해제된 군인은 각자 가정으로 돌려보낸다. 3. 전쟁수행에 사용되어 온 사업시설은 다른 용도로 전환시킨다. 4. 모든 학교를 개방하고 당국에 의한 검열을 금지한다. 그리고 시민으로서 적합한 교육실시를 위해 새로운 과목을 도입한다. 5. 여성에게 선거권을 부여한다. 6. 자유선거를 실시한다. 7. 노동조합 설립을 장려한다.[79]

이러한 방침은 맥아더가 일본 본토에 오기 전에 어떤 대일 점령정책을 구상하고 있었는지에 대해 지금까지 거의 거론되지 않았다는 점

에서 주목할 필요가 있다. 또한 방침 중 4번 이하는 맥아더가 일본에
서는 학교의 교육내용이 당국의 검열을 받고 있으며, 여성에게는 참정
권이 부여되지 않고, 선거의 자유가 없으며, 노동자의 권리가 보장되
어 있지 않은 것으로 보고 있었다는 사실을 알 수 있다. 다시 말하면,
4번 이하의 내용에서 당시 맥아더의 일본 사회관을 파악할 수 있다.

4) 맥아더군의 일본 점령 계획과 일왕 이용 정책

미국의 합동참모본부는 1945년 6월 14일, 일본의 급작스런 붕괴와
항복에 대비하여 맥아더와 태평양함대사령관인 체스터 니미츠 제독에
게 일본 점령 계획 작성을 지시했다.[80] 그러나 맥아더군은 이미 동년
5월부터 일본 점령 계획을 세우고 있었다. 7월 16일에는 일본 점령 기
본계획인 '블랙리스트 작전'의 초판이 나왔고, 7월 25일에는 개정판이
그리고 8월 8일에는 최종판이 완성되었다.[81] 전술한 것처럼, 일왕에
대해 온건한 입장을 취하고 있던 맥아더는 일왕을 이용하겠다는 희망
을 본국에 전달했다. 7월 25일 조지 마셜 육군참모총장이 대통령에게
제출한 보고서 「일본의 항복」에는 일본 국민의 관리와 통치에 기존
행정조직을 이용하고, 광범위하게 흩어져 있던 일본군의 항복과 무장
해제를 용이하게 실시하기 위해 군 조직과 일왕 개인을 이용하고 싶
다는 맥아더의 희망사항이 적혀 있었다.[82]

8월 30일 아츠기 비행장에 도착한 맥아더에게는 어떻게 점령정책을
효율적으로 실시할 수 있는지가 과제였다. 맥아더의 회고록에는 "나는
일본 국민에 대해 사실상 무제한의 권력을 가지고 있었다. 역사상 어
떤 식민지 총독도, 정복자도, 사령관도 내가 일본 국민에 대해 가졌던
정도의 권한을 가진 적이 없었다"고 적었다.[83] 그러나 그는 권력만으
로는 다른 나라를 원활히 통치할 수 없다는 것을 너무나 잘 알고 있었

다. 따라서 일본인 사이에서 '살아있는 신'이었던 일왕의 권위를 빌릴
필요가 있었다. 이를 위해서는 당시 미국 국내와 연합국에서 전쟁책임
자로 취급당하고 있던 일왕의 기존 이미지를 그대로 두어서는 안 되
었다.[84] 군국주의의 온상으로서의 이미지를 민주화된 군주로 만들어
내지 않으면 안 되었고, 특히 일왕의 전쟁 책임 문제가 추궁되지 않도
록 대처해야 했다.

  그래서 미국 국내와 연합국을 향해 적극적인 심리전이 필요했다. 실
제로 전시기 맥아더 밑에서 심리전에 종사한 심리전 전문가들은 자신
들이 전쟁 중 대일 심리전에서 군국주의자의 희생자로 묘사한 일왕을
전쟁 책임 문제에서 면책시키기 위해 일왕 선전에 돌입했다. 최초로
미국인을 향해 실시한 프로파간다가 9월 25일 〈뉴욕타임즈〉 기자인
프랭크 클라크혼과 일왕의 회견이었다. 전시기부터 맥아더와 친했던
클라크혼과의 회견에서 일왕은 "도조가 사용한 것과 같은 방법으로 개
전칙서를 사용할 의도는 없었다"고 하며, 당시 미국 내에 비등해 있던
일본의 진주만 '기습' 공격을 둘러싼 비판을 진정시키기 위하여 대미
여론공작을 개시했다.[85] 이 회견은 이미 일왕을 점령정책의 효율화에
이용하기 위해 일왕을 면책하는 방침을 결정한 연합국총사령부와 일
왕 측의 사전협의 아래 이루어졌으며, 개전의 책임을 도조 등 일부 군
국주의자들에게 전가시키려고 한 측면에 있어서 '미·일합작'으로 실
시한 최초의 작품이었다고 말할 수 있다.

  이렇게 심리전 관계자들이 일왕의 이미지를 평화주의자로 만들어
낸 또 다른 의도는 맥아더의 대선 출마와 깊은 관계가 있었다는 것이
다. 9월 15일 펠러스가 본국에 있는 딸에게 보낸 편지를 보면, 프랭클
린 루즈벨트 대통령은 전쟁을 방지하기 위해 어떤 행동도 취하지 않
았다는 것과 미국은 진주만 공격의 진실을 공개해야 한다는 것을 지
적하고 있다.[86] 전후 일본에 와 있던 언론인 마크 게인에 의하면, 펠

러스는 루즈벨트 대통령이 미국을 무리하게 전쟁으로 끌고 갔으며, 히로히토 일왕은 루즈벨트 이상의 전쟁범죄자가 아니라고 지적했다.[87] 이러한 논리는 원자폭탄 투하에 대한 비판과 함께, 전후 심리전 전문가 중 일부와 본국 공화당의 고립주의자 등이 맥아더를 대통령에 당선시키기 위해 민주당 공격의 재료로 이용한 것으로 보인다.[88] 요약하자면, 전시기와 전후에 있어서 맥아더군의 '일왕이용론'은 당면한 전쟁에 승리하기 위한 심리전에 이용, 일본군의 무장해제와 점령정책의 효율화에 이용 그리고 맥아더의 대선에 이용이라는 3가지 형태로 정리할 수 있다.

한편 전술의 펠러스의 편지에는 일왕에 관한 중요한 내용이 적혀 있다. 그것은 "전 꼭두각시 대통령"(일왕을 지칭)이 "자신에 대한 처분은 맥아더에게 맡긴다"는 말을 당시 총리인 히가시쿠니노미야 나루히코를 통해 맥아더에게 전해 왔다는 사실이다.[89] 이 편지에는 일왕의 발언을 전해들은 펠러스가 감동하는 모습이 엿보인다. 같은 날 히가시쿠니노미야의 일기에는 맥아더와의 회담 경위에 관해 "[맥아더] 원수의 비서실장이, 원수는 총리가 오는 것을 기쁘게 기다리고 있다고 전해 왔기 때문에 외무성을 통하지 않고 원수를 방문하기로 했다"고 적혀 있다.[90] 또한 히가시쿠니노미야는 당시 회담에 대해 걱정을 하며 가나가와현청에서 기다리고 있던 전 총리 고노에 후미마로에게 회담의 결과에 대해 "회담이 원만하게 끝났다"고 말했다.[91] 여기서 주목해야 할 점은, 이미 9월 15일에 일왕은 황족인 히가시쿠니노미야 총리를 통해 맥아더에게 '복종'의 의사를 표명한 것이었다. 잘 알려진 일왕과 맥아더의 첫 만남이 화기애애한 분위기 속에서 이루어진 것은 아시아과 같은 사전 작업들이 있었기 때문에 가능했던 것이다.

4. 결론에 대신하여

일본 점령정책에 있어서 사실상의 주도국이었던 미국의 국무부에서는 전쟁개시로부터 1년도 지나지 않은 단계부터 전후 일본의 점령정책에 관해 검토하기 시작했다. 1944년 중반 이후, 특히 대일 정책 결정에 있어 중요한 의미를 지니는 얄타회담에서 포츠담회담까지의 시기에는 지일파가 국무부 원안과 대일 기본계획 문서인 〈SWNCC 150〉이라는 두 가지 문서의 작성에 있어서 주도적인 역할을 수행했다.

그러나 일왕의 권위를 이용한 '위로부터의' 온건개혁을 주장하고 있던 국무차관 조지프 그루 등 지일파 외교관의 대부분은 일본의 패전을 전후로 하여 퇴진하였고 정부 내부에서의 영향력도 급속도로 약화되었다.

이들을 대신하여, 국무부의 대일 정책은 딘 애치슨 등 대일 강경파가 담당하게 되었다. 미국정부 내에서는 일본이 예상보다 빨리 항복하였기 때문에 당초의 직접 군정 방침에서 간접 통치로 변경되었고, 또한 지일파와 대일 강경파의 대립 등으로 인해 워싱턴은 일왕제 문제에 대한 명확한 방침을 세우지 못하고 있었다.

또한 일왕의 전쟁범죄 문제에 있어서도 정책입안자들 사이에서 의견의 일치를 본 것도 아니어서, 결과적으로는 현지 사령관인 맥아더의 판단에 맡기게 되었다. 이러한 시기, 즉 미국 본국에서 대일 점령정책 담당이 지일파에서 대일 강경파로 바뀌는 과도기에, 전시기 태평양전선에서 대일 심리전에 종사했던 지일파 군인 그룹이 점령군으로서 일본에 와 일왕 정책과 미디어 정책 등에 관해 연합국 최고사령관인 맥아더에게 큰 영향을 주었고 일왕에 대한 유화적인 정책을 실시했다.

본고에서는 태평양전쟁기 맥아더가 실시한 대일 심리전의 분석을 통해, 맥아더를 비롯한 심리전 담당자들이 전시기 어떤 일본관과 전후 일왕제 구상을 가지고 일본 점령에 임했는지에 대해 분석했다. 이 논문에서 새롭게 밝혀진 역사적 사실이, 맥아더군이 전후 실시한 대일 정책의 전사(前史)를 이해하는 데 도움이 되었으면 하는 바람이다.

끝으로, 맥아더군의 대일 심리전에 있어서는 1945년 4월부터 5월 사이가 중요한 전환기였다. 즉 이 시기에 맥아더군 내에서는 일본 상륙작전을 위한 계획이 만들어지고 있었고, 일왕에 관한 삐라 투하가 증가했기 때문이다. 실제로 같은 해 5월 7일 필리핀 마닐라에서는 태평양 지역을 비롯해 미국 본국에서 온 심리전 관계자들이 모여 향후 대일 심리전 방침에 관하여 논의를 했다. 그러나 이 회의에서 무엇이 논의되었고 그 후 심리전 방침에 어떤 영향을 미쳤는지에 대해 이 글에서는 충분히 밝혀내지 못했다. 또한 맥아더군의 정책과 미국의 다른 심리전 기구인 전시정보국과 전략국 사이의 정책상 차이점과, 심리전부와 미국 육군성 사이의 심리전 협의 과정 등에 대해서도 거의 분석하지 못했다. 이상과 같이 부족한 부분에 대해서는 향후 연구과제로 할 필요가 있다.

주석 ···

1) Paul M. A. Linebarger, *Psychological Warfare*(2nd ed.)(Washington: Combat Forces Press, 1954), p.52.

2) 粟屋憲太郎, 『東京裁判論』, 大月書店, 1989, p.68.

3) 위의 책, p.198.

4) Office of Assistant Chief of Staff, SWPA, "Establishment of Psychological Warfare," 4 June 1944, *Fellers Papers*. Fellers Papers(펠러스 문서)는 맥아더군의 심리전부 부장 보너 펠러스가 딸인 낸시 펠러스 길레스피의 자택에 보관한 문서로서, 이것을 일본 공영방송인 NHK의 히가시노 마코토씨가 발굴하여 히토츠바시대학교 요시다 유타카 교수실에 기증한 문서이다. 본고에서는 이 문서를 "Fellers Papers"로 표기한다. 전시기 미군이 적에게 투하한 삐라 중 2/3는 전쟁 의지를 약화시킬 목적으로 제작되었다. 여기에 대해서는 Nat Schmulowitz and Lloyd D. Luckmann, "Foreign Policy by Propaganda Leaflets," *Public Opinion Quarterly*, Vol. 9, No. 4, Winter 1945-46, p.485 참조.

5) Office of Assistant Chief of Staff, SWPA, "Establishment of Psychological Warfare," 4 June 1944, *Feller Papers*.

6) Bonner Fellers, "Report on Psychological Warfare Against Japan, Southwest Pacific Area, 1944-1945"(이하 "Report"), 15 Mar. 1946, *Bonner F. Fellers Collection*, Archives of Herbert Hoover Presidential Library and Hoover Institution on War, Revolution and Peace, Stanford University, California.

7) 위의 자료.

8) Sidney F. Mashbir, *I was an American Spy*(New York: Vantage Press, 1953), p.221; Bradford Smith, *Americans from Japan*(New York: Lippincott Company, 1948), p.324. 전시기 태평양지역에는 약 6,000명의 일본계가 미군에 협력했다.

9) Military Intelligence Service Association of Northern California and the National Japanese American Historical Society, *The Pacific War and Peace: Americans of Japanese Ancestry in Military Intelligence Service 1941 to 1952*, California, 1991, p.84.

10) Allison Gilmore, *You Can't Fight with Bayonets: Psychological Warfare against the Japanese Army in the Southwest Pacific*(London: Bison Books,

1998), p.141. 그 이전까지는 3명의 포로가 심리전부에서 삐라 제작 등에 관여했다. 전시기 적의 포로를 아군의 작전에 이용하는 것은 국제법 위반이었으나, 미국과 일본 양국 모두 자국의 심리전에 적의 포로를 이용했다.

11) Bonner F. Fellers, *Wings for Peace: A Prime for a New Defense* (Chicago: Regnery Company, 1953), p.196; Mashbir, *I was an American Spy*, p.221.

12) Fellers, "Report," *Bonner F. Fellers Collection*.

13) 위의 자료.

14) 위의 자료.

15) 위의 자료.

16) Fellers, *Wings for Peace*, p.196.

17) 平和博物館を創る会 編,『紙の戦争・伝単―謀略宣伝ビラは語る』, エミール社, 1990, p.110.

18) 〈이 세상에 귀신은 없다〉라는 제목의 삐라를 보면, 포로의 사진을 게재할 때 "일본에 있는 가족의 보호를 위해"라고 적고 실제로 사진에는 눈 부분이 검게 가려져 있다. 鈴木明・山本明,『秘録・謀略宣伝ビラ』, 講談社, 1977, p.32.

19) 平和博物館を創る会 編,『紙の戦争・伝単―謀略宣伝ビラは語る』, p.80.

20) 심리전부가 만든 신문형식의 삐라로 그 전신은 〈시사주보〉, 〈남태평양주보〉이다. 〈낙하산뉴스〉 제작에는 일본계로 좌익인 츠카하라 다로, 일본군 포로 등이 참여했다.

21) 米軍マニラ司令部,『「落下傘ニュース」復刻版』, 新風書房, 2000, p.38. 1945년 6월 16일자 〈낙하산뉴스〉 기사 참조.

22) 山極晃・中村政則 編,『資料日本占領 1 天皇制』, 大月書店, 1990, pp.93, 99. 1944년 6월 27일자 〈일본-일왕제에 대한 선전상 표현에 관한 정책〉(CAC217) 참조.

23) カール・ヨネダ,『アメリカ―情報兵士の日記』, PMC出版, 1989, p.106.

24) 山極晃・中村政則 編,『資料日本占領 1 天皇制』, p.100.

25) Mashbir, *I was an American Spy*, pp.22, 339-340.

26) Fellers, "Report," *Bonner F. Fellers Collection*.

27) Gilmore, *You Can't Fight with Bayonets*, pp.105-106.

28) 鈴木明·山本明, 『秘録·謀略宣伝ビラ』, p.24.

29) 위의 책, p.158.

30) 위의 책, p.159.

31) 심리전부 부장 펠러스는 전후 인터뷰에서 맥아더의 측근 중 거의 대부분이 일왕의 처벌에 찬성했다고 회고했다. Dale F. Hellegers, "Interview with Bonner F. Fellers(19 Jan. 1973)," Parker School of Foreign and Comparative Law, Columbia University, Fellers Papers, p.5.

32) 예를 들면, 프랭크 카프라 감독이 만든 다큐멘터리 영화 시리즈인 「우리는 왜 싸우는가」(Why We Fight)가 유명하다.

33) Charles A. Lindbergh, The Wartime Journals of Charles A. Lindbergh(New York: Harcourt Brace Jovanovich, 1970), p.875.

34) 위의 책, p.915.

35) Fellers, "Letter to Col. H. V. White," 24 Jan. 1945, Fellers Papers.

36) 鈴木明·山本明, 『秘録·謀略宣伝ビラ』, p.30.

37) 육군이 〈전진훈〉을 시달한 동기는 중국 전선에서의 사기 저하와 군기 문란 때문이었다. 〈전진훈〉 작성에 관여한 시라네 다카유키에 의하면, 특히 병사들이 술에 취해 부린 난동이 〈전진훈〉 작성의 직접적인 이유였다고 한다. 吹浦忠正, 『書き書 日本人捕虜』, 図書出版社, 1987, p.53.

38) Fellers, "Report," Bonner F. Fellers Collection.

39) オーテス·ケーリ, 『よこ糸のない日本』, サイマル出版会, 1976, p.12. 이와 같은 케리의 발언은 式場隆三郎 編, 『俘虜の心理』, 綜合出版社, 1946, pp.25-26에도 나온다.

40) 大岡昇平, 『俘虜記』, 講談社, 1971, p.48.

41) Fellers, "Report," Bonner F. Fellers Collection.

42) FMAD, OWI, "Persistent and Changeable Attitudes of the Japanese Forces and Their Implication for Propaganda Purposes," U.S. Strategic Bombing Survey(Pacific): Records and Other Records, 1928-47, Microfilm Publications M1655(National Archives; Washington, 1991), Institute of Economic Research, Hitotsubashi Univ.(이하 "USSBS Records"), Roll 134.

43) 통계 등 전쟁 의지 분석에 관한 구체적인 내용에 대해서는 필자의 논문 「マッカーサー軍の対日心理作戦と戦後天皇制構想」, 一橋大学大学院修士論文, 2003 참조.

44) FMAD, "Persistent and Changeable Attitudes of the Japanese Forces and Their Implication for Propaganda Purposes," *USSBS Records*.

45) FMAD, "Principal Findings Regarding Japanese Morale During the War(Report No. 26, 20 Sept. 1945)," *USSBS Records*, Roll 133.

46) FMAD, "Persistent and Changeable Attitudes of the Japanese Forces and Their Implication for Propaganda Purposes," *USSBS Records*.

47) Fellers, "Report," *Bonner F. Fellers Collection*.

48) FMAD, "Recent Trends in Japanese Military Morale(Report No. 17, 9 Apr. 1945)," *USSBS Records*, Roll 134.

49) Morale Analysis Section, OWI, "Japanese Morale Report Ⅱ(Aug. 1944)," *USSBS Records*, Roll 134.

50) Fellers, "Report," *Bonner F. Fellers Collection*.

51) 粟屋憲太郎, 『東京裁判論』, p.68.

52) Psychological Warfare Branch, "A Comparative Evaluation of Certain Studies in Psychological Warfare," 20 June 1944, *Fellers Papers*.

53) Psychological Warfare Branch, "The Emperor of Japan(Special Report No. 4)," 22 July 1945, *Fellers Papers*.

54) Harry Emerson Wildes, *Typhoon in Tokyo*(New York: Macmillan Company, 1954), p.71.

55) 그의 일본 연구는 19세기 말부터 20세기 초에 걸쳐 일본의 문화를 서양에 소개한 작가로 『신의 나라 일본』을 쓴 라프가디오 한의 영향을 받았다. 펠러스는 전후 인터뷰에서 한의 책 140권을 소장하고 있다고 말했다. Hellegers, "Interview with Bonner F. Fellers(19 Jan. 1973)," *Fellers Papers*, p.10.

56) 위의 자료, p.8.

57) Fellers, "Travel Notes-The Psychology of the Japanese Soldier," *Fellers Papers*, p.62. 「일본군의 심리」는 캔자스주에 있는 육군지휘참모대학의 자료실과 캘리포니아주 소재 스탠포드대학교의 후버연구소에도 사본이 보관되어 있다.

58) Fellers, "Peace from the Palace," Fellers Papers, 1946.

59) 펠러스에 의하면, 군사비서라는 직위는 미국의 남북전쟁 이후 없어졌으나 맥아더는 태평양전쟁기까지 그대로 유지했다고 말했다. D. Clayton James,

Oral Reminiscences of Brigadier General Bonner F. Fellers(Washington, DC.: MacArthur Archives, 26 June 1971), p.5.

60) 週刊新潮編集部, 『マッカーサーの日本』, 新潮社, 1970, p.53.

61) Fellers, "Answer to Japan," 1944, *Bonner F. Fellers Collection*.

62) Fellers, "Letter to Spike," 2 July 1945, *Fellers Papers*. 이 편지에서 펠러스 는 "일왕의 전쟁 관여 정도는 이탈리아가 벌인 전쟁에서 로마 교황이 관여한 정도보다도 크지 않다"고 적었다.

63) Mark Gayn, *Japan Diary*(New York: William Sloane Associates, 1948), p.261.

64) Fellers, "Letter to Spike," 21 July 1945, *Fellers Papers*. 펠러스의 초안은 연합국이 「포츠담선언」을 발표하기 직전에 적은 것으로 그 나름대로의 생각을 담은 '포츠담선언 초안'이라고도 할 수 있다.

65) 위의 자료.

66) 위의 자료. 전후 맥아더는 일본에서 일왕의 존재는 미국에서 성조기와 같은 것이라고 말했다. Wildes, *Typhoon in Tokyo*, p.95 참조.

67) Elliott R. Thorpe, *East Wind, Rain*(Boston: Gambit Incorporated, 1969), p.217.

68) Frazier Hunt, *MacArthur and the War against Japan*(New York: Charles Scribner's Sons, 1944), p.133.

69) ダグラス・マッカーサー 著, 津島一夫 訳, 『マッカーサー回想記(上)』, 朝日新聞社, 1964, pp.62-63. 맥아더는 1904년 당시 러·일전쟁 관전무관인 아버지 아서 맥아더의 부관으로 왔다.

70) Roger Egeberg, "How Hirohito Kept His Throne," *Washington Post*, 19 Feb. 1989. 맥아더는 전시기와 같이 전후에도 계속해서 일왕을 "도조와 군벌의 꼭두각시"라고 주장했다. 이러한 맥아더의 발언은 ロジャー・エグバーグ 著, 林茂雄・北村哲男 訳, 『裸のマッカーサー』, 図書出版社, 1995, p.257 참조. 필자의 짧은 지식으로 판단하건데, 전후 맥아더가 히로히토 일왕을 비판한 흔적은 보이지 않는다.

71) 로저 버클리에 의하면, 맥아더는 1946년 1월 일왕을 전범으로 기소하는 것은 불행이라고 말하고, 그 근거로 일왕을 전쟁 전 미국 라디오 프로그램에서 "꼭두각시"역을 맡은 찰리 매카시(Charlie MaCarthy)를 예로 들며, 전쟁 개시부터 종전까지 일왕은 "완전한 꼭두각시" 역할밖에 하지 않았다고 믿었기 때문이라고 한다. Roger Buckley, "Britain and the Emperor: The Foreign Office and Constitutional Reform in Japan, 1945-1946,"

Modern Asian Studies, Vol. 12, No. 4(1978), p.562.

72) Fellers, "Diary," 14 July 1945, *Fellers Papers*.

73) Mashbir, *I was an American Spy*, p.308. 매슈비어의 회고록에는 맥아더 의 발언 일자가 기록되어 있지 않으나, 필자의 추측으로는 8월 19일부 터 20일 사이일 것으로 생각된다.

74) 위의 책, pp.308-309.

75) 펠러스가 1945년 9월 6일 아내에게 보낸 편지를 보면, "향후 일왕의 존 재가 [어떻게 될지] 명확하지는 않지만 지금 단계에서 일왕을 이용하는 것은 좋은 생각이다"라고 말하고 있다. 영어의 원문에는 "it was well to use the Emperor"이라며 과거형으로 적혀있다. Fellers, "Letter to Dorothy," 6 Sept. 1945, *Fellers Papers*.

76) James, *Oral Reminiscences of Brigadier General Bonner F. Fellers*, p.29.

77) アンドルー・ロス 著, 小山博也 訳, 『日本のジレンマ』, 新興出版社, 1970, p.116.

78) C・A・ウェイロビー, 『知られざる日本占領－ウェイロビー回顧録』, 番町書 房, 1973, p.48.

79) Fellers, "Diary," 29 July 1945, Fellers Papers. 맥아더의 방침과 거의 비슷 한 내용이 그의 친구인 헌트가 쓴 맥아더 전기에도 보인다. Hunt, *MacArthur and the War against Japan*, p.402. 또한 그의 회고록에는 점령 정책의 원칙으로서, "여성에게 참정권을 부여하는 것", "노동조합 조직 을 장려하는 것", "보다 자유로운 교육을 위해 학교를 개방하는 것" 등 이 적혀 있다. ダグラス・マッカーサー 著, 津島一夫 訳, 『マッカーサー回 想記(下)』, 朝日新聞社, 1964, p.151.

80) Chief of Staff of the War Department, "Japanese Capitulation," attached to the Memo for the President by the Chief of Staff of the War Department, RG 165, Entry 15, 1944-45, Box 10, National Archives, 25 July 1945, p.2.

81) GHQ参謀第2部, 『マッカーサーレポート第2巻(Reports of General Macarthur Volume I Supplement』, 現代史料出版, 1998, pp.2・4.

82) Chief of Staff of the War Department, "Japanese Capitulation," p.4.

83) ダグラス・マッカーサー 著, 『マッカーサー回想記(下)』, p.129.

84) 1945년 6월에 실시된 갤럽의 여론조사에 의하면, 미국 국민의 71%가 일왕에 대해 엄중한 처벌을 요구하고 있었다. 山極晃・中村政則 編, 『資 料日本占領 1 天皇制』, p.323.

85) 펠러스의 7월 27일자 일기를 보면, 맥아더는 클라크혼과 함께 연합국이 발표한 〈포츠담선언〉에 대해 이야기하거나, 8월 1일에는 소련의 대일 참전에 관해 이야기도 나누기도 한다. Fellers, "Diary," 27 July, 1 Aug. 1945, *Fellers Papers*.

86) Fellers, "Letter to Nancy Jane," 15 Sept. 1945, *Fellers Papers*.

87) Gayn, *Japan Diary*, p.343.

88) 위의 책, p.345. 맥아더의 대선에 깊이 관여한 심리전 관계자로는 펠러스와, 심리전부 차장으로서 전후 연합국총사령부의 민간정보교육국에서 근무하고 있던 마이클 그린 대령 등을 들 수 있다. 펠러스는 1947년부터 1952년까지 공화당전국위원회에서 활동하였고, 초기 단계에 그가 맡은 주요 임무는 맥아더의 대통령 선거 운동이었다. 예를 들면 원자폭탄과 일왕의 종전에 관해서는 이렇게 주장했다. 1945년 4월 허버트 후버 전 대통령이 해리 트루먼 대통령에게 일왕이 1945년 4월에 스즈키 간타로를 총리에 임명한 것은 항복을 하고 싶다는 의지가 있다는 것을 의미한다고 말했다. 그럼에도 불구하고 트루먼이 그 말을 듣지 않았기 때문에 전쟁이 계속되었고 "원자폭탄은 폐하의 항복 결정을 유도한 것이 아니고, 궁극적으로는 전쟁의 귀추를 결정하는 어떤 효과도 없었다는 것은 명확하다"고 하는 논리이다. Raymond Henle, "Interview with Bonner F. Fellers," *Herbert Hoover Oral History Program*, Archives of Herbert Hoover Presidential Library and Hoover Institution on War, Revolution and Peace, 23 June 1967, pp.15-16.

89) Fellers, "Letter to Nancy Jane," 15 Sept. 1945, *Fellers Papers*. 참고로 펠러스가 편지에서 일왕에 관해 적은 영어 원문을 그대로 적어 둔다. "Ex Puppet President Laurel just telegraphed Mac A he was at his disposal...Big of Mr. L-I say!"

90) 東久邇稔彦, 『一皇族の戦争日記』, 日本週報社, 1957, p.232. 히가시쿠니노미야가 말한 "비서실장"은 문맥상 펠러스일 가능성이 높다. 또한 기도 고이치 일기를 보면, 이 시기에 전쟁책임 문제가 계속 거론되고 있었고, 9월 15일 11시 15분에는 "총리가 궁궐에 와서 폐하를 알현, 의논하심"이라고 적혀 있다. 木戸幸一, 『木戸幸一日記(下)』, 東京大学出版会, 1966, p.1235.

91) 東久邇稔彦, 『一皇族の戦争日記』, p.233.

제3장.
인종전쟁

- 태평양전쟁기 일본 지도층의
  인종전쟁에 대한 공포가
  전쟁정책에 미친 영향

제3장 인종전쟁

– 태평양전쟁기 일본 지도층의 인종전쟁에 대한 공포가 전쟁정책에 미친 영향

1. 서론

전시에 있어서 인종편견의 문제는 역사학 연구에 있어서 중요한 테마가 되어 왔으며, 제2차 세계대전, 한국전쟁, 베트남전쟁 그리고 이라크전쟁에 이르기까지 전쟁을 더욱더 잔인한 전쟁으로 만들어 왔다. 또한 인종편견은 적국인에 대해 비인간적인 용어로 표현함으로써 적국에 대한 적대감을 불러일으키는데 큰 역할을 했다.[1] 일본이 참가한 전쟁 중 가장 규모가 크고 많은 희생자를 낸 태평양전쟁(1941~1945)[2]에서는 적국들의 일본인에 대한 인종편견은 일본지도자들의 정책수립에 매우 큰 영향을 끼치기도 했다.[3] 따라서 전쟁 전 다른 인종에 대한 우월의식이 매우 강했던 이들의 인종전쟁관[4]과 전쟁정책과의 관계를 밝히는 작업은 태평양전쟁사 연구에 있어서 중요한 과제이다.

제3장에서는 태평양전쟁기 일본지도자들이, 연합국 중 '백인'국가인 영국과 미국인, 심지어 동맹국인 독일인의 일본인에 대해 가지고 있던 인종편견으로 인하여 결국 태평양전쟁이 인종전쟁화(化) 될 가능성에 대해 매우 두려워하였으며, 이러한 인종전쟁에 대한 공포가 일본지도

자들의 전쟁정책에 큰 영향을 미쳤다는 점에 주목하고자 한다. 태평양
전쟁기 인종편견에 관한 선행연구들은 일본과 '백인'연합국 간의 전쟁
으로 정의하여 인종전쟁적인 측면을 강조하여 왔다. 그러나 일본지도
자들이 인종전쟁이 일어날 가능성에 대하여 얼마나 두려워하였으며,
이러한 인종전쟁에 대한 공포가 이들의 전쟁정책에 미친 영향에 관한
연구는 현재까지 거의 없다.[5]

　이 글은 일본의 권력을 장악하고 있었던 엘리트들이 인종전쟁에 대
하여 가지고 있던 생각과 그들의 인종전쟁관이 태평양전쟁 중 일본의
전쟁정책에 미친 영향을 분석해 내는 것을 목적으로 한다. 일본지도자
들은 연합국과의 개전을 본격적으로 준비하던 시기부터 일본과 동맹
국인 독일을 포함한 '백인'국가 간의 인종전쟁이 일어날 가능성에 대하
여 매우 경계하였으며, 전쟁 중 일본의 정부기관들은 인종전쟁의 이미
지를 자국 국민들에게 주지 않도록 인종 간의 전쟁을 연상시킬 수 있
는 단어들조차도 일본 내에서는 사용하지 못하도록 했다. 이 장에서는
이와 같은 인종전쟁에 대한 두려움이 결국 일본의 '조기종전파'[6]로 하
여금 소련을 중재국으로 한 전쟁종결 결정에 매우 큰 영향을 미쳤다
는 사실을 밝혀내고자 한다.[7]

　제3장의 구성은, 첫째, 서양인, 특히 독일인의 일본인에 대한 인종편
견에 대해 논한다. 일본지도자들은 이미 태평양전쟁 전부터 독일인의
황인종에 대한 편견에 대하여 잘 알고 있었으며, 일본이 미국·영국과
개전할 경우, 독일을 포함한 '백인'국가끼리 비밀리에 협상하여 전쟁을
종결한 후 일본을 총공격할 것이라는 의식이 팽배해 있었다는 가정에
서 출발한다. 그러나 독일인, 특히 독일지도자들은 일본인에 대한 인
종편견에도 불구하고, 실제로는 정치·군사·외교적 실익을 추구하기
위하여 동맹을 맺게 된다. 따라서 여기에서는 독일지도자들의 일본
(인)관과 이에 대한 일본당국의 대책을 중심으로 기술한다.

둘째, 태평양전쟁 중 일본지도자들이 인종전쟁에 대하여 어떠한 생각을 가지고 있었으며, 그들의 사고가 일본정부의 국내 선전과 검열정책에 어떠한 영향을 미치게 되었는지 논한다. 여기서 특히 선전과 검열정책에 대하여 살펴보는 이유는 일본정부가 인종전쟁을 방지하기 위하여 국민들에게 집중적으로 선전하였으며 미디어에 대한 통제를 하였기 때문이다.

셋째, 일본지도자들은 독일이 항복할 경우 '백인'국가들로부터 총공격을 당하게 되어 일왕제가 붕괴되고, 나아가 일본이 멸망할지도 모른다는 두려움에 싸여 있었다. 여기에서는 일본지도자들의 인종전쟁에 대한 공포와 일본의 종전 구상과의 상관관계에 대하여 분석한다.

2. 독일인의 일본인에 대한 인종편견과 불안한 동맹관계

20세기 초부터 본격적으로 시작된 서양의 일본인에 대한 인종차별은 태평양전쟁 직전까지 계속되었다. 또한 '황인종위협론'(Yellow Peril)으로도 불리며 일본 내에서 널리 알려져 있었다.[8] '황인종위협론'은 '백인' 국가인 영국, 독일, 프랑스, 미국, 호주, 러시아 등에서 중국계 이민자에 대한 배척에서부터 시작되었으나, 일본이민자가 증가하고 일본이 강대국으로 부상함에 따라 차츰 일본인 이민자에 대한 차별로 변했다. 작은 섬나라에 불과한 일본이 청일전쟁(1894~1895)에서 승리하고, 특히 러일전쟁(1904~1905)에서 러시아를 이긴 것에 놀란 서구열강들은 동아시아의 신흥강대국으로 급부상하고 있던 일본에 대하여 경계심을 보이기 시작했다. 일본에 대한 경계는 미국 내 일부 퇴역 군

인들을 중심으로 미·일간 태평양전쟁의 가능성을 거론하는 움직임까지 나타났다.[9]

이러한 일본에 대한 경계심은 미국 내 일본이민자에 대한 차별에서도 엿볼 수 있다. 즉 러일전쟁 종결 직후 캘리포니아 지역 학교에서의 일본계와 '백인'계 아동 간의 격리, 1924년에 일어난 일본인의 미국에의 이민철폐 등에서도 나타났다.

서양인의 일본인에 대한 인종주의에 대한 반응은 일왕의 말에서 잘 나타나 있었다. 1946년 히로히토 일왕은 그의 측근들에게 태평양전쟁의 성격을 회고하는 자리에서 "'백인', 특히 미국사람들의 황인종에 대한 차별이 전쟁의 원인(遠因) 중의 하나였다"라고 말한 바 있다.[10] 서양인의 일본인에 대한 인종차별은 민족적 우월감에 사로잡혀 있던 당시의 일본인들에게 참을 수 없는 모멸감을 안겨 주었다. 그러나 일본 지도자들의 '백인'국가에 대한 경계심은 동맹국인 독일에 대해서도 예외가 아니었다.

여기서 지적하고 싶은 것은 '황인종위협론'의 기원이 미국이 아닌 독일이었다는 사실이다. 서양에서 가장 먼저 동양인 위협설을 제기한 사람들 중의 한명은 바로 독일황제 빌헬름 2세(Wilhelm II)였다고 전해진다. 그는 1895년 "유럽인이여, 너희들의 신성한 재산을 지켜라!"라는 제목의 그림에서 일본의 대두에 대하여 유럽인들에게 경고했다. 그는 이 그림을 독일 국내의 정치가뿐만 아니라 각국의 군주와 국가원수들에게 선물로 보냈다.[11] 그는 또한 1904년 2월 일본이 선전포고 없이 러시아를 공격하자 러시아 황제 니콜라이 2세(Nicholas II)에게 보낸 편지에서 "유럽지역에 일본이 발을 들여 놓을 경우 크리스트교와 유럽문명에 크나 큰 위협이 될 것"이라고 경고했다.[12] 또한 "백인종은 일치단결하여 유색인종을 치지 않으면 안 된다"라고 역설하였던 빌헬름 2세는 독일이 제1차 세계대전에서 패하면서 네덜란드로 망명한 후에도

'황인종위협론'을 계속 주장했다.[13)]

　빌헬름 2세의 경고는 독일뿐만 아니라 서구국가로도 급속히 전해졌다. '황인종위협론'은 제1차 세계대전 전후에 일시적으로 잠잠해졌으나 일본인에 대한 인종편견은 그 이후까지도 긴 그림자를 드리우고 있었으며, 그 절정기는 인종차별주의로 악명 높았던 나치정권 시기였다.

　1933년 독일 총통에 오른 아돌프 히틀러(Adolf Hitler)의 유색인종에 대한 차별주의는 당시 일본 내에서도 잘 알려졌다. 히틀러의 인종관은 유태인 학살 등 독일 국가정책과정에 매우 중요한 역할을 했으며, 이 독재자와 측근들의 일본에 대한 태도는 태평양전쟁 직전과 전쟁 중에 일본 권력엘리트들의 인종전쟁에 대한 태도를 다룸에 있어서 중요한 실마리를 제공한다.

　히틀러는 권력을 잡기 전에 출판한 『나의 투쟁』에서 독일의 아리아인종은 '문화의 창조자', 일본인은 '문화의 전달자' 그리고 유태인은 '문화의 파괴자'로 분류하고, 일본인을 유태인보다는 한 단계 높으나 독일인보다는 한 단계 낮은 '2류 인종'으로 규정했다.[14)] 여기서 '문화의 전달자'란, 일본인은 이미 존재하는 것들은 흉내 내어 발전시키는 능력은 있으나 독일인과 같이 독창적인 문화를 창조하는 능력은 없다는 것이었다. 히틀러의 이러한 견해는 일본문화에 대한 독일문화의 우월의식에서 유래한다고 볼 수도 있다. 여기에서 재미있는 예를 하나 들면, 그는 독일과 일본 음악을 비교하면서, "베토벤의 음악과 고양이 한 마리의 찢어지는 소리를 비교하는 것과 같은 것"이라며 일본의 음악을 비하했다.[15)] 히틀러의 책은 1932년까지 일본에서 번역본으로 출판되었으나, 일본에 대한 편견이 실린 부분은 양국 사이를 이간시킨다는 이유로 번역 시 삭제되었다. 따라서 이러한 내용에 대해서는 일부의 고위 관료, 고급군인, 지식인들 이외의 일반국민들이 알 수 없었던 것은 물론이었다.[16)]

히틀러의 일본관은 이상과 같은 인종·문화적인 측면뿐만 아니라 정치·군사적인 면도 살펴 볼 필요가 있는데, 후자는 매우 실리적인 측면이 강하다. 1939년 9월의 폴란드 침공이후 빠른 속도로 영토를 넓혀 가던 독일은 영국과의 전쟁에서 점차적으로 교착상태에 빠지게 되었다. 독일에게는 전세가 복잡해지고 미국·영국과의 대립이 깊어져 감에 따라 전략적 파트너로서 일본이 매우 필요한 존재였다. 따라서 양국은 이탈리아를 포함한 군사동맹의 필요성을 절실히 느끼게 되었다.

독일이 소련을 공격하기 전인 1940년 9월에 독일, 이탈리아, 일본 사이에 3국동맹이 맺어지게 되는데, 동맹 조약의 내용 중에는 국가와 미국 간에 전쟁이 일어날 경우 군사원조를 한다는 3국 사이의 비밀약속이 포함되어 있었다. 일본은 당초 소련도 함께 끌어들여 4국동맹을 이룸으로써 미국과 영국을 견제하고, 나아가서는 이러한 동맹의 힘을 바탕으로 대미 발언권을 강화하려는 속셈을 가지고 있었다.[17] 그러나 독일의 입장은 미국이 영국을 돕기 위해 유럽전선에 참전하는 것을 견제하는데 더 큰 목적이 있었다. 히틀러는 훗날 일본과의 동맹에 대해 회고하면서, 조약 체결을 위해 노력한 외무장관 요하임 리벤트로프(Joachim von Ribbentrop)를 크게 칭찬했다.[18]

3국동맹은 장기 전략적인 측면에서 추축국인 일본, 독일, 이탈리아 모두에게 필요한 것이었다. 동맹을 맺음으로써 일본은 아시아 지역에서, 독일과 이탈리아는 유럽 지역에서 각각 지도국이 되려는 야심을 가지고 있었으며, 이상의 전략적 목적을 외부에 숨기기 위하여 조약 문구에서는 '세계신질서건설'이라는 추상적인 슬로건으로 이를 포장했다. 독일과 일본은 이러한 목적을 달성하기 위해서는 정치·군사·외교적으로 상대국에게 민감한 표현을 자제하여야 했고, 동맹이 지속되어야 한다는 점에 공감하고 있었다. 히틀러는 양국 간 동맹의 중요성을 역설하면서 "일본과 독일이 가진 완전한 공통점 중 하나는 (중략)

양측 모두 50년에서 100년 동안 동맹관계가 필요하다"라고 말했다.19)

그렇다고 해서 히틀러를 비롯한 독일인들의 마음속에 일본인에 대한 인종적 편견이 없어진 것은 결코 아니었다. 1941년 3월 말에 베를린을 방문한 일본 외무대신 마츠오카 요스케(松岡洋右)와 만찬을 한 후 히틀러는 측근들에게 "태초의 정글에서 온 노란원숭이"라고 마츠오카에 대한 인상을 털어놓았다.20) 일본사람을 '원숭이'라고 부른 독일인은 히틀러뿐만이 아니었다. 일본주재 독일대사관 직원들이 사석에서 대화할 때 일본인들을 지칭하는 단어는 "원숭이들"이었다.21)

한편 일본은 독일이 1939년 개전 이후 승리하는 것에 깊은 인상을 받고, 이 기회를 놓칠세라 남진정책을 감행했다. 당시 일본은 1937년에 발발한 중국과의 전면전쟁 이후 장기전의 깊은 수렁 속에 빠져 있었으며, 이러한 교착상태에서 벗어나기 위해서는 보르네오와 자바 등 서양제국의 동남아시아 식민지에 있는 전략물자를 확보함으로써 중국과의 전쟁을 계속하고자 했다.22)

히틀러는 일본이 미국·영국과 개전하기를 학수고대하고 있었으나, 그의 한 측근이 말한 것처럼 일본이 예상 외로 빨리 진주만을 공격하는 것에 놀라는 태도를 보였다.23) 독일정부는 일본군대의 놀라운 승리에 따라 독일 내에서 일본인에 대한 인종편견이 고개를 들 가능성이 높을 것으로 예상했다.

1941년 12월 하순 나치정권의 선전장관이자 히틀러의 최측근 중의 한사람이었던 요세프 괴벨스(Joseph Goebbels)는 그의 부하들에게 일본과의 전쟁협력에 저해요소가 될 가능성이 있는 "인종문제에 대한 어떠한 논의"도 독일국내의 신문, 방송, 영화 등에 나오지 않도록 지시했다.24) 그러나 괴벨스의 이러한 국내매체에 대한 조치와 그의 일본인에 대한 편견은 별개의 문제로 생각해야 한다. 다시 말하면, 괴벨스는 히틀러처럼 '황인종위협론'과 일본에 대한 편견에 사로잡혀 있었다. 국내선전 대책에 대해 지시를 내린 바로 그날 부하들에게 "일본에 의한 대동아공영권은 물론 종국으로는 유럽권에 위험한 측면"이 있다고 말했다.[25]

그럼에도 불구하고 독일지도부가 일본인들과 동맹을 유지하는 것은 전시에 동맹국이 많으면 많을수록 좋다는 실리적인 정책 때문이었으며, 적어도 겉으로는 "[전쟁 중에] 우리와 일본인 사이에는 애정이 식지 않았다"는 것을 보여줄 수 있기 때문이었다.[26] 그러나 이렇게 양국의 현실적 이익을 추구하기 위한 형식적 '애정'은 일본의 진주만 공격 후 연합국으로부터 집중공격을 받게 되었다. 1941년 12월 8일, 일본의 진주만 공격 직후 미국은 일본과 독일 간의 동맹을 깨트리기 위해 인종간의 전쟁을 부추기기 시작하였으며, 이러한 선전 공작의 주목적 중 하나는 독일이 일본과 등을 돌리게 하기 위함이었다.[27] 그 방법 중의 하나로서 미국의 선전기관들은 언론을 동원하여 독일국민의 반일여론 형성을 위해 '황인종위협론'을 대대적으로 퍼뜨리기 시작했다. 예를 들면, "역사적으로 독일인들과 일본인들은 친구가 아니며", 20세기 초 당시 독일 황제 빌헬름 2세가 '황인종위협론'으로 "빈번히 일본에 대해 적개심을 보였다"라고 주장했고, "현재의 동맹은 형식적이며 양국이 제국 건설을 위해 서로 경쟁하고 있다"라고 하는 등 일본과 독일과의 관계를 이간시키는 선전공작을 전개했다.[28] 바로 뒤에서 살펴보겠지만 이상과 같은 내용은 일본과 독일 간의 실제 관계를 잘 표현하고 있다.

괴벨스가 이미 예상하였듯이 미국의 '황인종위협론'을 통한 추축국 이간책은 독일국민들 사이에 점차 효과를 발휘하기 시작하였는데, 이러한 상황은 독일정부에게 큰 고민거리가 되었다. 그래서 독일 선전성은 외국뉴스를 국내에 공급하는 모든 기관에게 미국이 제기한 "민감한 문제"에 대해 일체 언급하지 못하도록 지시했다. 만약 인종간의 문제로 추축국을 이간시키는 미국의 선전이 독일국민들의 눈과 귀에 계속

들어가게 된다면 결국 일본과의 "외교·군사정책을 파탄"시키는 결과
에 이르게 될 것임이 분명하기 때문이었다.[29]

이상과 같이 독일국민들 사이에서 '황인종위협론'이 "점점 위험한 형
태"로 발전되어 독일정부가 예민하게 반응하고 있을 때, 베를린의 일
본대사관으로부터 항의서가 독일정부에 전달되었다. 독일정부 내에서
는 즉시 일본 측의 항의에 대한 대책이 논의되었는데, 가장 중요한 대
책 중의 하나는 독일주재 일본대사 오시마 히로시(大島浩)로 하여금
독일국민들에게 일본이 "[점령지에서] 획득해 온 엄청난 부와 천연자
원을 추축국이 이용"할 수 있도록 한다는 내용을 공개하도록 하는 것
이었다.[30] 독일이 이렇게 요구한 이유는, 첫째, 독일이 유럽과 아프리
카 지역에서의 장기전으로 자원이 거의 고갈되어 일본이 점령지에서
탈취한 노획물이 절실히 필요하였기 때문이다. 또 다른 이유는 양국이
동맹을 유지함으로써 연합국의 추축국 이간을 막기 위한 대책이었다
고 볼 수 있다. 세 번째 이유는 일본이 자국의 점령지 자원을 독점하
는 것에 대한 독일지도자들의 질투였을 가능성이 짙다. 그 이유는 히
틀러가 1942년 1월 10일 저녁 측근들에게 일본이 고무, 석유, 아연 등
천연자원이 매장되어 있는 지역을 순식간에 점령해 가고 있는 사실을
언급하면서 "일본은 세계에서 가장 부자나라 중의 하나가 될 것이다"
라고 말한 사실에서 유추해 볼 수 있다.[31] 그러나 일본정부는 전쟁 초
반부터 동남아시아 지역에 대한 독일의 야심을 간파하고 있었으며, 만
약 일본이 "우물쭈물하고 있으면 (중략) 독일인 등에 의해 좋은 곳을
다 빼앗길 위험이 있으므로, 이에 대하여 지금부터 경계"할 필요성을
느끼고 있었다.[32]

독일은 일본이 독일과의 동맹관계를 유지하고 이상과 같은 질투로
부터 벗어나는 방법 중 하나로 일본의 점령지에서 채굴된 전략물자를
독일에 공급해 주도록 요구하는 방법을 택했다. 독일정부의 요구에 대

해 일본정부는 1942년 8월 26일 석유 등 전략물자를 독일로 수송하기 위한 선박개조에 관한 계획을 「대본영·정부연락회의」에서 결정했다. 이렇게 결정한 이유는 "향후 독일과의 정치적 관계를 고려하여 미리 양국 간에 상호협력"을 할 필요가 있었기 때문이었다. 그러나 독일인들이 직접 일본의 점령지에서 활동하도록 하는 것은 고양이에게 생선을 맡기는 것과 같은 것이었기 때문에 소극적인 자세로 임했다.[33] 하지만 일본으로서는 점령지에서 획득한 천연자원을 일부나마 보내는 수밖에 없었을지도 모른다. 왜냐하면 이미 전략물자 고갈로 전쟁수행에 지장을 초래하고 있는 동맹국에게 최소한의 협력이라도 하지 않아 조기에 항복하거나 연합국과 종전을 하는 사태가 벌어진다면, 독일이 같은 '백인'국가인 미국·영국과 종전한 후 황인종 국가인 일본을 총공격하는 인종 간 전쟁이 일어날 가능성이 크다고 생각했기 때문으로 보인다. 만약 이와 같은 사태가 발생한다면 '백인' 강대국들에 의해 일본 민족이 전멸할 가능성이 있었기 때문에 일본지도자들로서는 인종전쟁이 일어나지 않도록 최대한 노력하는 수밖에 없었다.

지금까지 일본의 동맹국인 독일에서 '황인종위협론'이 널리 유행하고 있었고, 심지어 진주만 공격 이후에도 계속되었다는 점에 대하여 살펴보았다. 이러한 상황에서도 일본과 독일은 양국 간 외교·군사적 이익을 고려하지 않을 수 없었기 때문에 동맹상태를 계속 유지하였던 것이다. 독일정부는 외교·군사적 이익이라는 목적을 달성하기 위하여 국민들 사이에서 발생하고 있던 '황인종위협론'을 금지시킬 수밖에 없었으나, 일본과의 관계는 여전히 불안한 동맹이었다. 다음은 미국과의 개전직전과 전쟁 개시 후에 일본지도자들이 인종전쟁에 대해 어떠한 생각을 가지고 있었고 무슨 대책이 논의되었는지에 관하여 고찰하기로 한다.

3. 일본지도자들의 인종전쟁에 대한 두려움과 대책

1941년 7월, 일본이 프랑스령 인도차이나(현재의 베트남 지역)를 점령하자마자 미국과 일본의 관계는 일촉즉발의 위기에 직면하게 되었다. 미국은 일본에 대하여 강력한 경제제재 조치를 취하게 되며, 연이어 통보된 소위 '헐 노트'(Hull Note)는 일본의 군부와 정부에 '충격'을 주었다. 11월 26일, 미 국무장관 코델 헐(Cordell Hull)은 일본 측에 중국 및 인도차이나로부터 전면 철군, 3국동맹 조약의 사문화 요구 등 일본정부로서는 '받아들이기 쉽지 않은' 조건을 제시했다. 헐의 요구를 전해들은 일본의 군부와 정부 고위층은 한마디로 "미국의 대일 선전포고"라며 격앙된 감정을 감추지 못했다.34) 일본 측에서 보면 미국의 이러한 태도는 한마디로 일본에게 만주사변(1931년) 이전의 상태로 돌아가라는 요구로 보이지만, 미국정부의 요구 속에는 일본이 1932년에 세운 만주국으로부터 손을 떼라는 명시적 조항은 없었다. 1941년 11월 5일, 미국과의 개전의지를 사실상 결정한 일본군부로서는 이와 같은 미국의 대일 강경조치가 전쟁을 개시하기에 좋은 명분이 되었을지도 모른다.35)

일본이 개전을 사실상 결정한 바로 그날 '백인'의 일본인에 대한 인종편견 문제가 일왕이 참석한 「어전회의」(御前会議)에서 공식적으로 제기되었다. 여기에서는 만약 전쟁이 시작되면, 결국 '백인'우월주의 국가들에 둘러싸여 종국에는 인종간의 유혈전쟁으로 발전할 것임이 틀림없을 것이라는 우려의 목소리가 나왔는데, 이러한 주장을 처음으로 편사람 중에 한 명이 바로 추밀원(枢密院) 의장인 하라 요시미치(原嘉道)였다. 「어전회의」에서의 그의 발언은 매우 중요하므로 조금 길게 인용하면 다음과 같다.

일본이 참전할 경우 (중략) 독일 · 영국[과] 독일 · 미국 간의 관계
는 과연 어떻게 될 것인가? 히틀러도 일본인을 2류 인종라고 말하
고 있고, 독일은 미국에 대하여 [아직] 선전포고를 하지 않고 있다.
일본이 실제로 미국과 싸운다, 이럴 경우 미국국민의 심리가 [일본
에 대한 태도와] 독일에 대한 태도가 같을 것인가. 히틀러를 미워하
는 것보다 일본에 대한 분개가 더욱 클 것이다. (중략) 일본이 미국
과 개전하게 되면, 독일 · 영국 [그리고] 독일 · 미국 간에 협상을 하
여 [종전을 하면] 일본만이 외톨이가 될 가능성이 크다. (중략) 일본
이 생존을 위해 할 수없이 미국 · 영국과 전쟁을 하는 것은 어쩔 수
없으나, 인종적인 관계를 고려하여, 아리아 인종 전체에게 포위되어
일본 제국만이 외톨이가 되지 않도록 경계를 게을리 해서는 안 되
며, 지금부터 독일과의 관계를 강화하라.[36)]

여기에서 하라는 서양의 인종주의에 대하여 경계하고 있으며, 일본
이 전쟁을 시작하면 이전부터 일본인에 대한 인종편견이 강한 미국사
람들의 증오심이 독일인들에게보다는 황인종인 일본사람에게 향하게
될 가능성이 클 것으로 보았다. 이로 인해 결국에는 현재의 영국과 독
일 간의 전쟁이 영국 · 독일 對 일본 간의 전쟁이 될 것이며, 미국이 참
전하면 '백인'으로 구성된 3개국과 일본과의 인종전쟁으로 갈 것임을
경고하고 있다.[37)]

하라가 요구한 사항은 얼마 후에 정부정책에 반영되었다. 일본이 전
쟁개시 전에 독일로부터 약속받아야 할 중요한 일이 하나 있었는데,
그것은 바로 독일과 이탈리아가 개별적으로 미국 · 영국 등 적국과 비
밀리에 평화협상을 추진하는 것을 방지하기 위해 추축국 간의 조약의
형태로 확약을 받아 두는 것이었다. 일본에게는 개전 후 어느 시점에
서 '백인'국가끼리 비밀리에 협상하여 전쟁을 종결한 후 일본을 총공격
하게 되는 것을 사전에 막기 위해서라도 매우 중요한 것이었다. 아울
러 인종전쟁과 같은 사태를 사전에 예방할 뿐 아니라, 독일이 유럽에

서 끝까지 영국을 상대해 준다는 약속을 받지 않으면 개전 후에 일본이 군사전략상 불리한 위치에 서게 될 것이 틀림없었기 때문이었다. 이러한 이유로 일본정부는 1941년 11월 말, 독일과 이탈리아 주재 일본대사들에게 일본이 미국과 개전할 경우 독일과 이탈리아가 즉시 참전하기를 원하며, 가칭 '단독불강화조약' 체결을 위한 협상을 추진하도록 훈령을 내렸다.[38] 독일주재대사 오시마는 곧장 독일 외무장관 리벤트로프를 만나 협의에 들어갔으며, 독일은 일본이 참전함과 동시에 미국에 대해 선전포고를 하기로 합의했다. 12월 10일, 독일과 이탈리아 정부는 다음과 같은 회답을 일본 측에 공식적으로 통보하여 왔다: "1. 3국은 미국·영국과 최후의 승리를 얻을 때까지 싸운다. 2. 3국은 [사전]양해 없이 단독으로 강화하지 않는다. 3. 승리 후에도 3국동맹의 정신에 기초하여 세계신질서건설에 협력한다. 4. [조약은] 즉시 효력을 발생하며 유효기간은 3국동맹[의 그것]과 같다."[39] 다음날 추축국은 베를린에서 조약에 서명하고 그 내용을 국내·외 언론에 발표했다. 이렇게 성급하게 체결된 조약은 1940년 추축국 3국간에 맺어진 조약의 내용을 보충하는 측면도 있었다.

한편 일본은 1941년 12월 8일, 미국 하와이 진주만과 남태평양 섬들을 기습 공격함으로써 미국 등 연합국과 전쟁상태에 들어갔다. 일본군의 진격은 그야말로 파죽지세였고 남태평양의 서구 식민지들이 일본군의 손으로 들어가고 있었다. 일본의 지도자들은 일본군의 승전보를 듣고 점령지에 대한 제국주의적 야심을 거침없이 드러내었으며, 전후에 평화주의자인 것처럼 자처해온 히로히토 일왕도 그 예외가 아니었다. 오구라 구라지(小倉庫次) 시종에 의하면 12월 25일 히로히토는, 전쟁이 끝나면 남태평양의 점령지에 가보고 싶으며 점령지가 "일본의 영토"가 되기를 원했다고 한다.[40] 물론 도조 히데키(東條英機) 총리도 영토에 대한 야심을 전혀 숨기지 않았다. 도조는 12월 29일 왕족인 히가시쿠니 나루히코(東久邇稔彦)에게 "이러한 기세로 가면 [현재 인도네시아 영토인] 자바와 수마트라는 물론, 호주까지 쉽게 점령할 수 있을 것"이라고 의기양양해 하면서 협상에 의한 전쟁종결은 생각할 필요가 없다고 말했다.[41]

태평양전쟁의 거의 모든 기간을 통틀어 서로 질투하고 갈등을 빚어 온 육군과 해군은 호주에 대한 공격에 대해서도 의견이 나누어져 있었다. 1942년 3월 7일자 「대본영 · 정부연락회의」 석상에서 해군 측은 적극적으로 호주에 대한 공격을 주장한 반면, 육군 측은 투입해야 할 병력과 함선조달 문제를 들어 소극적인 태도를 보였다. 그러나 육군과 마찬가지로 해군도 일본이 장기전에서 전쟁목적을 달성하기 위해서는 "이번 전쟁이 인종전쟁으로 비화되지 않도록 주의"해야 한다는 데에는 의견을 같이 하고 있었다.[42]

일본지도자들 대부분이 전쟁이 황인종과 백인종 간의 전쟁으로 비화되는 것을 경계하였으나, 그 중 일부는 다음 전쟁은 인종전쟁이 될 것으로 예견한 것은 흥미로운 사실이다. 만주사변의 주모자이자 당시 도조와의 권력투쟁에서 밀려나 있었으며, 태평양전쟁 발발 훨씬 이전부터 미국과의 '세계최종전쟁론'을 주장하여 온 이시와라 간지(石原莞爾) 예비역 중장은 우선 중국과의 협상을 통한 종전을 주장하며, 이번 전쟁을 일본에게 유리한 방향에서 조기에 종결함으로써 다가올 제3차 세계대전에서 對'백인'전쟁을 준비해야 한다고 말했다. 그렇다고 해서 그가 순수한 평화주의자라고는 결코 단정할 수 없다. 다음은 이시와라가 1942년 4월 14일 왕족인 히가시쿠니에게 말한 그의 종전계획이다.

미국과는 더 이상 깊이 들어가 전투를 안 하는 것이 좋다. 대동아
전쟁을 빨리 종결지어, 일본의 국력을 충실히 하고, 군비를 정비함
으로써, 장래의 對백인전쟁을 위한 준비를 하지 않으면 안 된다. 우

리나라는 소련과 친선관계를 돈독히 하여, 소련에게 아시아인이라 하는 관념을 가지게 함으로써, 아시아 국가로 만들어, 결코 백인 측에 서도록 해서는 안 된다.[43)

도조와는 달리 조기종전론을 주장하고 있는 이시와라는 독일이 對소련전에서 겉으로는 잘 싸우고 있는 것으로 보이나 실제로는 고전을 면치 못하고 있다고 판단하고 있었으며, 이때 일본이 독일과 소련 간의 평화 협상을 위한 중재자역할을 할 경우 독일이 응할 것이라고 믿고 있었다. 그는 독일과 소련이 종전을 하면, 독일이 소련과의 전쟁에 투입하고 있는 모든 전력을 영국과의 전투에 집중시킴으로써 결국 전쟁이 일본에게 유리한 방향으로 갈 것으로 믿었다.[44)

이시와라와 같이 제3차 세계대전이 인종전쟁이 될 것이라고 주장한 또 한사람은 바로 고이소 구니아키(小磯国昭) 예비역 대장이었다. 1942년 6월 7일 조선총독 부임인사차 히가시쿠니를 방문한 고이소는 다음 전쟁은 "아시아인 對 백인 간의 전쟁이 될 것이기 때문에 지금부터 준비하지 않으면 안 된다"라고 말하면서, 이 전쟁이 끝나면 세계가 일본권, 독일·이탈리아권, 미국권 등 3개권으로 분할될 것으로 전망했다. 고이소는 다음 전쟁에서 일본권이 독일·이탈리아권과 동맹을 맺어 미국권을 공격할 것인지, 아니면 미국권과 연합하여 독일·이탈리아권을 공격할 것인가에 대하여 명확한 답을 내리지는 않고 있으나, 우선 이번 전쟁에서 소련을 아시아권으로 만들어 우랄산맥 동쪽 지역에 친일정권을 세우고 중국은 여러 국가로 분할시켜 연합국으로 만든다는 복안을 가지고 있었다.[45) 나중에 도조의 후임 총리가 되는 고이소가 생각한 소련지역 분할에 대한 생각은 히틀러 총통의 계획과 유사한 부분이 있었다. 히틀러는 향후 일본과 독일의 '이익권'은 우랄산맥을 경계로 한다는 점을 명백히 했다.[46)

그러면 일본이 제3차 세계대전에 대비하기 위하여 이번 전쟁에서 달성하여야 하는 전쟁목적은 무엇이었을까? 태평양전쟁 중 일본의 전쟁목적은 여러 번 수정되었으며, 이 글에서 다루는 중요한 주제가 아니므로 전쟁 초기단계에 있어서의 전쟁목적에 대하여 간단히 살펴 본 후 다음 내용으로 넘어 가기로 한다. 히가시쿠니와 고이소가 '제3차 세계대전 인종전쟁론'을 주장하던 시기인 1942년 5월 4일 「대본영·정부 연락회의」는 「대동아경제건설기본계획」을 수립하고, 아시아지역에 있는 전략물자를 확보하여 '고도국방국가건설'이라는 전쟁목적을 달성하기 위해서는 적어도 15년이 소요될 것으로 보았다. 일본정부가 같은 해 9월 30일자로 작성한 또 다른 계획을 보면 일본의 궁극적 전쟁목적은 '세계신질서건설'로서 영토적인 한계는 없다고 명시했다. 결국 현재의 '고도국방국가건설'이라는 겉으로 나타난 전쟁목적은 실제로는 거의 무제한의 영토적 야심을 숨기고 있었으며, 장래의 일본제국의 범위(대공영권)는 인도, 서아시아, 호주, 뉴질랜드, 아프리카 동쪽해안, 북남미 해안까지 포함하는 광범위한 지역이었다.[47] 히가시쿠니와 고이소가 예견하였듯이 일본군부와 정부로서는 다가올 제3차 세계대전이 인종 간 대결이 되어 일본이 '백인'국가와 싸워 이기려면 이번 전쟁이 인종전쟁이 되는 것을 최대한 방지하면서 지구촌 각 지역에 일본에게 전략적으로 중요한 교두보를 확보할 필요성을 느끼고 있었을 것이다.

4. 국내선전·검열정책과 인종전쟁 방지

일본지도자들은 장기전 전략 하에 이상과 같은 전쟁목적을 달성하

기 전까지는 3국동맹이 유지되기를 바라고 있었으며, 만에 하나 독일
이 미국 및 영국과 평화 협상으로 종전을 할 때는 그야말로 일본과 '백
인'국가 간의 유혈전쟁으로 갈 것으로 보고 있었다. 독일의 경우와 마
찬가지로 일본정부 내에서도 인종 간의 유혈전쟁을 막기 위해서는 먼
저 선전과 언론검열정책 차원에서의 조치를 취할 필요성이 대두되었
다.48) 다음은 일본정부가 인종전쟁을 방지하기 위하여 어떠한 선전·
검열정책을 실시하였는지에 대해 고찰하기로 한다.

　일본정부는 진주만공격을 준비하면서 인종전쟁 방지를 위한 선전계
획을 주도면밀하게 세웠다. 우선 개전 후 시행될 선전기본계획은 진주
만 공격이 시작된 날인 1941년 12월 8일에 정부의 공식선전 기관인 정
보국 명의의 문서로 작성되었다. 극비로 작성된 이 기본계획서에는 동
맹국과의 협력을 도모하기 위하여 "유색인종간의 전쟁"을 의미하는
"어떠한 언동"도 금지한다는 내용을 명시했다.49) 도조 또한 국회에서
행한 연설에서 인종전쟁방지에 대한 의지를 명확히 했다. 1942년 2월
16일 도조는 미국과 영국 선전기관들의 일본과 독일을 이간시키려는
공작에 대해 "적국이 선전하는 인종전쟁 같은 것은 [전혀] 생각하고 있
지 않다"라고 못 박았다.50) 물론 그의 국회연설은 일본 국내용인 측면
이 강하나, 전쟁 당시 총리의 연설문이 국내·외의 독자 또는 청취자
를 의식하면서 작성되었다는 점을 고려한다면 외국을 향한 메시지라
고도 볼 수 있다.

　일본정부의 인종전쟁에 대한 경계심은 국내의 신문사, 방송사, 잡지
사와 이들 매체에 기고하는 지식인들에게도 전달되었는데, 인종전쟁
을 암시하는 단어 하나하나에도 세심한 주의를 기울였다는 점을 주목
할 필요가 있다. 일본정부는 언론이 "황인종 對 백인"이라는 표현을 삼
가고, 꼭 필요한 경우에는 "영미(英美) 또는 앵글로색슨"으로 표현하도
록 했다.51) 도쿄도 방송관계 부서에서도 1942년 9월 방송국의 뉴스 검

열을 위한 지침을 만들었으며, 검열관들은 '백인'이라는 단어조차도 사용하는 것을 금지시켰다.[52]

1942년 6월 초 미드웨이(Midway) 해전에서의 대패, 1943년 초 과달카날(Guadalcanal)에서의 철수 등을 겪으면서 전세는 일본 측에 점차적으로 불리하게 되었다. 이렇게 일본의 전세가 불리한 입장에 처해지자 일본정부는 우선 인종전쟁에 대한 경계를 더욱 강화했다. 정부는 중국에 대한 선전공세를 본격화하는데, 과달카날 탈환작전이 사실상 실패로 돌아가고 있던 때인 1943년 1월 4일 「대본영 · 정부연락회의」는 중국에 대한 선전계획을 확정했다. 이 계획의 요지는 중국 내 친일괴뢰정부가 연합국에 선전포고를 하고 중국 국민당정부를 이간시키는 동시에 아시아 민족의 반연합국의식을 고취시키는 내용이었다. 이 선전계획에서 일본정부는 연합국이 "대동아전쟁을 인종전쟁으로 규정하고 추축국 진영의 교란을 기도하도록 틈을 주지 않도록 유의"할 것을 선전 담당자들에게 재삼 강조했다.[53]

일본정부는 적국이 인종전쟁으로 유도하지 못하도록 대책을 마련한 것 외에 국내 언론 검열지침도 즉시 마련했다. 정보국 제2부는 1943년 1월 10일 「시국관계기사검열사항」을 작성하고 신문, 잡지 등에 게재되기 전에 "대동아전쟁은 인종전쟁이라고 하는 것과 같은" 내용을 철저히 검열하도록 검열관들에게 지시했다.[54] 물론 이러한 인종전쟁에 대한 대책은 독일과의 협조가 필수적이었다. 따라서 도조 총리는 2월 9일 신임 주일독일대사 하인리히 스타머(Heinrich Stahmer)를 총리관저에서 만난 자리에서 독일이 미국과 영국의 추축국에 대한 이간공작 전술에 말려들지 않도록 협조를 요청했다.[55]

연합국이 일본과 독일 사이를 이간시키는 선전전술에 대하여 경계한 사람들은 비단 정부 및 도조 같은 군부지도자들에 한정되지 않았다. 다이세이요쿠산카이(大政翼贊會)는 전쟁 중에 '대동아공영권'의 기본원리, 독일의 '신질서'에 관한 연구 등을 통해 일본정부에 협조함으로써 전쟁수행에 중요한 역할을 했다. 다이세이요쿠산카이는 각 분과 위원회별로 나뉘어 국내·외 정책에 대하여 조사·토론·심의한 후 보고서를 총재인 도조 총리에게 제출했다. 예를 들면, 1942년 10월 9일에 개최된 제10위원회 제4차 회의에서 전쟁의 이념과 국제정세에 대한 토론이 이루어졌다. 이 회의에서는 인종전쟁에 대하여도 언급되었다. 위원 중 한 명인 마츠무로 다카요시(松室孝良)는 다른 위원들에게 주의사항을 전달하면서, "오늘날 국제정세가 매우 복잡미묘하기 때문에 이번 전쟁이 인종전쟁에 빠지지 않도록 충분히 경계할 필요가 있다고 생각한다. 인종전쟁으로 유도하는 것은 미국과 영국의 모략에 걸려드는 것이 된다"라고 말했다. 여기서 '모략'이라고 하는 것은 '적국의 선전선동'을 의미하며, 마츠무로는 인종전쟁으로 유도하는 연합국의 선동에 일본이 넘어가서는 안 된다고 강조했다. 마츠무로의 발언에 대해 가나이 기요시(金井清) 위원은 "인종전쟁으로 유도해서는 안 된다는 말씀에 대해 자신도 동감한다"라고 말했다.[56] 이와 같이 정치가들도 인종전쟁 발발에 대한 경계심을 가지고 있었으며, 물론 이들은 인종전쟁에 대한 정부의 기본방침에 대해 알고 있었을 가능성이 크다.

한편 일본정부는, 1941년 8월 14일 미국 대통령 프랭클린 루즈벨트(Franklin Roosevelt)와 영국 총리 윈스턴 처칠(Winston Churchill)이 발표한 「대서양선언」에 대한 대응책으로써 일본이 점령한 지역의 국가에 세웠던 친일정부의 최고지도자들을 도쿄에 불러 회의를 소집하는 기본계획인 「대동아정략지도대강」을 1943년 5월 31일 일왕이 참석한 「어전회의」에서 통과시켰다. 회의소집 배경에는 또 다른 이유가 있었다. 일본의 전세가 전반적으로 불리한 위치에 놓여 있었고, 적국으로부터 태국 등 일본 점령지에 대한 선전공세가 본격화되고 있었으며, 1944년부터 예상되는 미국의 대공세에 대비하여 일본국민 및 점령지

주민을 단결시키기 위한 것이었다.[57]

　1943년 11월 초에 도쿄에서 발표될 「대동아선언」에 인종차별철폐 조항을 삽입시킬 것을 강력히 주장한 사람은 당시 육군성 내의 막강한 실세였던 군무국장 사토 겐료(佐藤賢了) 소장(後에 중장으로 진급)이었다. 사토의 주장은 이번 전쟁은 "일본·독일·이탈리아의 전체주의 국가군과 미국·영국·프랑스·네덜란드 등 자유주의 국가군 간의 전쟁이며, 실제로 백인종과 유색인종과의 전쟁이 아니기 때문에 염려할 필요가 없다"는 것이었다.[58] 사토가 인종차별철폐 조항을 굳이 넣자고 주장한 또 다른 이유는 점령지 주민을 비롯한 아시아인의 환심을 사고, 당시 만연해 있던 일본인의 아시아인에 대한 인종차별문제를 해결하기 위한 것으로 아시아에 있어서 일본의 '소프트 파워'(soft power) 강화에 있었다. 개전 직후 일본군 점령지의 주민들은 오랜 기간 동안 서양제국주의 압제에 시달려 왔기 때문에, 일본에서 온 '해방군'을 열렬히 환영했다. 그러나 주민들의 눈에는 일본인들이 서양인들이 물러간 후 천연자원을 강탈하는 등 '일본인만을 위한 아시아' 정책을 펴고 있는 사실에 대해 점차 환멸감을 갖게 되었다. 또한 일본인들은 점령지 주민들에 대해 인종차별 감정을 가지고 대했으며, 한 인도네시아의 민족주의자가 회고하였듯이 "주민들은 모든 일본군 헌병에게 절을 하도록 강제로 시키는" 등 일본군은 그야말로 '야만인'이 되었다.[59] 태국에 있는 일본인들도 현지 주민들로부터 원성을 듣고 있었으며, 이는 1942년 5월 4일 일본을 방문한 태국의 사절단을 접견한 자리에서 도조 총리가 앞으로 그런 일이 발생하지 않도록 현지 일본인에 대한 단속을 철저히 하겠다고 약속하는 사태까지 이어진 바 있다.[60]

　이상과 같이 악화되어 가는 점령지의 민심을 수습하고 현지 일본인의 인종차별의식을 없애기 위해서는 일본이 인종차별을 반대한다는 사실을 국내·외에 대대적으로 선전할 필요가 있었다. 마침내 사토는 외무대신 시게미츠 마모루(重光葵)의 지원사격을 받아 인종차별철폐 조항을 「대동아선언」에 삽입시키는데 성공하는데, 1943년 10월 23일 일본정부는 그 내용을 5개조로 구성된 선언문의 다섯 번째에 넣었다.[61] 그리고 10월 31일 정보국이 작성한 「대동아선언」에 대한 선전기본계획이 각의에서 통과되었으며, 이 계획안의 선전에 대한 「유의사항」에서는 "대동아전쟁이 인종전쟁인 것 같은 인상을 주지 말 것"이라고 기존의 정부선전정책을 재차 강조했다.[62]

1943년 11월 5일, 일본정부는 아시아 지역 5개국 괴뢰정부의 수반을 도쿄로 불러 회의를 개최하였고, 회의 마지막 날인 11월 6일 「대동아선언」을 국내·외에 선언했다. 선언 제5조의 인종차별철폐 조항은 겉으로는 일본이 아시아인에 대한 인종적 편견이 없다는 것을 강조하고자 한 것이었으나, 실제로는 서양의 인종차별에 대한 일본의 도덕적 우월성을 부각시키려는 선전 수단에 불과했다고 하겠다.

5. 인종전쟁에 대한 두려움과 조기종전론의 대두

전 총리로서 미국과의 전쟁에 반대한 와카츠키 레이지로(若槻禮次郎)는 전후에 쓴 회고록에서 1945년 4월 스즈키 간타로(鈴木貫太郎) 내각이 탄생하고 난 직후 독일이 패망할 때 일본도 전쟁을 끝내야 한다고 생각하였으며, 스즈키에게 자신의 생각을 피력했다고 적었다.[63] 그럼 왜 일본이 종전해야 할 시점이 '독일이 패망할 때'라고 생각하였을

까? 여기에는 여러 가지 이유가 있었으나, 그 중 하나는 역시 인종전
쟁에 대한 두려움이었다. 1943년 9월 동맹국 이탈리아가 항복하고 독
일이 연합국에게 계속 밀리고 있을 때, 일본군부와 정부는 일본의 장
래에 대하여 촉각을 곤두세우고 있었다. 육군참모본부가 독일의 패망
에 대비하여 대응책을 수립하기 시작한 것은 적어도 1943년 11월 초순
이었다.[64] 참모본부의 전쟁계획 수립담당자들은 만약 독일이 1944년
봄 또는 여름 후에 항복할 경우, 일본이 주도적 위치에서 전쟁을 수행
할 수 없다고 판단하고 있었다. 이러한 경우에는 일본이 '고쿠타이'(国
体)를 지키는 것을 유일한 조건으로 종전하지 않으면 나라를 위태롭게
만들 것이라고 보고 있었다. 여기서 '고쿠타이를 지킨다'는 의미는 다
양한 해석이 가능하나, 적어도 종전의 조건으로 일왕제는 반드시 유지
되어야 한다는 것이었다. 이들의 생각에는 독일의 항복은 일본에게도
국가존망이 달린 중대한 사안이었던 것이다. 특히 '백인'국가들에게 둘
러싸여 일본 혼자 싸워야 하며, 그것은 지금까지 그들이 염려해왔던
백인종과 황인종 간의 혈전이 될 가능성이 크기 때문이었다. 따라서
유일한 동맹국인 독일이 항복하거나 패색이 완연해 보일 때에는 일본
은 독자적으로 행동할 수밖에 없다는 것을 예상하고 있었다.[65] 또한
최악의 경우에는 일본국가 자체와 일왕제가 몰락하는 사태가 올지도
모르는 일이었다. 이와 같은 상황 속에서 조기종전파들은 중대한 결단
을 요구받게 되었다. 다음은 일본지도부의 인종전쟁관과 독일의 패망
에 대비한 조기종전론과의 관계를 중심으로 고찰한다.

참모본부와 같이 독일이 항복할 경우에 대비한 대책을 세우고 있던
그룹은 다름 아닌 바로 일왕의 측근들이었다. 히로히토의 최측근이자
정치고문격인 나이다이진(内大臣)으로 있던 기도 고이치(木戸幸一)는
1944년 1월 6일자 일기에서, 독일 붕괴에 따른 일본의 대비책을 논의
하면서 "우리나라가 고립되어 유색인종으로서 전 세계로부터 총공격

당하는 것은 무엇보다도 피해야 할 것이므로 (중략) 앵글로 색슨인 미국과 영국을 상대하기 위해서는 대체로 동양적인 [국가인] 소련 및 중국과 제휴"할 필요성을 강조했다.[66] 기도는 연합국과 종전협상을 할 경우 '동양적인' 소련을 중재자로 하는 방안을 제시했는데, 이는 당시 일본과 중립조약을 맺고 있었기 때문이기도 하였지만 무엇보다도 '인종차별적인' 미국·영국 등 '백인'국가보다는 일본을 잘 이해 해줄 것이라고 생각했기 때문이었다. 기도의 일기는 전후 일본지도자들의 전쟁책임을 단죄한 「극동국제군사재판(1946~1948)」(일명 '도쿄재판')에 검찰 측 증거자료로 제출되기 전에 일부 내용이 각색되어 그 신빙성에 어느 정도 문제가 있는 것은 사실이다. 그러나 참모본부와 같이 이 시기의 일본지도부의 인종전쟁에 관한 생각과도 일치하므로 기도가 독일이 항복한다면 인종전쟁이 일어날 것이라는 것임을 염두에 두고 일본도 평화 협상에 의한 종전을 해야 한다고 생각하였을 가능성은 충분히 있다고 하겠다.[67]

　기도가 이상과 같이 생각한 이유는 인종전쟁에 대한 두려움 이외에도 일본의 전세악화 때문이었다. 1944년의 여름은 일본에게 대전환기였다. 태평양의 전략적 요충지인 사이판(Saipan)에서는 일본군과 민간인들이 거의 전멸하거나 미군의 포로가 되었으며, 사이판의 포기는 사실상 '절대국방권'의 붕괴를 의미했다.[68] 또한 사이판 함락은 국내 정치적인 면에서도 대혼란을 가져왔으며, 절대 권력을 휘두르던 도조 총리가 7월 18일에 실각하고 그 후임에는 조선총독인 고이소가 임명되었다.

　일본정부는 독일의 승리가 사실상 불가능할 것으로 판단하고, 독일의 항복 또는 연합국과의 단독강화에 대한 대책을 1944년 9월 21일자로 수립했다. 그러나 한편으로 일본군부의 강경론자들은 "독일의 굴복에 따라 적의 공세가 한층 치열하게 전개"될 것이므로 국민의 본토결전에 대한 각오를 굳건히 하도록 여론지도에 만전을 기하기로 결정했다.[69] 그 중에서도 특히 스기야마 하지메(杉山元) 육군대신은 본토결전을 통해 일단 승기를 잡아 조금이라도 일본에게 유리한 입장에서 평화 협상을 해야 하며, 만약 그렇게 되지 못할 경우에는 전쟁을 끝까지 계속해야 한다고 주장했다.[70]

1944년 11월 말, 미군의 B-29 폭격기들이 관동지방을 처음으로 폭격한 이래 일본의 도시들이 초토화되어 갔다. 1945년에 들어서도 인종전쟁에 대한 두려움은 사라지지 않았다. 1945년 3월 9일자 「대본영기밀일지」에는 전쟁의 장기화와 독일의 정세에 관해 "독일 패전 후에는 인종전쟁 발발의 가능성이 상당히 크므로 제국의 종전 [계획에] 반드시 엄청난 지장을 초래할 것임은 명약관화"하다고 적었다. 다시 말하면, 전쟁이 계속 장기화되고 우방인 독일이 패배할 경우 황인종과 '백인' 간에 '죽느냐 사느냐'의 혈전이 벌어지게 될 것이므로 이런 지경에 이르기 전에 적절한 시기를 골라 전쟁을 끝내는 묘안을 찾아야 한다는 의미이다.[71] 약 한 달 후에는 종전을 추진할 소위 '종전내각'이라고 불리는 스즈키 내각이 출범했다.

진주만 공격 후 스즈키 내각의 출범 이전까지 연합국과의 평화 협상에 대하여 수면 하에서는 말들이 많았지만 정부차원에서 공식적이고 구체적으로 만들어진 계획은 없었다.[72] 그러나 1945년 초 독일이 패망할 가능성이 거의 확실해 보이자 종전을 위한 행동을 취하지 않으면 안 되는 상황이 되었다. 스즈키 내각은 겉으로는 본토결전을 주장하면서 속으로는 소련을 중재국으로 한 종전협상을 하기 시작했다. 스즈키 내각이 소련을 중재국으로 선택한 이유에는 소련이 중립국이었기 때문이었기도 하지만 사실은 소련국내의 인종 또는 민족정책과도 크게 관련되어 있었다. 예를 들면, 스즈키 총리의 비서관으로서 소련과의 협상과 종전을 위해 비밀리에 가장 적극적으로 활동한 마츠타니 마코토(松谷誠) 대좌는 백인종과 황인종의 중간적 존재로서 "슬라브 민족은 인종적 편견이 적다"고 보았다.[73] 마츠타니는 황인종에 대한 '인종편견이 많은' 미국 등 '백인'국가와 직접 협상하기보다는, '아시아적인' 소련을 중재국으로 하여 종전협상을 하는 것이 일본에게 유리할 것으로 판단한 것으로 보인다.

독일이 항복하면 일본이 전쟁을 끝내지 않으면 안 된다고 생각한 마츠타니는 전쟁종결계획에서 '백인'보다는 다른 '유색'인종에 대해 더 깊은 인종편견을 가지고 있었다. 그는 미국이 일본을 점령하면 피의 순수성을 파괴함으로써 일본 민족을 무력화시킬 것임이 틀림없다며 다음과 같이 적고 있다.

> [일본 패망 후] 본토에 진주하는 미국인은 극도로 흥분하여 그리고 인종적·종족적 증오감에서 일본인을 흑인보다 아래의 야만인으로 볼 것이며, 부녀자에 대해서 폭행을 저지를 위험이 있음. 또한 대일 민족정책상 흑인병사, 중국병사, 조선인을 [일본] 본토 일부에 이주시켜서, [일본인의] 피의 순수성을 파괴하고, 일본문화를 고갈시키려는 기도를 할 것. 원래 일본 부인[들]은 (중략) 정조관념이 강하지만, [그 중] 일부는 외국인 숭배관념이 있어 전후의 생활고 때문에 정조를 팔 위험성이 많음.[74]

마츠타니는 이상과 같이 '백인'보다는 유색인종이 일본에 진주하여 일본피를 흐리고 고유문화를 파괴시키는 것에 대해 경계심을 감추지 않았다. 일본여성의 정조를 보호하기 위한 대책으로서 "외국인 상대의 오락장을 개설하여 일반 일본부인에 대한 성폭행을 회피"하는 방법을 염두에 두고 있었다.[75]

마츠타니가 육군 중에서 조기 종전을 위해 가장 분주하게 움직인 사람 중 한 명이라면 해군 내에서 그에 상응하는 역할을 한 사람은 다카기 소키치(高木惣吉) 소장이었다. 두 사람은 다른 종전론자들과 비밀리에 연락을 취하며 종전을 위한 공작을 개시했다. 다카키는 빨리 전쟁을 끝내지 않으면 일본이 공산화되어 결국 왕실이 몰락할 것이라고 생각했다. 마츠타니처럼 다카키도 유색인종이 일본에 진주하여 일본피를 흐리기 전에 항복을 해야 한다는 주장을 폈었다. 그가 종전을 위하여 뜻을 같이하는 사람들을 만나고 난 후인 1945년 6월 28일 작성한 「시국수습대책」을 보면 점령군 중 유색인종으로 구성된 부대를 '백인'부대보다 더 두려워했다는 사실을 알 수 있었다. 그는 "중국인, 조선인, 흑인부대의 본토침입"은 일본인의 "민족적 자부심을 유린"할 것이라고 적었다.[76] 독일 히틀러와 괴벨스 등의 '황인종위협론'과는 조금 다르지만, 조기종전파들이 가졌던 중국인, 조선인, 흑인 등 일본인보다 '열등'한 인종에 대한 두려움은 '일본판 유색인종위협론'이라는 아이러니한 측면을 지니고 있었다.

마츠타니같은 조기종전파 이외 좌익지식인으로부터도 소련은 인종편견이 적으므로 소련을 중재국으로 하여 전쟁을 종결하자는 의견이 나왔던 점을 주목할 필요가 있다. 이들은 소련의 최고지도자 스탈린이 이미 태평양전쟁 발발 전인 1941년 초 일본 외무대신 마츠오카를 모스크바에서 만난 자리에서 "당신은 아시아인이다. 나 역시 그렇다"라고 말하면서 "아시아인을 위하여 건배"한 사실을 당시 국내신문을 통해서 알 수 있었다.[77] 그리고 스탈린의 발언은 전쟁 중에도 좌익지식인들의 기억 속에 각인되어 있었다. 일본이 패망하기 약 한달 전 내무성의 경찰당국이 비밀리에 좌익들의 여론을 조사한 자료를 보면, 이들은 "스탈린이 기회 있을 때마다 '자신은 반동양인이다'"라고 말해왔고 "그의 말 자체만으로도 동양에 대하여 애착을 가지고 있다"는 증거라고 보고 있었다.[78] 따라서 이들 좌익지식인들에게는 소련이 현재 일시적으로 연합국 편에 가담하여 친미적인 태도를 보이고는 있지만 일본을 말살시키지는 않을 것이며, 미국·영국과 직접 협상하기보다는 소련에 접근하여 전쟁을 종결해야 한다고 보았다.[79]

이상과 같이 일본의 군부, 정부, 심지어 좌익지식인들까지도 일본인에 대한 인종편견이 적고 '아시아적인' 소련을 중재국으로 한 종전구상에 의견을 같이 하고 있었다. 하지만 이들의 생각과는 달리 소련으로서는 태평양전선의 곳곳에서 전쟁에 밀리고 있던 일본으로부터 중재의 대가로 얻을 것이 별로 없었다. 그리고 1945년 2월에 열린 「얄타회담」에서 스탈린은 미국 대통령 루즈벨트에게 독일의 패망 시부터 3개월 후에 일본을 공격하기로 비밀 약속을 한 상태였다. 이러한 연합국수뇌들의 의중도 모른 체 일본의 조기종전파들은 소련을 중재국으로 하여 종전협상을 시도하였으나 소련정부의 반응은 극히 소극적이었다.

1945년 6월 8일, 오키나와에서 미군과의 지상전이 결국 일본군의 완전한 패배로 끝난 직후 일본정부는 '고쿠타이의 유지 및 본토사수'라는 전쟁목적을 일왕이 참석한 「어전회의」에서 공식적으로 결정했다.[80] 얼마 후인 7월 26일, 연합국은 미·영·소·중 4개국 공동으로 「포츠담선언」을 채택하고 일본에 항복을 요구하였으나, 육군을 중심으로 한 일본의 항전파들은 전쟁을 계속하기를 주장했다. 이러한 무모한 시도는 수많은 일본군인과 국민의 희생을 초래하게 되었고, 결국은 8월 초 히로시마와 나가사키에 미국의 원자폭탄이 투하되고 며칠 후인 8월 15일에 일본은 연합국에 무조건 항복을 하기에 이르렀다.

6. 결론

　이 장에서는 일본지도자들이 인종전쟁에 대한 두려움과 그에 대한 대책을 정치·군사·외교·선전·언론검열의 측면에서 살펴보았다. 이들은 태평양전쟁 발발 전부터 서양제국의 일본인에 대한 인종차별을 뼈저리게 느끼고 있었으며, 연합국과의 전쟁을 준비하면서도 인종전쟁이 일어날 가능성에 대하여 매우 두려워했다. 그 이유는 일본이 전쟁을 개시한 후에 어느 시점에서 미국과 영국 등 '백인'국가들이 독일과 비밀 협상을 통하여 종전하고 난 후 일본을 총공격할지도 모른다는 생각에 사로잡혀 있었기 때문이다. 심지어 '황인종위협론'의 발상지였으며 1930년대부터 인종주의를 국가의 공식정책으로 삼고 있던 동맹국 독일마저도 절대로 안심할 수없는 존재였다. 또한 히틀러 등 독일의 지도자들의 일본인에 대한 인종편견을 잘 알고 있었던 일본지도자들은 진주만 공격 후에도 독일의 패망가능성에 대하여 거의 편집증적일 정도로 예의 주시했다.

　인종전쟁에 대한 두려움은 선전과 전쟁종결에 대한 정책에 그대로 반영되었으며, 독일이 항복하는 때에 맞추어 일본도 소련을 중재국으로 하여 전쟁을 끝내야 한다는 것이 조기종전파들의 지배적인 의견이었다. 일본정부가 행한 선전과 언론검열정책에서 인종전쟁으로 오해할 수 있는 단어 하나하나에 대해서 까지도 국내언론이 사용하지 못하도록 철저히 금지시켰던 것은 인종전쟁의 발발을 방지하기 위함이었으며, 군부와 정치가들도 이에 동조했다. 전쟁이 일본에게 점점 불리해지고 독일의 패망이 거의 확실시 되는 시점에서 일본지도자들은 인종 간의 유혈전쟁으로 비화되는 것을 막기 위해 종전 공작을 하게

되는데, 그 중 가장 중요한 산물 중의 하나가 스즈키의 '종전내각'이었
다. 스즈키를 비롯한 일본의 조기종전파들이 소련을 중재국으로 하여
종전협상을 시도한 이유는 소련이 중립국이었다는 이유도 있었으나,
사실은 소련은 미국·영국과는 달리 황인종에 대한 인종편견이 적다
고 생각했던 것이 가장 큰 이유 중의 하나였다.

끝으로 일본 지도자들이 태평양전쟁이 인종전쟁化 되는 것을 두려
워했다고 해서 당시 대부분의 일본인들이 인종주의자가 아니었다라고
보아서는 안 된다. 전쟁 중 상당수의 일본인들은 '백인'에 대하여 깊은
열등감에 싸여 있었던 동시에 그들과 동등하다는 의식도 함께 갖고
있었다. 또한 당시 '살아있는 신'이라고 불리던 일왕의 '적자'라는 인식
이 뿌리 깊게 박혀 있던 일본인들은 같은 아시아인과 흑인 등 '유색'인
종에 대한 편견이 극심했다. 이와 같은 인종차별은 육·해군의 조기종
전파들의 생각에서도 잘 나타나 있었는데, 일본인들의 '백인'에 대한
피해의식과 열등감은 그들이 더 '열등'한 인종이라고 믿은 다른 아시아
인과 흑인에 대한 인종차별로 변화했다. 태평양전쟁시기에 다른 유색
인종보다 우수한 민족으로서 아시아를 지도하는 민족이라고 주장하는
반면, 1943년의 「대동아선언」에서 인종차별 철폐를 주장한 것은 인종
관념에 관한 일본인의 '이중성'을 잘 나타내고 있었다.

주석

1) 예를 들면, 나치독일은 유태인을 '기생충'(parasite) 또는 '야만인'(barbarian)
으로, 한국전쟁과 베트남전쟁 중 미군들은 한국인과 베트남인에 대하여
'오물'(gook)로 표현했다.

2) 이 장에서는 일본의 진주만 공격에서 패전까지를 편의상 '태평양전쟁'
으로 부르기로 한다. 일본사 연구자 중에는 만주사변(1931)부터 일본의
항복(1945)까지의 전쟁에 대한 명칭으로서 '15년 전쟁'이라고 부르기도
하며, 중일전면전쟁이 시작된 1937년부터 1945년에 걸친 전쟁을 '아시
아·태평양전쟁'이라고도 한다. 그러나 일본의 우파지식인들 중 대부분
은 미국과의 전쟁기간인 1941년부터 1945년까지의 전쟁명칭을 '대동아
전쟁'이라고 부른다. '태평양전쟁'이라는 용어는 미국이 일본을 점령한
직후 일본과의 전쟁을 미국적 시각에서 바라본 것이며, 일본 군국주의
자들이 진주만 공격 직후부터 사용한 '대동아전쟁'에 대한 대항용어로
서 등장했다. 진주만 폭격 직후인 1941년 12월 10일, 일본해군 수뇌부
들은 '태평양전쟁' 또는 '對美英전쟁'으로 하자고 주장하였으나, 육군 측
이 이러한 명칭들은 1937년 이후 계속되어 온 중국과의 전쟁을 포함하
고 있지 않으며, 향후 예상되는 소련과의 전쟁을 고려하여야 하며 그리
고 "대동아의 신질서를 건설하려고 하는 정치적 의미"를 포함하여 '대
동아전쟁'이라고 주장했다. 결과적으로 육군의 주장이 관철되는데, '대
동아전쟁'이라는 명칭은 일본의 정치군사적 요소, 육해군 간 전쟁관의
상이 그리고 이데올로기적인 요소가 가미된 것으로 볼 수 있다. 일본
의 '대동아전쟁' 명칭 결정에 관해서는 種村佐孝, 『大本營機密日誌』, 芙蓉
書房, 1985, pp.145-146참조. 전쟁명칭과 관련하여 이제까지 잘 알려지
지 않은 사실은, 태평양전쟁 중 일본 국내 출판물이 모두 '대동아전쟁'
으로 표기 하지는 않았으며, 영어로 된 선전매체에는 '태평양전쟁'(The
Pacific War)이라는 용어도 가끔씩 등장했다는 점이다. 예를 들면,
Rihachiro Banzai, "The 'DEMOCRACIES' GO WEST," Contemporary Japan,
Vol. XI, No. 7(July 1942), p.1028. 또한 전시기 일본의 영문선전신문인
Japan Times(1943년 1월부터 Nippon Times로 이름 변경)에서도 'The
Pacific War'라는 명칭이 등장했다. 그러나 태평양전쟁 중 미국의 서적,
신문 등에는 'War in the Pacific'이라는 용어는 보이나 'The Pacific War'
(태평양전쟁)는 보이지 않는다. 따라서 필자는 '태평양전쟁'이라는 용어
의 기원은 미국이 아닌 일본이라고 본다.

3) 이 장에서 나오는 용어 중 일본의 '지도층', '지도자' 또는 '권력엘리트'
는 일본군의 소좌 이상의 장교, 중앙부처 과장급 이상, 현역 또는 은퇴

한 정치가, 기타 사회에 영향력 있는 지식인 등을 지칭한다.

4) 일본지도자들이 언급하는 인종전쟁이 구체적으로 무엇을 가리키고 있는가는 시기에 따라 중첩되거나 다르게 해석될 수 있으나 기본적으로 황인종인 일본과 동맹국인 독일을 포함한 '백인'국가인 미국·영국과의 인종 간 유혈전쟁을 의미한다. 일본의 연합국과의 개전 준비기에는 인종차별주의를 공식적으로 내세우고 있던 나치독일에 대해 내심 불안해 하였으며, 독일은 일본이 미국·영국과 개전을 한 후 자국의 이익에 별로 도움이 안 된다고 판단되면 같은 '백인'국가들과 협상하여 전쟁상태를 종결지은 후 일본을 향해 공격해 올 것이라는 의미였다. 伊藤隆 編, 『高木惣吉日記と情報 下』, みすず書房, 2000, p.556. 이럴 경우 인종 간에 죽이고 죽는 섬멸전이 일어나 결국 야마토민족이 전멸하는 전쟁이 될 것으로 보았다. 일본지도자들의 '백인'국가 총공격에 대한 공포는 태평양전쟁 중에도 계속되었으나, 이들이 태평양전쟁 자체를 인종전쟁으로 규정한 예는 보이지 않는다. 1943년 후반기 이후부터 동맹국 독일이 머지않은 장래에 연합국에 무너질 것으로 예상한 일본지도자들은 독일의 패전 또는 항복 후 지금의 전쟁이 성격변화를 일으켜 황인종인 일본과 '백인' 국가인 미국·영국 간의 인종전쟁이 될 가능성이 높다고 판단했다. 권력의 중심에 있던 이들로서는 만약 이상과 같은 사태가 생기면 일본민족이 전멸하거나 일왕제가 붕괴될 가능성이 있었으므로 '인종편견이 없고 동양적인' 소련을 중재국으로 하여 조기에 종전하여야 한다는 논리를 가지고 있었다. 일본의 일부지도자들은 전쟁 초기부터 다가올 제3차 세계대전은 인종전쟁이 될 가능성을 염두에 두고 대비해야 한다는 주장을 편 지도자들도 있었다.

5) John Dower, *War Without Mercy: Race and Power in the Pacific War*(New York: Pantheon Books, 1986), p.4. 역사학자 크리스토프 손(Christopher Thorne)도 태평양전쟁의 기본적인 성격을 인종전쟁적인 관점에서 설명하고 있다. 그는 태평양전쟁의 직접적원인은 인종적인 측면에 있다고 볼 수 없으나, 일단 전쟁이 시작된 후에는 인종주의가 직·간접적으로 큰 역할을 했다고 주장한다(Christopher Thorne, "Racial aspects of the Far Eastern War of 1941-1945," the British Academy, *Proceedings of the British Academy(Volume LXVI 1980)*(London: Oxford University Press, 1982), p.342). 일본과 영국 (식민지 포함)과의 전쟁을 인종주의적인 관점에서 연구한 연구서로는 Gerald Horne, *Race War!: White Supremacy and the Japanese Attack on the British Empire*(New York: New York University Press, 2004)가 있다.

6) 여기에서 '조기종전파'란 일부 왕족 및 역대 총리를 역임한 정치가와

비서관, 현역 또는 퇴역한 고급군인 그리고 이들과 의견을 같이 하는 지식인들 중 1943년 말 이후에 조기종전을 위해 노력한 사람들을 지칭한다. 이들이 조기종전을 주장한 이유는 다양하나, 그 중 두 가지 이유를 들면, 첫째, 전쟁이 장기화 되면 될수록 민심이 흉흉해지고 전쟁의지가 약화되어 종국적으로 일본 국내에 공산혁명이 일어날 가능성이 있으므로 적당한 때를 보아 일왕제 유지를 조건으로 연합국에 항복하여야 한다는 것이었다. 둘째, 독일의 패망 후 인종전쟁이 일어날 가능성을 예견하며 조기에 전쟁을 종결해야한다고 주장했다. 그러나 이들이 조기종전을 주장했다고 해서 평화주의자라고 판단해서는 안 되며 그들의 대부분은 근본적으로 제국주의자들이었다.

7) 여기에서 주의할 것은, 필자가 다른 글에서도 밝혔듯이 '조기종전론파'들이 전쟁종결을 결정한 또 다른 큰 이유는 국내문제로서, 일본 내에서 공산혁명 또는 민중혁명이 일어나 일왕제가 붕괴되기 전에 전쟁을 종결했다는 사실이다. 이상과 같이 일본 지도자들의 전쟁종결 원인은 다양한 이유가 결합되어 있었다는 점을 기억해야 한다. Hoi Sik Jang, *Japanese Imperial Ideology, Shifting War Aims and Domestic Propaganda During the Pacific War of 1941-1945*(Ph.D Dissertation: State University of New York at Binghamton, 2007).

8) 여기서 말하는 '황인종위협론'은 여러 가지 의미로 해석될 수 있다. 그러나 기본적으로 일본인 또는 중국인이 세계를 지배할지도 모른다는 불안감에서 출발하였으며, 결국 황인종이 백인종의 생존을 위협할 것이라는 정치적 슬로건인 측면과 아시아인에 대한 '백인'의 인종주의가 저변에 깔려있었음은 틀림없다.

9) Homer Lea, *The Valor of Ignorance*(New York: Harper & Brothers Publishers, 1909), p.242.

10) 寺崎英成・マリコ・テラサキ・ミラー 編著, 『昭和天皇独白録──寺崎英成 御用掛日記』, 文藝春秋, 1991, pp.20-21.

11) ハインツ・ゴルヴィッツァー 著, 瀨野文教 訳, 『黃禍論とは何か』, 草思社, 1999, pp.220-221.

12) Giles MacDonogh, *The Last Kaiser: The Life of Wilhelm II*(New York: St. Martin's Griffin, 2000), p.277.

13) ゴルヴィッツァー, 『黃禍論とは何か』, p.235.

14) Adolf Hitler, *Mein Kampf*, trans. Ralph Manheim(New York: A Mariner Book, 2001), pp.290-291.

15) Adolf Hitler, *Hitler's Table Talk, 1941-1944*, trans. Norman Cameron and R. H . Stevens(New York: Enigma Books, 2000), p.183.

16) 今村政史, 「『わが闘争』日本語版の研究」－ヒトラーの「対日偏見」問題を中心にー」, 『メディア史研究』, Vol. 16(April 2004), pp.53-54.

17) 寺崎英成・マリコ・テラサキ・ミラー, 『昭和天皇独白録──寺崎英成・御用掛日記』, p.50.

18) Adolf Hitler, *Hitler's Secret Conversations, 1941-1944*, trans. Norman Cameron and R. H . Stevens(New York: A Signet Book, 1961), p.188.

19) Hitler, *Hitler's Table Talk*, p.293. 히틀러가 일본에 대하여 긍정적으로 평가한 이면에는 몇 가지 개인적인 이유가 있었다. 먼저 일본의 러일전쟁이후 계속 된 승리에 대해 깊은 인상을 받았고, 일본군인의 엄격한 규율과 전투력에 대하여도 높이 평가했다. 그 다음 한 가지는 일본인은 비밀을 잘 지킨다는 점이었다(앞의 책, pp.183 · 293). 그러나 히틀러의 일본에 대한 과대평가에 대하여 독일 내 "동북아시아 전문가의 조언에 크게 귀를 기울이지 않아 중국과의 관계개선의 기회를 놓치게 되는 결과를 초래했다"라고 히틀러의 한 측근은 회고했다. Otto Dietrich, *Hitler*, trans. Richard and Clara Winston(Chicago: Henry Regnery Company, 1955), p.70.

20) Rudolf Semmler, *Goebbels-The Man Next to Hitler*(London: Westhouse, 1947), pp.25-26.

21) Otto Tolischus, *Tokyo Record*(New York: Reynal & Hitchcock, 1943), p.43.

22) 吉田裕, 『シリーズ日本近現代史⑥-アジア・太平洋戦争』, 岩波書店, 2007, p.3.

23) Dietrich, *Hitler*, p.71.

24) Boelcke, ed., *The Secret Conferences of Dr. Goebbels*, p.198.

25) 위의 책, 같은 쪽. 여기서 '위험한 측면'이라는 것은 두 가지 방향에서 생각해 볼 수 있다. 첫째, '문화 수준이 낮은' 황인종의 '대동아공영권'이 장래에 유럽과 국경을 맞닿을 경우, '문화 수준이 높은' 유럽, 특히 독일의 문화를 쇠퇴시킬 수 있다는 의미였다. 다시 말하면, 이것은 20세기 초 독일의 빌헬름 2세가 말한 '유럽문명위협론의 1940년대판'이라고 볼 수 있다. 그러나 괴벨스가 자신의 말을 동맹국인 일본과의 군사·외교적 배려 차원에서 국내언론에 유출되지 않도록 지시한 것은 물론이다. 앞의 책, 같은 쪽. 둘째, 일본이 영토 확장을 계속할 경우 언젠가는 양진영이 군사적인 대결을 벌일 가능성이 있었다는 의미였다.

한때 히틀러의 후계자로 지목되었던 공군장관 허먼 괴링(Hermann Goering) 원수가 나중에 밝혔듯이 이상의 두 가지 이유로 독일은 일본의 싱가포르 함락을 탐탁지 않게 느끼고 있었다. G. M. Gilbert, *Nuremberg Diary*(New York: A Signet Book, 1947), p.75.

26) Gilbert, *Nuremberg Diary*, p.75.

27) "NAZI FEELER RAISES THE 'YELLOW PERIL'," *New York Times*, 23 January 1942, p.3.

28) "JAPAN HOLDS UP HER END OF AXIS," *New York Times*, 1 March 1942, p.E4.

29) Louis Lochner, ed., *The Goebbels Diaries, 1942-1943*, trans. Louis Lochner (New York: Doubleday & Company, Lnc., 1948), pp.51 · 117.

30) 위의 책, p.121.

31) Hitler, *Hitler's Table Talk*, p.198. 독일지도자들 사이에 일본의 미국 · 영국과의 개전 소식은 가장 큰 대화주제 중 하나였으며, "독일을 위해 신이 보낸 것"과 같은 소식이었으나, 다른 한편으로는 아시아 지역에서의 '백인'국가의 상실을 의미하기도 했다. 일본의 진주만 공격 10일 후에 히틀러는, 일본군의 승전보에 대해 듣고 다음과 같이 말했다: "일본인들이 모든 섬들을 하나씩 하나씩 점령하고 있다. 그들은 호주도 차지할 것이다. 이들 지역에서 백인종이 사라질 것이다." 히틀러의 이와 같은 말은 '백인'인 영국이 태평양에서 황인종인 일본에게 패배하고 있는 것에 대해 깊은 유감을 표시한 것으로 보인다. Willi Boelcke, ed., *The Secret Conferences of Dr. Goebbels: The Nazi Propaganda War, 1939-43*, trans. Ewald Osers(New York: E. P. Dutton & CO., INC., 1970), p.194; Hitler, *Hitler's Table Talk*, p.150.

32) 參謀本部 編, 『杉山メモ(下)』, 原書房, 1967, p.101.

33) 위의 책, p.141.

34) 種村佐孝, 『大本営機密日誌』, pp.138-139.

35) 松下芳男 編, 『田中作戦部長の証言－大戦突入の真相』, 芙蓉書房, 1978, p.361.

36) 參謀本部 編, 『敗戦の記録』, 原書房, 1967, pp.414-415.

37) 위의 책, pp.415-416.

38) 東郷茂徳, 『時代の一面』, 中央文庫, 1989, p.403.

39) 軍事史学会 編, 『大本営陸軍部戦争指導班 機密戦争日誌(上)』, 錦正社, 1998,

p.201.

40) 小倉庫次,「小倉庫次侍從日記-昭和天皇戰時下の肉声」,『文藝春秋』, 2007年 4月号, p.156.

41) 東久邇稔彦,『東久邇稔彦日記-日本激動期の秘録』, 德間書店, 1968, p.106.

42) 参謀本部 編,『杉山メモ(下)』, pp. 53-54.

43) 위의 책, p.107.

44) 위의 책, 같은 쪽.

45) 위의 책, p.111.

46) Albert Speer, *Inside the Third Reich*, trans. Richard and Clara Winston(New York: Avon Books, 1971), p.246.

47) Jang, *Japanese Imperial Ideology, Shifting War Aims and Domestic Propaganda During the Pacific War of 1941-1945*, pp.42-43 · 46.

48) 제2차 세계대전의 주요전쟁당사국 대부분이 그러하였듯이 태평양전쟁기 일본에서도 선전과 검열정책은 불가분의 관계에 있었으며, 선전과 언론검열은 정부의 선전기관인 정보국에서 총괄했다.

49) 情報局,「日英米戰争ニ對スル情報宣傳方策大綱」, 文書番号B-A-7-0-352, 1941年 12月 8日,『外務省記録』, 外務省外交資料館, p.14.

50) 外務省調査局,「第七十九議会ニ於ケル外交關係質疑應答要旨」, 文書番号 B-A-7-0-353, 1942年 11月,『外務省記録』, 外務省外交資料館, p.20.

51) 伊藤整,『太平洋戦争日記(一)』, 新潮社, 1983, p.21.

52) 内川芳美 編,『現代史資料(40)-マス・メディア統制(一)』, みすず書房, 1973, p.480. 여기서 주의해야 할 것은 왜 국내선전에 인종전쟁을 연상시키는 표현을 금지하였는가이다. 그것은 진주만 공격 이전부터 일본의 국내선전과 국외선전은 서로 밀접한 관계에 있었으며, 일본정부와 군 정보기관들이 그러했듯이 외국의 정보기관들도 일본의 방송을 도청하거나 신문, 잡지 등을 면밀히 분석하고 있다는 것을 알고 있었기 때문이었다. 일본정부의 이러한 국내·외 선전정책은 전쟁 중에도 계속되었으며, "국내선전도 대외선전과 불가분"하다는 원칙을 가지고 있었다. 그렇다고 해서 국내용과 국외용 선전내용이 전부 동일하다고 생각해서는 안 되며, 국가별 특성과 일본의 대외정책 기조에 따라 그 내용과 표현을 달리하는 경우도 적지 않았다. 山本文雄,『日本マス・コミュニケーション史(増補)』, 東海大学出版会, 1981, p.211.

53) 参謀本部 編, 『杉山メモ(下)』, p.344.

54) 赤沢史朗・北河賢三・由井正臣 編, 『資料日本現代史13－太平洋戦争下の国民生活』, 大月書店, 1985, pp.158-159.

55) 伊藤隆・廣橋眞光・片島紀男 編, 『東條内閣総理大臣機密記録』, 東京大学出版会, 1990, pp.155-156.

56) 大政翼賛會, 「調査會第十委員會審議要禄第四號」, 文書番号B-A-5-0-018, 1942年 10月 9日, 『外務省記録』, 外務省外交資料館, 자료에 페이지 번호가 없음.

57) 参謀本部 編, 『杉山メモ(下)』, p.464.

58) 佐藤賢了, 『佐藤賢了の証言──対米戦争の原点』, 芙蓉書房, 1976, p.437.

59) Soetan Sjahrir, *Out of Exile*, trans. Charles Wolf, Jr.(New York: The John Day Company, 1949), pp.233・237.

60) 伊藤隆・廣橋眞光・片島紀男 編, 『東條内閣総理大臣機密記録』, p.46.

61) 参謀本部 編, 『杉山メモ(下)』, p.504.

62) 情報局, 「菊號宣傳實施要綱(案)」, 1943年 10月 31日, 文書番号IMT-383, マイクロフィルム リールWT52, 国会図書館憲政資料室, p.267.

63) 若槻禮次郎, 『明治・大正・昭和政界秘史──古風庵回顧録』, 講談社, 1983, p.395.

64) 軍事史学会 編, 『大本営陸軍部戦争指導班 機密戦争日誌(下)』, 錦正社, 1998, p.446.

65) 위의 책, pp.470-471.

66) 木戸幸一, 『木戸幸一日記 下卷』, 東京大学出版会, 1966, pp.1078-1079.

67) 여기서 히로히토 일왕도 독일이 패망할 시점에 일본도 종전하는 방안을 기도에게 물었던 사실에 주목할 필요가 있다. 기도는 1944년 9월 26일 오전 11시 35분부터 30분간 일왕을 만나고 난 후 오후에는 외무대신 시게미츠를 만났는데, 같은 날 기도의 일기에 "관저에서 시게미츠 외무대신과 전쟁의 향후전망과 그 밖의 사안에 대하여 환담하다. 앞으로 많은 어려운 일이 생길 것으로 생각한다"라고 기록하고 있다. 앞의 책, p.1143. 사실 시게미츠도 기도와 만나기 전에 독일의 전세에 대해 매우 어두운 전망을 가지고 있었으며, 독일이 영국과 평화 협상을 할 가능성을 점치며 만약 이러한 일이 발생할 경우 "일본은 평화[협상]을 해서는 안 된다며 [누가] 수수방관[만] 할 것인가"라고 평화 협상을 통해 종전할 필요성을 느끼고 있었다. 시게미츠는 기도와 만났을 때 일을 기록한 수기에서 기도에게 전해들은 히로히토의 말을 적고 있는

데, 일왕은 기도에게 "독일 항복 등의 기회를 계기로 명예를 지키고 [일본군의] 무장해제 또는 [연합국이 일본의] 전쟁책임문제[를 추궁하지 않는다는 조건으로] 평화협상을 하면 안 되겠는가?"라고 질문했다. 伊藤隆·武田知己 編, 『重光葵 最高戦争指導会議記録·手記』, 中央公論新社, 2004, pp.111-112.

68) 種村佐孝, 『大本営機密日誌』, p.217.

69) 参謀本部 編, 『敗戦の記録』, pp.184-185.

70) 松谷誠, 『大東亜戦争収拾の真相』, 芙蓉書房, 1980, p.119. 전쟁 중 일반국민은 물론 군과 정부의 고위층조차도 공식석상에서 '평화'라는 단어를 쓰는 것 자체가 금기시되어 있었으며, 만약 그럴 경우 주위로부터 '비국민'이라는 비판을 받았다.

71) 軍事史学会 編, 『大本営陸軍部戦争指導班 機密戦争日誌(下)』, p.684.

72) 松谷誠, 『大東亜戦争収拾の真相』, p.212.

73) 위의 책, p.296.

74) 위의 책, pp.307-308.

75) 위의 책, p.308. 여기서 '오락장'이라는 것은 일본군대가 중국전선이나 태평양의 점령지에 설치한 '군위안소'를 의미했다. 마츠타니를 비롯한 일본 군인들은 해외 주둔 일본군이 그러했듯이 외국 점령군도 일본을 점령하면 '성노예'를 반드시 필요로 할 것이라는 생각을 했으며, '위안소' 설치 구상이 전후가 아닌 전쟁 말기에 이미 일본정부 내에서 구상되었다는 것이 흥미롭다.

76) 伊藤隆 編, 『高木惣吉 日記と情報 下』, p.897.

77) Tolischus, *Tokyo Record*, p.107. 마츠오카와 스탈린의 대화는 1941년 4월 22일 일본 국내의 각 신문에 게재되었다.

78) 内務省警保局保安課, 『思想旬報』, 第31号, 1945年 7月 20日, 자료에 페이지 번호가 없음.

79) 위의 자료.

80) Jang, *Japanese Imperial Ideology, Shifting War Aims and Domestic Propaganda During the Pacific War of 1941-1945*, pp.200-201.

제4장.

통화전쟁

- 오일달러 체제와 미국의 통화전쟁

제4장 통화전쟁
– 오일달러 체제와 미국의 통화전쟁

1. 서론

세계 최강대국인 미국의 패권 유지 메커니즘을 이해하기 위해서는 오일달러(petrodollar)에 대한 분석이 중요하다. 미국의 경제학자 로버트 루니는 제2차 세계대전 이후 미국의 패권 유지의 특징으로서 다음과 같이 세 가지를 주장했다. 첫째, 라이벌 국가들에 대한 압도적인 군사적 우위, 둘째, 미국인의 상품 생산 방법의 우월성, 셋째, 세계 기축통화인 달러 의존이다. 특히, 세 번째는 나머지 두 가지를 뒷받침할 뿐 아니라 미국의 패권을 이해하는 데 핵심적인 요소이다.[1] 미국 달러(이하 '달러')가 세계 기축통화로서의 역할을 유지하기 위해서는 석유 수출국으로 구성된 조직인 석유수출국기구(OPEC)가 생산하는 원유의 가격이 달러로 매겨지는 오일달러 체제가 필요하다.[2] 그러나 미국의 석유관계 상품 분석가인 빌 오그래디가 지적하였듯이, 혹시라도 석유수출국기구가 원유 거래에서 달러를 이탈하여 유로 같은 다른 화폐로 거래할 경우 금융적인 측면에서 충격을 줄 것이고 이로 인해 미국에 위기가 올 가능성도 있다.[3]

이런 이유로 미국은 오일달러 체제를 유지하기 위해 전쟁까지도 불사해 왔다. 2003년 이라크 전쟁, 2008년 금융위기 이후 유로존(유로화를 사용하는 17개국)과의 통화전쟁, 2011년 리비아 '정권교체' 그리고 현재 진행되고 있는 이란의 핵무기 개발 의혹을 둘러싼 미국과 이란 간 극한 대치 상태의 이면에는 미국의 오일달러 체제 방어를 위한 전쟁의 성격이 존재한다. 동맹국인 미국의 패권 유지 문제는 우리나라 안보와도 직결된 것인 만큼 오일달러와 미국의 전쟁에 관한 분야는 중요한 연구로 다루어질 필요가 있다.

제4장에서는 이러한 문제제기에 입각하여 미국이 패권유지의 일환으로 오일달러 체제를 지키기 위해 취한 무력전쟁과 통화전쟁에 관하여 분석한다. 주요 분석 대상은 2000년 원유 거래에서 유로화로 전환하여 2003년 미국의 침공 대상이 된 이라크의 사례, 최근 일어나고 있는 이란과의 갈등까지 미국의 통화전쟁이다. 본문의 구성은 먼저 오일달러 시스템의 형성 배경과 달러의 강력한 라이벌 통화인 유로의 출현에 관해 분석한다. 둘째로 미국이 무력으로 개입하여 정권이 교체된 이라크 및 리비아와 오일달러의 연관성에 관해 논한다. 셋째는 과거 수 년 동안 진행되어 온 미국과 이란 사이의 갈등 및 달러와 유로 사이의 통화전쟁에 관해 분석한다. 최근 악화되고 있는 달러와 중국의 위안화 사이의 통화전쟁도 중요한 주제이나 현재까지 산유국들이 위안화를 선택하여 미국과 충돌한 사례가 보이지 않으므로 이 글에서는 다루지 않기로 한다. 마지막으로 결론에 대신하여 향후 달러 체제의 전망과 미국 및 한국의 대응 방향에 관하여 살펴보기로 한다.[4]

선행연구와 차별화되는 본 연구의 독창성은 기존 연구에서 주로 이라크의 달러 이탈 선언과 미국의 이라크 침공과의 관계를 개별적으로 취급하여 다루는 연구가 일부 존재하지만,[5] 오일달러와 연관시켜 미국의 통화전쟁을 이라크 침공 이후부터 현재 진행되고 있는 유로와의 통화전쟁까지의 연속성을 염두에 두고 통시적으로 다루고 있다는 점이다. 또한 이 주제에 관한 국내의 학술적 연구는 아직 전무한 상태이고 달러는 미국의 패권 유지 문제와 결부되어 있어, 미국의 동맹국인 한국의 경제와 안보에도 중요한 사안이기 때문에 본 연구의 의의가 있다. 마지막으로 우리나라 국방정책 분야 측면에서 이 연구는, 21세기 들어 글로벌 통화전쟁이 심화되고 있는 점을 감안, 향후 발생할 수도 있는 대규모 통화전쟁에 대비하여 우리나라에서도 국방 분야의 중요한 주제로 다루어져야 할 시점이라는 점을 인식시켜준다. 나중에 상세히 설명하듯이, 미국 국방성은 이미 2009년에 한국, 중국 등 외국과의 통화전쟁을 염두에 두고 사상 최초로 '전쟁게임'을 실시하여 국가안보에 미치는 영향을 분석한 바 있다.

2. 오일달러 체제의 형성과 유로의 출현

1) 오일달러의 정의와 이점

미국의 패권 유지에 중요한 요소인 '오일달러'란 무엇인가?[26] 오일달러란 간단히 "석유수출국기구 회원국이 원유 거래시 그 대금으로 받는 미국 달러"로 정의할 수 있다.[7] 최근까지 석유수출국기구 회원국 이외에 거의 모든 산유국의 원유 거래도 달러로 이루어졌다. 세계 어디서나 원유 1배럴이라도 구입하려면 그 대금으로 달러를 지불해야 하는 것이 원칙이다. 만약 달러가 없으면 다른 수단을 동원하여 확보해야 한다. 외환시장에서 자국 화폐를 달러로 교환하거나 아니면 상품을 수출하여 달러를 확보하는 방법이 있다. 그러나 세계 기축통화를 가지고 있는 미국은 이럴 필요가 없다. 원유를 수입하기 위해서는 자국통화인 달러를 발행하기만 하면 된다. 이처럼 오일달러 체제는 기축통화를 가지고 있는 미국에게 엄청난 이점으로 작용한다.

그 중에서도 '오일달러 순환'(petrodollar recycling)은 미국의 재정과 군사력 유지를 뒷받침하는 강력한 수단으로 작용한다.[8] 원유를 수입하는 나라는 항상 달러를 확보하여야 하고 산유국이 원유대금으로 받은 달러는 다시 미국 국채의 매입에 투자하게 된다. 이와 같은 오일달러 순환 시스템은 미국에게 중요한 이익을 가져다준다. 즉, 전 세계적으로 달러와 미국 국채에 대한 수요 증가를 유발한다. 오일달러 체제가 존속하는 한 미국은 국채 발행을 통해 적자재정을 유지할 수 있다. 수 조 달러에 달하는 전비가 소요된 2001년의 아프가니스탄 전쟁 그리고 2003년에 일어난 이라크 전쟁은 미국이 국채를 발행하고 중국, 일본 등이 매입함으로써 가능했다는 것이 일반적인 시각이다. 따라서 오일달러는 미국의 적자 재정 운용과 군사력 유지 그리고 전쟁 수행에 필수적인 요소로 볼 수 있다.

2) 오일달러 체제의 형성 과정

오일달러 체제가 형성된 역사는 미국이 제2차 세계대전 이후 개입한 일련의 전쟁과 깊은 관계가 있다. 제2차 세계대전이 종료되기 약 1년 전인 1944년 7월 연합국 44개국에서 730여 명의 대표단이 미국 뉴햄프셔주 브레턴우즈에 있는 마운트워싱턴호텔에 모여 전후 국제 경제 질서를 논의했다. 이 회의에서는 달러가 황금 1온스당 35달러로 고정되었고 달러가 영국의 파운드를 대신해서 세계의 공식 화폐로 확정되었다. 다른 국가의 화폐도 달러와 고정된 환율로 형성되어 달러가 세계의 기축통화로 결정되었다. 이것이 바로 유명한 '브레턴우즈 체제'(Bretton Woods System)로서 세계의 금융 패권이 영국에서 미국으로 넘어갔다는 것을 의미했다. '브레턴우즈 체제'는 1960년대 존슨 행정부 이후 베트남전쟁에서 전비를 마련하기 위해 달러를 남발하여 달러 가치의 하락을 초래한 결과 외국의 지속적인 금태환 요구를 견디지 못해 닉슨 행정부가 1971년 8월 달러의 금태환 정지를 전격적으로 선언하기까지 약 17년 동안 유지되었다.

　'브레턴우즈 체제'의 붕괴로 인해 달러는 급속도로 쇠락의 길을 걷고 있었다. 인플레이션의 상승과 소비자 물가지수의 급등 등으로 인해 달러 가치가 약화되어 경제대국으로서의 지위가 흔들리던 미국은 석유수출국기구의 중심국인 사우디아라비아와 회의를 거듭한 끝에 중동 산유국이 원유 거래시에 달러를 사용하는 데 합의했다. 이 합의에서는 사우디아라비아가 원유 수출로 벌어들인 오일달러를 미국 국채에 투자하는 대신, 미국은 이란, 이라크 등 적국으로 둘러싸여 있으며 군사적으로 열세에 놓여 있던 사우디아라비아의 안보와 유전지대를 보호하기로 약속했다. 적어도 1975년까지 사우디아라비아 이외의 다른 석유수출국기구 국가들도 원유 수출 시에 달러로 대금을 받기로 합의했다.[9] 이것이 바로 '오일달러 체제'이다. 석유수출국기구 국가들의 원유가 달러로 계속 거래되고 강력한 라이벌 화폐가 출현하여 달러의 독점적 지위가 위협받지 않는 한 '오일달러 체제'는 견고하게 유지될 수 있다.

3) 달러 가치의 하락과 라이벌 화폐인 유로의 탄생

　1970-80년대에 걸쳐 세계의 주요 수출국인 독일과 일본은 미국에게 달러와 더불어 자국 통화인 마르크와 엔을 국제결제의 지급 통화로 하자고 주장했으나 받아들여지지 않았다. 달러의 독보적 지위는 한 동안 계속되는 듯 했다. 그러나 1999년 유럽에서의 유로 탄생은 달러의 지위에 새로운 도전을 의미했다. 미국의 아프가니스탄 침공 이후 본격

적으로 시작된 '테러와의 전쟁'으로 인해 생긴 재정적자는 달러의 가치 하락으로 이어졌다. 반면에 신생의 유로는 적어도 2005년까지 달러의 지위를 위협할 수 있는 통화의 위치에 올랐다. 2005년 독일의 은행인 도이체방크가 발간한 보고서에 의하면, 유로는 기축통화인 달러의 지위에 도전할 수 있는 잠재력을 가지고 있다는 분석을 내 놓았다.[10] 통화패권을 둘러싼 달러와 유로의 '숨은 통화전쟁'을 예고한 것이다.

유로의 등장 이후 달러 가치가 계속해서 하락한 반면, 유로의 가치는 상승일로에 있었다. 산유국의 입장에서는 원유 거래시 가치가 하락한 달러로 거래하면 손해를 보게 된다. 유로가 유로존 전 지역에서 공식 화폐로서 기능을 하자 산유국의 달러 이탈 움직임이 가시적으로 나타났다. 그 중에서 미국과 사이가 좋지 않은 나라의 움직임이 돋보였다. 먼저 남미 베네수엘라의 우고 차베스 정권이 원유 거래에서 유로를 채택할 것이라는 주장이 나왔다. 차베스 정권은 그 이후 줄기차게 모든 석유수출국기구 회원국들이 유로를 선택하도록 선동하는 선봉에 섰다. 2002년 이란도 원유 거래 대금을 달러에서 유로로 전환하는 주장을 하기 시작했다. 같은 해 12월 7일, 산유국은 아니지만 북한은 모든 무역 결제를 기존의 달러에서 유로로 전환했다. 이 두 나라는 2002년 미국에 의해 '악의 축'으로 지정된 나라이다.[11] 이상과 같이 미국과 사이가 좋지 않은 베네수엘라, 이란, 북한의 달러 이탈 시도는 미국의 경제제재에 대한 보복의 측면도 있었으나 기본적으로는 달러 가치의 하락에 따른 유로의 상승이 그 주된 원인이었다.

3. 오일달러 방어와 이라크·리비아 '정권교체'의 연관성

1) 이라크의 유로 채택과 미국의 침공

1971년 닉슨 행정부의 금태환 제도 폐지로 인해 '브레턴우즈 체제'가 붕괴된 후 미국은 적자재정 편성으로 정부를 운영할 수밖에 없었다. 그러나 석유수출국기구 회원국들이 원유 대금을 달러로 받는 한 재정 적자에도 불구하고 국채를 발행하여 막대한 전비가 소요되는 전쟁을 치르며 패권을 유지할 수 있었다. 이것은 결국 오일달러가 1971년 이전과 같이 금에 의해 뒷받침되는 것이 아니라 미국의 군사력에 의해 유지된다고 해도 과언이 아니다.

석유수출국기구 회원국 중 달러 패권에 정면으로 도전한 이유로 정권이 교체된 최초의 국가가 바로 독재자 사담 후세인이 집권하고 있던 이라크였다. 미국이 2003년 이라크를 침공한 이유는 여러 가지가 있지만, 그 중에서도 중요한 이유로 거론되는 것은 이라크가 오일달러를 이탈하고 유로를 선택했기 때문이다.[12] 미국과 적대적인 관계에 있던 후세인은 2000년 11월부터 원유 수출 대금으로 달러 대신 유로를 받겠다고 전격적으로 선언했다. 미국정부는 만약 세계 유수의 원유 매장량을 자랑하는 이라크가 달러를 이탈하면 석유수출국기구의 다른 회원국들도 이라크의 뒤를 따르는 '도미노 현상'을 우려했다.[13] 따라서 이라크 전쟁은 오일달러 체제 이탈을 결정한 이라크를 군사력으로 응징함으로써 석유수출국기구 내 회원국들의 오일달러 이탈 '도미노 현상'을 막으려고 한 통화전쟁의 측면이 있다.

미국의 이라크 침공과 이라크의 유로 채택의 연관성을 제기한 사람들 중에는 미국의 유력 정치인이 있었다. 미국 공화당의 대통령 후보로 출마한 적이 있는 하원의원 론 폴은 2006년 2월 15일 하원에서 행한 연설에서 "2000년 11월 사담 후세인이 원유대금으로 유로를 요구했다. 그의 오만함은 달러에 위협적인 존재였다"며 미국의 이라크 침공 이면에는 이라크의 달러 이탈 문제가 있었다고 주장했다.[14] 특정 국가와 적대적인 관계에 있는 언론은 종종 '진실'을 이야기하는 경향이 있다. 미국과 핵무기 개발 문제를 둘러싸고 긴장관계에 있는 이란의 영자지 〈테헤란타임즈〉는 미국과 영국이 이라크를 침략한 이유에 대해 다음과 같이 설명했다. "사담 [후세인]의 이라크가 2000년 11월 6일부터 원유 판매에 있어서 더 이상 달러로 받지 않겠다고 선언하였고 2003년 3월 미·영의 침략이 일어났다는 사실을 상기하라."[15] 이란과 같은 권위주의 국가의 언론은 정부의 의견을 대변하는 성향이 있음을 감안할 때 〈테헤란타임즈〉의 주장은 이란 정부의 생각과 비슷한 부분이 있다.

미국은 후세인의 도전을 심각하게 받아들였다. 정치평론가 제롬 코시가 "2000년에 사담 후세인이 자신의 사형 집행 영장에 서명했을지 모른다"고 주장할 만큼 미국은 후세인을 달러 패권에 위협적인 인물로 보고 있었다.[16] 중동문제에 정통한 지정학 전문가인 윌리엄 엥달에 의하면, 미국의 이라크 침략 직후 영국 금융 중심지인 런던의 한 은행 간부가 자신에게 "이라크의 행동은 달러에 대한 전쟁 선포"라고 말했다고 회고한다.[17] 후세인이 달러 이탈 결정을 단행한 해의 같은 달에 미국 대통령에 당선된 아들 부시 역시 후세인의 달러이탈 조치를 사실상의 '전쟁선포'로 받아들였다. 당시 재무부 장관이었던 폴 오닐의 증언에 의하면, 2001년 1월 부시가 대통령에 취임한 직후 최초로 주재한 국가안전보장회의에서 논의된 중요한 의제 중의 하나가 바로 이라크 문제였다는 점이 이를 뒷받침 해주고 있다.[18] 이라크의 오일달러 이탈은 그 만큼 미국의 국가안보에 직결된 중요한 사안이었다.

부시 행정부가 오일달러 보호를 위해 이라크를 공격하려면 헌법상 전쟁승인권을 가진 의회에 대한 설득이 필요하고 미국과 세계 여론의 지지를 받아야 된다. 그래서 공격의 명분으로 내세운 것이 이라크가 대량살상무기를 보유하고 있으므로 이를 제거해야 한다는 것이었다.[19] 미국의 이라크 침공 후 일부 서방 언론에서는 이라크의 대량살상무기는 미국이 오일달러를 보호하기 위한 명분이었다는 주장이 나왔다. 2004년 7월 28일자 영국의 〈가디언〉 신문에 의하면, 부시 행정부가 이라크 침공의 이유로 내건 대량살상무기 보유는 명분이었고 실제 이유는 원유 확보와 세계 기축통화인 달러 보호에 있다고 지적했다. 신문은 또한 다른 산유국들이 이라크와 같은 달러 이탈 조치를 취한다면 달러 가치의 급락이 예상되고, 그 결과 미국의 주식시장에서 급격한 지각 변동이 일어날 것이라고 주장했다.[20]

당시 미국이 이라크에 대한 선제공격을 주장하자 유로존 중심국가인 독일과 프랑스는 격렬히 반대했다.[21] 두 나라가 이라크 침략을 반대한 배경에는 달러와 유로 사이의 주도권 다툼이 일부 자리 잡고 있었다. 이라크가 달러 이탈을 선언하기 이전에 독일과 프랑스는 산유국들에게 유로를 채택하도록 지속적으로 권유했다. 실제로 2003년 초에는 리비아, 나이지리아, 이란, 아랍에미리트, 인도네시아 등 일부 석유수출국기구 회원국들이 유로에 큰 관심을 보이고 있었다.[22] 석유수출국기구 회원국뿐만 아니라 주요 산유국인 러시아도 유로를 채택할 움직임을 보이고 있었다.[23] 이와 같은 일련의 움직임은 이라크가 원유 거래에서 유로를 채택한 후 세계의 통화 권력이 미국에서 유럽연합으로 서서히 이동하던 시기에 나타났다. 오일달러가 위험한 상황에 처해 있던 바로 이 시기에 미국이 전격적으로 이라크를 침공했다. 이를 두고 2003년 10월 10일, 미국의 외교정책에 큰 영향력을 행사하는 외교협회(CFR) 회원인 요세프 아이브라힘은 이라크 전쟁의 또 다른 이유를

이라크의 달러 이탈이라고 주장했다.[24]

역사적으로 볼 때 전쟁의 실제 이유나 목적이 어디에 있었는지 알기 위해서는 침략 후 점령국이 취한 조치를 보면 어느 정도 짐작할 수 있다. 놀랍게도 미국이 이라크의 수도 바그다드를 점령한 후 가장 먼저 취한 조치 중의 하나가 바로 이라크 석유 거래를 기존의 유로에서 달러로 변경한 것이었다. 2003년 6월 5일자 영국의 〈파이낸셜타임즈〉는 이 사실을 확인하는 기사를 내보냈다.[25] 미국이 이라크를 침공한 지 3개월이 지나지 않은 상황에서 긴급히 달러로 환원조치를 취했다는 것은 그 만큼 오일달러가 중요하다는 반증이며 이는 이라크를 침략한 이유 중 하나였다는 것을 암시한다. 미국이 이라크를 점령하고 난 후 런던의 은행권에서는 "이제부터 우리가 그까짓 유로의 위협에 대해 걱정할 필요가 없다"며 한숨을 쉬었다고 전해진다.[26] 이것은 부시 대통령이 2003년 5월 1일 항공모함 아이브러햄 링컨호 함상에서 행한 '임무완성'(Mission Accomplished) 연설과 관련이 있었다. 여기에서 완성된 임무 중의 하나가 바로 후세인 정권을 붕괴시켜 이라크 원유의 거래 방식을 유로에서 달러로 변경한 것이었다. 지금까지 대부분의 미국인들은 이라크 전쟁이 실패한 전쟁이라는 인식을 가지고 있으나 미국 정부의 입장에서는 '오일달러 사수'라는 임무를 완성한 것이다.

미국의 이라크 침공이 유로에 대한 통화전쟁과 관련되어 있을 가능성을 제기한 주장은 이라크 전쟁 발발 이전에 이미 미국 언론에 나온 적이 있다. 이와 같은 이라크 전쟁의 성격에 대하여는 이라크가 달러를 이탈한 직후인 2000년 11월 13일자 미국의 주간지 〈타임〉 기사에 잘 나타나 있다. 이 잡지는 "미국 달러에 대한 경쟁자로서 유로를 승격시키려는 유럽의 꿈"이 후세인에게 달러를 이탈하도록 영향을 미쳤다는 것이다.[27] 미국의 입장에서는 이라크의 원유 확보 못지않게 패권의 근간인 달러를 유로로부터 방어하는 것이 그 만큼 중요한 사안이었다. 미국의 이라크 침공은 다른 산유국 지도자들에게 만약 그들이 오일달러 체제 안에서 머무르지 않을 경우 이라크의 후세인이 당한 것과 똑같은 일이 일어날 것이라는 강력한 경고 메시지를 던진 것이었다고 해도 과언이 아니다.

2) 리비아의 달러 이탈 시도와 카다피 '정권교체'

미국의 경고 메시지를 듣지 않은 독재자가 몇 년 뒤에 아프리카 대륙의 산유국에서 나타났다. 미국에 도전한 이유로 정권이 교체된 후세인과 비슷한 길을 걷고 있던 독재자가 바로 리비아의 무아마르 카다피였다. 평소 '돌출행동'과 '반미행동'을 일삼는 것으로 유명한 카다피가 미국의 걸림돌이 된 이유 중의 하나는 미국의 달러 패권에 도전하는 통화전쟁을 일으켰기 때문이라는 분석이 가능하다. 석유수출국기구 회원국인 리비아는 2011년 3월 19일 북대서양조약기구(나토)의 공군기에 의해 공습 당하기 이전 원유 수출 시 미국 달러로 해왔던 대금 결제의 관행을 바꾸고자 했다. 미국의 입장에서 보면 리비아의 원유가 다른 통화로 거래되어 다른 산유국으로 파급될 경우 오일달러 붕괴의 가능성이 있었기 때문에 어떤 수단을 사용하더라도 막아야 될 상황이었다.

미국의 공공은행연구소 회장이자 금융전문 변호사인 엘렌 브라운은 카다피 정권이 달러패권에 위협이 되는 존재였다는 사실을 솔직히 시인한다. 브라운에 의하면, 카다피는 '금 디나르'('디나르'는 리비아의 화폐 단위)를 공통화폐로 사용하는 아프리카연합 창설을 주도하였는데 대부분의 아프리카 국가들이 이 제안에 찬성했다고 전해진다. 나토군이 리비아를 침공하기 직전 리비아 정부가 원유를 비롯한 아프리카 지역의 모든 거래에 '금 디나르'가 통용될 수 있도록 자국 보유의 금 144톤 중 44톤으로 금화를 주조하고 있어서 서방국가의 침공이 서둘러졌다는 지적도 있다. '금 디나르'와 같은 금본위제는 1971년 금본위제를 이탈한 달러에 위협적인 제도이기 때문이었다.[28]

리비아 주도로 아프리카 단일화폐 도입을 통한 오일달러 이탈은 이라크의 유로 채택과는 비교가 되지 않을 만큼 달러 패권에 위협적인 존재였다. 엄청난 원유 매장량을 자랑하는 아프리카의 산유국들이 달러를 이탈하면 대륙 전체가 달러 영향권에서 벗어날 가능성이 있었기 때문이다. 캐나다인으로서 미국에서 활동하고 있는 인기 작가이며 '정통보수' 성향의 일래나 머서는 미국 주도의 나토 전투기들이 리비아 공습을 한창 진행 중이던 2011년 8월 25일 한 매체에 기고한 글에서, 만약 카다피의 '금 디나르'가 아프리카와 중동 지역의 산유국에 파급되었다면 극심한 부채 위기에 직면해 있는 서방국가에게 큰 고통을 안겼을 것이라고 주장했다.[29]

특히 2008년 금융위기 이후 미국의 국력이 서서히 약화되고 있는 상황 하에서 카다피의 달러 패권에 대한 도전은 미국으로서는 묵과할 수 없는 것이었다. 또한 유럽 대륙에서 유로 같은 강력한 라이벌 화폐의 등장으로 인해 달러의 지위가 계속 하락하고 있던 시점에서 아프리카 대륙에 또 다른 단일화폐가 등장한다면 달러 패권에 큰 영향을 줄 수도 있었다. 따라서 아프리카 화폐 독립을 주도한 카다피는 미국의 이라크 침략 후 제거된 후세인과 같은 운명이었다. 42년 간 독재정권을 유지해 온 카다피는 2011년 10월 20일, 리비아 반군 등에 의해 총살되었다. 이것이 달러 패권에 도전한 석유수출국기구 회원국 지도자의 말로였다. 달러 패권에 도전한 산유국은 이라크와 리비아에 머무르지 않았다.

4. 달러의 위기와 통화전쟁

1) 이란의 오일달러 체제 도전

이라크와 리비아처럼 미국의 달러 패권에 도전하여 미국의 경제제재를 받고 군사적 위협에 직면해 있는 나라가 바로 페르시아만의 강국인 이란이다. 물론 미국의 가장 큰 제재 이유가 이란의 핵무기 개발 의혹이라는 점을 부정할 수 없다. 그러나 이란은 현재까지도 핵무기를 완성한 적이 없으며, 심지어 개발하고 있다는 명확한 증거도 발견되지 않고 있다는 것이 오바마 행정부 고위관리들의 일반적인 인식이다. 이를 뒷받침하는 주장이 미국의 고위관리로부터 나왔다. 2012년 1월 8일 미국 국방장관 리언 파네타는 〈CBS〉방송의 한 프로그램에 출연하여 이란이 핵무기를 제조하고 있지 않다고 주장했다. 미국 정보기관 수장들도 이란이 핵무기 개발을 결정했다는 증거가 없다고 주장했다. 또한 1월 31일 미국 상원에서 증언한 제임스 클래퍼 국가정보국장은 이란이 핵무기 개발 결정을 내렸다는 명확한 증거가 없다고 말했다. 같은 날 증언에서 중앙정보국의 데이비드 퍼트레이어스 국장도 클래퍼의 주장에 동의했다.[30] 그리고 최근까지도 핵확산방지 관련 전문가들 사이에서는 이란의 핵무기 개발설에 회의적인 반응을 보이고 있다.[31]

그럼에도 불구하고 현재 미국과 이란 사이에서 벌어지고 있는 대치 상태의 중요한 이유 중의 하나는 이란의 오일달러 이탈 때문이라는 지적이 나오고 있다.[32] 이란은 미국발 금융위기가 발생하기 전인 2005년에 이미 오일달러 이탈을 결정한 것으로 보인다.[33] 그런데 이란의 오일달러 이탈 시도에서 보이는 특징은 새로운 원유거래소 설립이다. 2006년 4월 23일자 영국의 〈텔레그래프〉 신문은 다음과 같이 이란의 원유거래소 설립 추진이 달러의 독점적 지위에 얼마나 위협이 될 수 있는지 잘 설명해 준다. "일부는 미국이 이란을 공격하려는 실제 이유를 달러의 특이한 지위를 방어하기 위한 것이라고 말한다. 더 이상 말하지 않겠다. 그러나 이란에서의 비달러 원유거래 계획은 [미국과 이란 관계를] 확실히 악화시키는 요인이다."[34]

이란 정부는 우여곡절 끝에 2008년 2월 남부의 키시섬에 위치한 자유무역지대에 원유거래소 설립을 승인하였고 마침내 2009년 10월 개장했다. 처음에는 석유화학 제품, 나중에는 원유와 천연가스 선물로 거래를 시작하여 중국과 러시아, 개발도상국가의 바이어들을 유치했다. 특히 미국과 불편한 관계에 있는 중국과 러시아가 이란의 아이디어를 선호했다고 전해진다.[35] 달러로 거래되는 미국 뉴욕과 영국 런던의 원유거래소가 아닌 이란의 거래소에서 직접 이란산 에너지 제품을 구입하게 만든 것은 미국과 영국 독점의 원유거래 체제에 대한 위협을 떠나 달러 패권에 대한 도전이었다.

만약 이란의 원유거래소가 성공적으로 운영되어 이란산 원유의 주요 수입국인 중국, 인도, 한국, 일본이 유로, 금 또는 자국 화폐로 대금을 지불한다면 미국의 오일달러 체제가 크게 약화될 가능성이 있다. 더욱이 석유수출국기구 회원국들이 이란의 거래소에서 원유대금을 달러 이외의 화폐 또는 금으로 받는 날에는 미국의 오일달러 체제에 큰 영향을 미칠 수도 있다. 2011년 8월 3일자 이란의 〈테헤란타임즈〉 신문은 산유국과 수입국이 원유를 달러 이외의 통화로 거래한다는 사실은 미국의 국가부채 또는 부채로 인한 국가파산보다 더 빠르게 세계의 기축통화인 달러를 약화시키는 것이라고 주장했다.[36] 미국의 입장에서는 이란의 원유거래소야말로 달러 패권에 도전할 수 있는 "대량살상무기"와 비슷한 것이었다.[37] 또한 이란의 세계 기축통화인 달러의 지배권에 대한 정면 도전은 미국에 대한 "사실상의 전쟁 선포"와 마찬

가지라는 주장도 제기되었다.[38]

이란의 오일달러 이탈 이면에는 정치·경제적인 이유가 있다. 다시 말하면, 이란의 오일달러 이탈 조치는 이란에 대한 수차례의 경제제재와 이란의 핵무기 개발 의혹을 주장하는 미국에 대한 보복 측면이 있다. 이란의 마흐무드 아흐마디네자드 대통령은 2009년 9월 12일 원유 수출 가격 표시를 달러가 아닌 유로로 변경할 것을 지시했다. 이란 정부는 그 이유로서 미국 경제의 약화와 달러 약세를 들었다.[39] 이와 같은 이란의 달러 이탈에 대한 경고음이 서방언론에서도 나왔다. 2009년 10월 6일자 영국의 〈인디펜던트〉 신문은 9월 이란의 유로 채택에 대해 언급하면서 "물론 은행가들은 지난번 원유 거래에서 달러를 이탈하여 유로를 선택한 중동의 산유국에게 무슨 일이 일어났는지 기억한다. 사담 후세인이 [달러 이탈] 결정을 선언한 후 미국과 영국 사람들이 이라크를 침공했다"고 보도했다.[40] 이 보도의 논조는 이란의 아흐마디네자드 정권도 앞으로 이라크 후세인 정권과 같은 운명을 맞을 수도 있음을 경고한 메시지였다. 미국 언론의 반응도 〈인디펜던트〉 기사가 나온 지 이틀 후인 10월 8일에 나왔다. 정치전문지 〈폴리티고〉는 글로벌 무역에서 오랫동안 달러가 누려온 독점적 지위를 잃을 경우 미국 관료들에게는 "악몽 같은 시나리오"라고 경고했다.[41]

앞으로 이란이 달러 이탈을 중단하지 않을 경우 미국은 맹방인 이스라엘과 함께 군사력을 동원하여 이란의 '정권교체'를 시도할 가능성도 있다. 그러나 자국 내 전쟁에 대한 반대 여론, 심각한 재정 적자 등으로 인해 당분간 미국이 이란과 전면전을 시도할 가능성은 높지 않다. 만약 이란과의 전면전이 일어난다면 이란과 가까운 핵 보유국인 러시아, 중국, 파키스탄 그리고 이란과 원수지간이자 핵 보유국인 이스라엘까지 끌어들여 결국 제3차 세계대전(아마 핵전쟁)이 발생할 가능성도 있다. 따라서 이란의 핵 시설이나 미사일 기지를 제한적으로 공격하는 방법을 선택할 가능성이 있다. 이와 함께 추가적인 경제제재를 통해 이란의 경제력을 약화시키고 현 정권에 대한 국민들의 불만이 극에 달했을 때 '정권교체'를 시도할 수도 있다.[42]

그러나 친이란 노선을 취하며 이란에 대한 서방의 경제제재에 제동을 걸어 온 중국과 러시아의 반대는 별도로 치더라도 이라크보다 4배나 넓은 국토, 인구 8천만 그리고 강력한 군대를 가지고 있으며 비대칭 게릴라 전술에 능한 이란에 대적하여 미국이 단기간 내에 이란을 점령할 수 있을지는 의문이다.[43] 2006년에 실시된 '전쟁게임' 결과에 의하면, 미국이 군사력을 동원하여 이란을 공격할 경우 '정권교체'에 성공할 가능성이 없다는 결론을 내렸다.[44] 이란은 달러 이탈로 정권이 교체된 이라크와 리비아 사정과 매우 다르다. 이라크는 1991년의 제1차 이라크 전쟁과 그 후 실시된 나토군의 '비행금지구역' 설정으로 인해 군사력의 대부분이 무력화되었고, 국내 정세도 시아파, 수니파, 쿠르드족으로 분리되어 있어 소수파인 수니파 정권의 교체가 비교적 수월했다. 리비아의 경우도 이란에 비해 군사력이 훨씬 열악하였고, 140여 개 부족으로 나뉘어 있어 국력의 집중도가 떨어져 있었다. 그러나 이란은 다수파인 시아파가 집권하고 있고 과거 페르시아 제국 건설로 인해 국민들 사이에 자존심이 강하여 외국의 침략 시에는 국민의 상당한 결집이 예상된다.

2) 달러 방어를 위한 '유로 때리기'

달러는 이란과의 통화전쟁과 동시에 유로와의 힘겨루기에도 돌입했다. 2008년 미국발 금융위기 이후 세계 각국이 달러의 라이벌 통화인 유로에 적극적인 관심을 보이자 미국이 우방인 영국과 함께 '유로 때리기'에 적극적으로 나섰다. 특히 2011년은 유로존 국가의 고질적인 국가 부채 문제와 미국이 달러 기축통화체제를 유지하기 위해 '유로 때리기'를 통해 통화전쟁을 계속한 결과, 글로벌 금융시장이 불안정한 상태를 보였다. 유로존 재정 위기가 악화된 이유를 생각할 때, 유로가 기축통화인 달러에 대적하지 못하도록 하고 산유국이 원유 거래시 달러에서 유로로 이동하는 것을 방지하기 위해 미국과 영국이 실시한 통화전쟁의 존재를 빼 놓을 수가 없다. 다시 말하면, 영·미와 유로존 간에 벌어지고 있는 통화전쟁이 유로존 재정위기를 악화시킨 중요한 요인 중의 하나이다.

유로존 국가들 중에서 통화전쟁의 표적으로 가장 먼저 걸려든 나라가 바로 가장 경제적으로 취약한 그리스였다. 그리스 경제의 취약성은 유로존의 탄생 당시부터 이미 잘 알려진 사실이었다. 유럽은 터키, 중동, 러시아 등으로 둘러싸여 있는 동방국가인 그리스의 지정학적인 중요성을 고려하여 취약한 경제 현실도 무시한 채 유로존에 무리하게 가입시켰다는 것이 경제학자들의 일반적인 주장이다. 유로 탄생 직후부터 미국과 영국 금융권이 그리스 경제의 약점을 잘 파악하여 금융 파생상품을 이용하여 금융시장을 악화시킨 후 다른 유로존 국가들이 그리스 구제에 필요한 금액을 급격히 증가시키도록 유도했다.

유로존에서 재정이 가장 취약한 그리스의 부채 증가 배경에는 미국 대형 은행들의 역할이 있었다. 대표적인 은행이 골드만 삭스와 제이피 모건 체이스였다. 이 은행들이 파생상품을 이용하여 그리스 정부의 공식 통계에서 부채 규모를 숨겨왔던 것이다. 영국의 〈인디펜던트〉 신문에 의하면, 미국 은행들은 그리스의 부채 중 총 1,200억 달러를 신용부도스왑(CDS) 한 것으로 알려졌다. 그리스에 가장 많이 투자한 은행은 골드만 삭스로서 그리스 은행에 금융파생 상품을 매도하여 그리스의 부채위기를 초래한 측면이 있다는 주장이다.[45]

유로존의 재정위기를 유도하는 이면에는 미국계 신용평가사들의 역할을 무시할 수 없다. 이들은 2008년의 금융위기 촉발 직전까지 리먼

브라더스, AIG 등 재정상태가 나빠져 있던 회사들의 신용등급을 최상
으로 매겨 미국 언론으로부터 비판받은 적이 있다. 금융위기를 초래한
주범 중의 하나인 이 회사들이 유로존 국가에 대해 부정적 신용등급
을 계속해서 양산해 내었다.

미국과 영국의 금융권은 신용평가사들과 협조하여 유로존에서 부채
위기에 있는 나라들의 신용등급을 계속해서 강등시켰다. 미국의 버락
오바마 대통령과 티모시 가이트너 재무부 장관 등이 유로존 부채 문
제에 훈수를 둘 때 마다 "당신들 부채문제에나 신경 써라"고 말하는 등
유로존 지도자들이 불쾌한 반응을 보이는 것도 바로 미국이 금융투기
상품을 투입하여 유로존을 약화시키고 여기에 신용등급을 강등시키는
조치를 했기 때문이라는 분석도 만만치 않다. 유로존 지도자들은 미국
의 신용평가사들을 유로의 장래를 위태롭게 하는 큰 장애물로 보고
있다. 이와 같은 분석은 독일의 크리스티안 울프 대통령이 "신용평가
사들이 유럽의 부채 위기에 대해 더 많은 책임을 져야 한다"고 주장한
것에서 엿볼 수 있다.[46] 또한 유럽연합 집행위원인 비비안 레딩은 유
럽의 운명을 결정하고 단일 통화의 실현을 추구하고 있는 시점에 아
일랜드를 '투자 부적격'인 '정크 등급'으로 강등시킨 미국의 "신용평가
카르텔 회사들을 반드시 무너뜨려야 한다"며 격앙된 반응을 보였다.[47]

이탈리아 당국은 미국계 신용평가사인 S&P와 무디스의 밀라노 소재
사무소를 급습하여 서류를 압수했다. 이탈리아의 조치는 미국계 신용
평가사가 이탈리아를 비롯한 유로존 국가들에 대한 국채 신용등급을
강등시킨 것에 대한 정치적 보복의 성격이 강하다는 사실을 보여준다.
미국의 유명한 상품경제 분석가인 밥 채프만은 이와 같은 유로존의
재정위기의 성격을 "월가에 의해 만들어지고 이들의 통제 하에 있는
신용평가사들에 의해 추진된 통화전쟁"이라고 규정했다.[48]

이상과 같은 미국과 영국의 '유로 때리기' 결과 유로의 가치는 하락

했고 상대적으로 달러의 가치가 조금 상승했다. 그렇다고 해서 달러가 예전과 같이 계속해서 독점적 지위를 누릴 가능성에 대해 회의적인 반응이 나오고 있다. 특히 2008년 미국발 금융위기 이후 지금까지 국제통화기금(IMF)등 다수의 금융기구들과 전문가들 사이에서 달러가 기축통화로서의 역할을 더 이상 하지 못할 것 것이라는 주장이 계속 나온다.

5. 결론에 대신하여 : 달러 체제의 향후 전망과 미국 및 한국의 대응 방향

1) 향후 전망

'달러의 위기'란 달러 가치가 급속히 떨어져 공황상태에 빠진 달러 소지자들이 일거에 매도할 때를 말한다.[49] 여기서 달러 매도자는 미국 국채를 매입한 외국 정부, 달러로 거래되는 선물에 투자 중인 자, 달러 자산을 가진 자가 자산을 팔아 달러를 이탈하는 부류 등을 일컫는다. 달러의 위기를 촉진하는 전제 조건으로는 먼저, 달러 가치의 하락, 둘째, 달러를 대체할 수 있는 유력한 통화의 존재, 셋째, 위기를 촉진하는 사건의 발생이다. 현재 첫 번째 전제조건은 이미 존재한다. 미국의 달러 남발에 의한 달러의 구매력 약화와 미국정부의 '강달러' 정책의지 부족에 따른 외국의 점진적인 달러 회피 현상 등으로 인해 2002년과 2012년 사이에 유로 대비 달러 가치가 50% 이상 하락했다는 것에서 알 수 있다.[50] 또한 이 기간에 미국정부의 부채가 약 3배 증가

되어 달러에 대한 시장의 신뢰도가 약화되었다. 두 번째 전제 조건은 아직 일어나지 않고 있다. 달러의 가장 강력한 대항마였던 유로가 유로존의 부채 위기와 미국의 '유로 때리기'로 인해 계속 약화되고 있기 때문이다. 세계 제2위의 경제대국인 중국의 위안은 아직까지 국제화가 크게 이루어지지는 않아 달러를 대체할 통화로서 기능을 다하지 못하고 있다.

세 번째 전제 조건은 미국 국채를 가장 많이 소지하고 있는 중국이 국채를 일거에 매도하거나 석유수출국기구가 석유 거래시 달러 사용을 중지하는 사태가 일어나면 가능하다. 그러나 중국이 미국 국채를 대량 투매할 경우 자국의 달러 자산 가치도 동반하여 하락하고 또한 달러 붕괴로 인한 미국의 경기 악화로 인해 수입이 급감할 것이므로 현재로서는 이와 같은 사태가 발생할 가능성이 낮다.[51] 미국 대통령은 외국이 미국 국채를 대량으로 투매하는 것을 방지하기 위해 계좌동결권을 발동할 수 있어 중국이 국채를 일거에 투매하지 못한다. 문제는 달러에 대한 신뢰 약화에 의해 미국 국채를 대량으로 보유하고 있는 중국 같은 나라가 점진적으로 미국 국채에서 이탈하는 경우이다.[52]

중국이 미국 국채를 대량으로 매도할 것인지에 대해 미국 국방성에서 '전쟁게임'을 실시한 적이 있다. 국방성은 금융위기 발생 후인 2009년 3월 17~18일 양일간 매릴랜드주 소재 군사기지인 포트 미드에서 헤지펀드 경영자, 교수, 투자은행 총수들을 비밀리에 초청하여 금융위기 이후 미국 경제의 발목을 잡을 가능성이 큰 나라에 대한 '전쟁게임'을 실시했다. 국방성이 순수하게 통화전쟁을 염두에 두고 '전쟁게임'을 한 예는 이번이 처음으로 알려져 있다. 이 '전쟁게임'에서 통화전쟁의 승리자는 미국이 아닌 중국으로 나타났다. 시뮬레이션 결과에 의하면, 중국은 미국 국채 매도와 보유에 중립적인 태도를 취할 것으로 나타났다. 즉, 중국은 미국의 달러 가치 하락으로 인한 손실분을 보충하기 위해 다른 분야에 투자를 함과 동시에 미국의 국채도 일정 부분 보유할 것으로 나왔다.[53]

흥미로운 사실은 최근 상황이 국방성의 시뮬레이션 결과와 거의 유사하다는 점이다. 미국 재무부의 발표에 의하면 2010년 10월 이후 중국 정부의 미국 국채 보유량이 점진적으로 감소되고 있다.[54] 중국의 미국 국채 매입량 감소 원인은 달러의 가치 하락이 주원인이다.[55] 3조 달러 이상의 외환 보유고를 자랑하는 중국은 2008년 금융위기 이후 달러 약세가 계속되자 외환 보유고의 다양화를 위해 미국 국채 투매 대신에 '안전 자산'인 금 매입을 추진해 왔다.

한편 석유수출국기구의 중심국가인 사우디아라비아는 미국의 중동 지역 최대 우방국이므로 현재로서는 오일달러를 이탈할 가능성이 거의 없다. 그러나 미국 전문가의 지적대로 달러 가치가 급속히 하락하기 시작하면, 석유수출국들이 불가피하게 특정 시점에서 원유 가격 매김을 유로로 변경할 수도 있다.[56]

영국의 파운드가 그랬듯이 달러의 지위도 영원히 지속될 것 같지는 않다는 주장은 적어도 유로가 탄생한 해인 1999년경부터 전문가들 사이에서 나오기 시작했다. 특히 2008년 금융위기 이후 이러한 주장이 두드러졌다. 영국계 금융그룹인 HSBC 산하 연구소가 2009년 2월에 발간한 보고서에 의하면, 기축통화로서의 달러의 지위가 향후 더욱 더 취약해질 것이라고 전망했다.[57] 달러의 위기 시점을 예상하는 것은 어려운 문제이나 전문가들 사이에서는 향후 10년 이내에 일어날 가능성이 있다는 예측도 있다. 예를 들면, 국제투자은행인 한손웨스트하우스의 에너지 분석가인 데이비드 하트는 2018년경에 오일달러가 큰 위기에 처할 것이라고 전망한다.[58] 미국의 달러 남발, 중국, 러시아 등 신흥경제국의 달러 이탈, 달러 약세를 이유로 금 매입의 증가, 무역 상대국 간 통화 스와프 체결 등이 가속화될 경우 일정 시점에서 갑자기 달러에 대한 신뢰도가 하락하여 달러에 위기가 발생할 가능성도 있다는 분석도 조심스럽게 나온다. 이 경우 중국, 미국 국채를 보유한 투자자들도 투매에 나설 가능성이 높다. 국채 투매보다 강력한 수단은 추적이 거의 불가능한 금융파생 상품에 의한 달러 공격이다.59) 하지만 미국의 금융 시스템이 의외로 견고하여 달러가 당분간 기축통화로서의 역할을 할 가능성이 있다는 반론도 만만치 않다.

2) 미국 및 한국의 대응방향

미국의 군과 정보 당국자들은 미국의 독특한 군사적 우위는 달러의 독점적 지위에서 나온다고 믿고 있다. 장기적인 관점에서 볼 때 혹시라도 달러의 지위가 크게 약화된다면 미국의 국가안보 체제도 따라서 위기에 처할 수 있다.60) 지금까지 미국이 오일달러 체제를 유지하는 데 일부 어려움이 있었고 앞으로도 이란 등 산유국의 오일달러 이탈이 계속될 가능성이 있는 등 많은 어려움이 예상되나 글로벌 경제 안정을 위한 국제 공조 및 새로운 화폐정책 실시를 통해 노력해 나갈 필요가 있다.

미국이 취할 수 있는 대책으로서는 첫째, 기축통화인 달러의 안정을 위해 제한적 금본위제의 도입이다. 전면적 금본위제는 현재 직면하고 있는 경기 침체 등에 대한 대응 능력이 부족한 점을 감안, 기존 화폐체제의 전면적 수정보다는 보완하는 방향으로 추진되어야 한다. 이미 유타주에서는 법안을 통과시켜 각종 공과금 납입에 금화와 은화로 납부할 수 있게 하는 제한적 금본위제를 실시하고 있다. 따라서 연방정부는 유타주의 실시 결과를 평가한 후 다른 주에서도 점진적으로 실시하도록 권고할 필요가 있다. 제한적 금본위제의 전국적 실시는 공화당 '정통보수파'도 찬성하는 경향을 보이고 있는 점을 감안할 때 실현

가능성이 있다.

둘째, 현재 심각한 대치상황에 있는 이란과의 외교적 노력을 한층 강화해야 할 필요가 있다. 이란과의 관계 개선은 이란의 오일달러 이탈을 환원시켜 미국의 오일달러 체제 유지에 도움을 주는 것과 동시에 핵무기 개발도 막을 수 있다. 셋째, 지금까지 일부 산유국들이 오일달러를 이탈하려고 시도한 이유 중의 하나가 달러 가치의 하락이었던 만큼 '양적 완화' 정책의 신중한 재검토가 필요하다. 앞으로도 '양적 완화' 정책이 계속된다면 중국, 러시아 등 신흥경제국들의 달러 이탈이 가속화될 수 있으므로 달러 발행의 점진적 감소가 필요하다. 넷째, '양적 완화' 정책의 재검토와 관련된 것이지만 지금과 같이 글로벌 통화전쟁이 가속화된다면 동맹국인 한국의 경제도 심각해질 수 있으므로 미국은 일본이 현재 실시하고 있는 '양적완화' 정책의 재검토 유도 등 통화전쟁의 완화에 노력해야 할 것이다.

한국의 혈맹인 미국의 기축통화 유지 여부는 한국의 안보와 경제에 미치는 영향이 매우 크다. 혹시라도 달러의 지위가 크게 약화될 경우 우리나라에 중대한 영향을 줄 수가 있다. 그 결과 최악의 경우에는 미국의 군사비 대폭 삭감과 해외기지 폐쇄로 인한 주한 미군의 철수 또는 감축이 예상된다. 따라서 '유비무환' 차원에서 단기적으로 한국이 취해야 할 대책은 첫째, 달러 가치의 추이를 예의주시하고 통화전쟁이 국가안보에 미칠 영향에 대해 연구하는 전문가 그룹 구성이 요망된다.

둘째, 통화전쟁을 국가안보의 영역에 포함시키고 달러 가치의 급속한 하락 시나리오에 대비하기 위해 '전쟁게임'을 실시할 필요가 있다. 이 게임 시뮬레이션에는 안보 전문가뿐만 아니라 정치, 경제, 금융, 게임 이론 등 다양한 전문가들의 참여가 필요하다. '전쟁게임'의 결과에 따라 분야별 대책을 수립하여 향후 닥칠 수도 있는 위기에 대비해야 한다.

마지막으로 국가 전체 차원의 대응으로서, 달러 가치의 하락에 '헤징' 기능을 하는 금의 대량 매입을 추진해야 한다. 중국은 2008년 금융위기 이후 달러 가치 하락이 지속됨에 따라 매년 대량의 금을 매입하고 있다. 일부 전문가들 사이에서는 중국의 금 매입 증가 이유는 향후 금본위제 채택을 염두고 있다는 주장도 제기된다. 한국도 미국, 중국 등이 실시한다는 것을 전제로 금본위제 또는 제한적 금본위제에 대한 신중한 검토가 필요하다. 향후 이 제도를 추진해야 할 경우 정부는 남북 분단의 현실과 전시의 경우 통화 팽창이 불가피하다는 점을 인식하여 전시에는 한시적으로 금본위제 채택이 제한되어야 한다는 점을 염두에 두어야 할 것이다.[61]

주석 ···

1) Robert Looney, "The Iranian Oil Bourse: A Threat to Dollar Supremacy?" *Challenge*, Vol. 50, No. 2(March/April 2007), p.2.

2) William Clark, "Hysteria Over Iran and a New Cold War with Russia: Peak Oil, Petrocurrencies, and the Emerging Multi-Polar World," *Global Research*, 22 December 2006, p.2, http://globalresearch.ca/articles/williamclarkrussia.pdf (검색일: 2013. 2. 10).

3) "Euro-based oil sales pushed," *Honolulu Advertiser*, 6 May 2006.

4) 4장에서 다루는 내용이 비교적으로 최근에 발생한 사건이라는 점과 미국이 정부문서를 공개하지 않고 있는 등 자료 수집에 한계가 있어 이 글에서는 신문, 잡지 등 1차 자료(온라인)도 일부 이용하였음을 밝혀둔다.

5) 외국의 이라크 전쟁과 오일달러에 관한 연구로는 William Clark, *Petrodollar Warfare: Oil, Iraq and the Future of the Dollar*(Gabriola Island, Canada: New Society Publishers, 2005)이 대표적이다.

6) "오일달러"라는 용어를 최초로 사용한 사람은 미국 조지타운대학교 교수인 아이브라힘 오웨이스로 알려져 있다. "Petrodollars Whither?" *Economist*, 9 November 2000.

7) Jerry Robinson, *Bankruptcy of Our Nation*(Green Forest, AR: New Leaf Press, 2009), p.123.

8) '오일달러 순환'이라는 용어는 미국의 전 국무장관 헨리 키신저가 처음 사용한 것으로 알려져 있다.

9) Robinson, *Bankruptcy of Our Nation*, pp.123-124.

10) Deutsche Bank Research, "The euro: Well established as a reserve currency," *EU Monitor*, No. 28, 8 September 2005, p.1.

11) Robinson, *Bankruptcy of Our Nation*, pp.134-135.

12) Eric Walberg, *Postmodern Imperialism: Geopolitics and the Great Games* (Atlanta: Clarity Press, Inc., 2011), p.127.

13) Robert Looney, "A Threat to U.S. Interests in the Gulf?" *Middle East Policy*, Vol. 11, No. 1, Spring 2004 참조.

14) Ron Paul, "The End of Dollar Hegemony," http://www.lewrockwell.com/paul/paul303.html(검색일: 2013. 2. 12).

15) "Visions of violence in defense of the Dollar," *Tehran Times*, 8 February 2012.

16) Jerome Corsi, "Iran, Venezuela Declare War on Petrodollar," *World Net Daily*, 9 February 2006.

17) William Engdahl, "A New American Century?: Iraq and the hidden euro-dollar wars," *Current Concerns*, No. 4, April 2003.

18) Clark, *Petrodollar Warfare*, p.97 에서 인용.

19) Matthias Chang, *Brainwashed for War: Programmed to Kill*(Washington, D.C.: American Free Press, 2005), p.21.

20) John Chapman, "The real reasons Bush went to war," *Guardian*, 28 July 2004.

21) Clark, *Petrodollar Warfare*, p.xvii.

22) Charles Coppes, *Petrodollar Warfare and Collapse of U.S. Dollar Imperialism in the 21st Century(Special Report)*, 1 August 2007, IDP Consulting Group, Inc., p.15.

23) Fisal Islam, "When will we buy oil in euros?" *Guardian*, 23 February 2003.

24) Catherine Belton, "Putin: Why Not Price Oil in Euros?" *Moscow Times*, 10 October 2003.

25) "Iraq returns to the international oil market," http://www.thedossier.info/news_articles/ft_iraq-returns-to-international-oil-market.pdf(검색일: 2013. 2. 19).

26) Engdahl, "A New American Century?"

27) William Dowell, "Foreign Exchange: Saddam Turns His Back on Greenbacks," *Time*, 13 November 2000.

28) Ellen Brown, "Libya all about oil, or central banking?" *Asia Times*, 14 April 2011.

29) Ilana Mercer, "Gadhafi a Gold Bug? Finally, a Believable Conspiracy," *World Net Daily*, 25 August 2011.

30) James Risen and Mark Mazzetti, "U.S. Agencies See No Move by Iran to build a Bomb," *New York Times*, 24 February 2012.

31) "No imminent threat of a nuclear-armed Iran, experts say," *Los Angeles Times*, 3 August 2012.

32) Walberg, *Postmodern Imperialism*, p.112.

33) Lars Schall, "Shifting Ground for Vital Resources," *Consortiumnews*, 27 December 2011.

34) Liam Halligan, "The threat to a fistful of petrodollars," *Telegraph*, 23 April 2006.

35) "Oil bourse inaugurated," *Tehran Times*, 27 October 2009.

36) "Iran's oil bourse, a new pressure on U.S. dollar," *Tehran Times*, 3 August 2011.

37) Pepe Escobar, *Globalistan: How the Globalized World Is Dissolving Into Liquid War*(Ann Arbor, MI: Nimble Books LLC, 2006), p.308.

38) William Engdahl, "Why Iran's oil bourse can't break the buck," *Asia Times*, 10 March 2006.

39) "Tehran dumps dollar for euro," http://www.arabianbusiness.com/tehran-dumps-dollar-for-euro-12598.html(검색일: 2013. 2. 7).

40) Robert Risk, "The demise of the dollar," *Independent*, 6 October 2009.

41) Eamon Javers, "Whodunit? Sneak attack on U.S. dollar," *Politico*, 8 October 2009.

42) Saban Center for Middle East Policy at the Brookings Institution, *Which Path to Persia?: Options for a New American Strategy toward Iran*, No. 20, June 2009, p.150.

43) Robert Baer, *The Devil We Know: Dealing with the New Iranian Superpower*(New York: Crown Publishers, 2008), p.97.

44) Sam Gardiner, *The End of the 'Summer of Diplomacy': Assessing U.S. Military Options on Iran*, 16 March 2006, Century Foundation, pp.18-19.

45) Stephen Foley, "Goldman Sachs: the Greek connection," *Independent*, 15 February 2010.

46) "Up to 15 years needed to fix Greece: German president," *Reuters*, 10 July 2011.

47) Ian Traynor, "EU declares war on agencies as Ireland's rating gets junk status," *Guardian*, 13 July 2011.

48) Bob Chapman, "Europe and America: 'Financially Burning'," http://globalresearch.

ca/index.php?context=va&aid=25607(검색일: 2013. 2. 14).

49) '달러의 위기'는 '달러의 붕괴'라고 표현하기도 한다.

50) Robinson, *Bankruptcy of Our Nation*, p.59.

51) 배리 아이켄그린 저, 김태훈 옮김, 『달러 제국의 몰락』, 북하이브, 2011, p.231.

52) James Rickards, *Currency Wars: The Making of the Next Global Crisis*(New York: Potfolio/Penguin, 2011), p.11.

53) Eamon Javers, "Pentagon preps for economic warfares," *Politico*, 9 April 2009.

54) Terence Jeffrey, "U.S. Treasury: China Has Decreased Its Holdings of U.S. Debt," *CNS NEWS*, 29 April 2011.

55) "Roach Says Chinese Officials 'Appalled' by Impasse on Raising Debt Ceiling," *Bloomberg*, 28 July 2011.

56) Michael Ruppert, "As The World Burns," *From The Wilderness*, Vol. VII, No. 8, 8 December 2004, p.12.

57) HSBC Global Research, "USD reserve status will fade," *Macro Currency Strategy*, February 2009, p.3.

58) Graeme Wearden, "US rivals 'plotting to end oil trading in dollars'," *Guardian*, 6 October 2009.

59) Rickards, *Currency Wars*, p.11.

60) 위의 책, p.xv.

61) 이를 위해 국방부에서는 전시 금본위제의 한시적 유예와 관련한 영국의 역사적 사례를 연구할 필요가 있다.

제5장.
자원전쟁

- 유라시아의
  가스 파이프라인 전쟁

제5장 자원전쟁
- 유라시아의 가스 파이프라인 전쟁

1. 서론

유라시아 대륙은 에너지 매장량이 세계의 약 3/4을 자랑하는 지하자원의 보고이다.[1] 그리고 과거 20여 년 동안 주요 강대국들이 가스 파이프라인 건설 주도권을 두고 각축을 벌여왔던 지정학적 요충지이다. 특히 유라시아 지역에서의 파이프라인 전쟁은, 19세기 대영제국과 제정러시아가 유라시아에서 각축전을 벌였던 상황을 묘사한 영국의 정보 장교 아서 코놀리(Arthur Conolly)가 19세기에 사용한 용어 '거대 게임'(Great Game)을 연상하게 한다.[2] '거대 게임'이라는 용어는 냉전 붕괴 직후인 1990년대 초 '-스탄'(-Stan)으로 불리는 자원 부국들이 소련으로부터 독립하면서 '신 거대 게임'(New Great Game)이라는 용어로 재등장했다. 냉전 붕괴 이후의 '신 거대 게임'은 에너지 자원이 풍부한 유라시아에서의 헤게모니와 경제적 이익을 위해 다투는 주변 강국과 외부세력의 경쟁구도를 지적할 때 종종 사용되어왔다. 그러나 러시아가 여전히 주변 강국으로 남아 있는 반면 외부세력이었던 대영제국의 자리가 미국이라는 초강대국으로 대체되었다는 점이 '신 거대 게임'과 '거대 게임'의 차이점이다. 그리고 '거대 게임'의 중심무대는 유라시아의 중심부인 아프가니스탄을 중심으로 전개된 반면, '신 거대 게임'은 아프가니스탄을 포함하여 중국, 인도, 이란, 파키스탄 같은 나라는 물론 소국의 1년 예산을 초과하는 규모의 다국적 석유회사도 관련되어 있다. 이런 의미에서 '신 거대 게임'은 '거대 게임' 보다 더 복잡하고 국제정치적 중요성도 크다.[3]

  유라시아에서 파이프라인 루트를 둘러싼 '신 거대 게임'이 벌어질 것이라고 예견한 사람은 미국의 지미 카터 행정부 시절 국가안보보좌관을 지냈으며 버락 오바마 대통령의 '안보 멘토'로 불리는 즈비그뉴 브레진스키(Zbigniew Brzezinski)였다. 20세기 초 '영국 지정학의 아버지'로 불리며 "동유럽을 지배하는 자가 중심부를 지배하는 자이고, 중심부를 지배하는 자가 유라시아를 지배하는 자이며, 유라시아의 지배자가 곧 세계의 지배자다"라고 주장한 해퍼드 매킨더(Halford Mackinder)의 이론으로부터 영향을 받은 것으로 알려진 브레진스키는 1997년에 출간한 『거대한 체스판』에서 유라시아 지역에서 미국에 도전하는 국가가 출현하지 않도록 하는 것이 급선무이고 앞으로 에너지 파이프라인이 유라시아의 미래를 둘러싼 핵심 이슈가 될 것이라고 전망했다.[4]

  브레진스키가 전망한대로 유라시아에서는 두 개의 가스 파이프라인 루트 건설을 둘러싸고 서로 치열한 각축전을 벌여왔다. 하나는 미국이 건설하기를 원하는 루트로서 투르크메니스탄(T)에서 남쪽인 아프가니스탄(A)과 파키스탄(P)을 통과하여 인도(I)를 연결하는 프로젝트인 TAPI이다. 여기에 대응하는 파이프라인은 세계 제2위의 가스 생산국인 이란(I)에서 동쪽의 파키스탄(P)을 경유하여 인도(I)를 연결하려는 IPI로서 중국과 러시아도 이 프로젝트 참여에 큰 관심을 보여 왔다.[5] 여기서 특히 TAPI와 IPI 파이프라인에 주목하는 이유는 양쪽 모두 건설구상이 나온 지 약 20여 년이 경과되었음에도 불구하고 현재까지 완공되지 않아 세계의 가스 파이프라인 건설 역사상 가장 오랫동안 지연되어 온 프로젝트들 중 하나로서 두 파이프라인 사이에서 벌어지고 있는 전쟁을 분석할 경우 냉전 붕괴 이후 유라시아에서 강대국들 사이에 벌어지고 있는 '신 거대 게임'의 메커니즘을 파악할 수 있을 것으로 보기 때문이다.

유라시아 지역의 에너지 파이프라인에 관한 기존연구는 주로 터키의 파이프라인 건설과 에너지 정책, 냉전 이후 러시아와 투르크메니스탄의 에너지 협력과 갈등, 노드 스트림 가스 파이프라인과 에너지 안보, 러시아와 중국의 에너지 협력, 남·북·러 가스 파이프라인 정책, 나부코 가스 파이프라인의 평가 등에 관한 것이다. 그러나 선행연구에서 나타나는 문제점은 유라시아 지역의 에너지 파이프라인을 다루는 데 있어 미국의 존재가 거의 보이지 않는다는 것이다. 물론 미국은 유라시아 대륙에 위치한 나라는 아니지만 19세기의 '거대 게임'에서 대영제국의 존재처럼 냉전 붕괴 이후의 '신 거대 게임'에서 결코 빼놓을 수 없는 나라이다. 따라서 이 장에서는 지금까지 국내 연구자들이 다루지 않고 있는 TAPI와 IPI를 둘러싼 '신 거대 게임'에 있어서 미국의 파이프라인 루트 견제 전략과 관련 당사국인 중국·러시아·이란 등의 대응을 중심으로 분석하고자 한다.[6]

제5장에서는 냉전 붕괴 이후 유라시아에서 두 개의 가스 파이프라인 루트를 둘러싸고 벌어진 '신 거대 게임'은 미국이 유라시아 지역의 패권국 부상을 억제하기 위해 추진한 '거대전략'(grand strategy)의 일환으로서 중국, 러시아, 이란을 견제하는 구도를 보이는 것으로 가정한다. 이러한 가설을 가지고 이 장에서 분석할 주요 내용은 첫째, TAPI의 건설과정에 관해 분석한다. 특히 여기서는 미국의 '거대전략'과 에너지 파이프라인 루트의 연관성에 대해 유념하면서 TAPI의 추진과정에 관해 살펴본다. 둘째, TAPI의 경쟁 파이프라인인 IPI의 추진과정과 참여 당사국들에 대한 미국의 견제 그리고 이들의 대응을 중심으로 고찰한

다. 셋째, 두 개의 파이프라인이 공통으로 통과할 전략적 요충지인 파키스탄의 발루치스탄(Baluchistan 또는 Balochistan)주를 중심으로 벌어지는 미국과 중국 사이의 경쟁에 관해 논한다. 마지막으로 결론에 대신하여 TAPI와 IPI가 아직 완성되지 않은 점을 감안, 두 파이프라인 프로젝트의 향후 전망을 짚어 본다.

가스 파이프라인 전문가들은 '평화 파이프라인'(peace pipeline)으로 불리는 TAPI와 IPI가 1947년 영국으로부터 독립한 이후 수차례 전쟁을 치르는 등 전통적으로 숙적 관계인 파키스탄과 인도 사이의 평화에 기여할 것으로 전망했다.[7] 최근 들어 우리나라도 '평화 파이프라인' 건설을 추진해 왔다. 지난 이명박 정부 시절 러시아가 제안한 남·북·러 파이프라인 프로젝트는 박근혜 정부에서도 대선공약인 '한반도 신뢰 프로세스'의 주요 사업으로 추진될 가능성이 있다. 만약 이 파이프라인이 완성된다면 경제적 이익뿐만 아니라 남·북한의 긴장완화에 기여하는 '평화 파이프라인'으로서의 기능도 할 수 있다. 여기서 다루는 두 개의 파이프라인 추진과정에서 드러난 각 행위자들의 '신 거대 게임'은 향후 박근혜 정부가 남·북·러 파이프라인 건설 참여를 세부적으로 검토할 때 중요한 해외의 사례로 참고할 수 있다는 점에서 본 연구의 의의가 있다.

2. 미국의 '거대전략'과 TAPI 프로젝트

20세기 초반 이후부터 미국이 견지해 온 '거대전략'의 특징은 자신에게 맞설 수 있는 강력한 국가의 출현을 견제해왔다는 점이다. 그 주요

무대가 유라시아였는데 미국은 매킨더가 중시한 '중심지역'(Heartland)과 '주변지역'(Rimland)을 장악하려는 강대국을 끊임없이 견제해 왔다.[8] '중심지역'에서 미국의 주요 견제 대상은 냉전시대에는 소련이었고 냉전 붕괴 이후는 급속한 경제성장에 필요한 에너지 확보를 위해 '중심지역'의 에너지 자원이 풍부한 국가들과의 관계강화를 추구하는 중국과 구 소련의 '영광'을 되찾기 위해 영향력 확대를 노리는 러시아 그리고 매킨더가 유라시아에서 지전략적으로 중요한 지역으로 구분한 '주변지역'에 위치하고 있으며 풍부한 에너지 자원을 바탕으로 중동에서 패권을 노리는 이란이다. 특히 과거 20여 년 동안 미국의 견제 전략이 가장 선명하게 나타나는 부분 중의 하나가 바로 에너지 파이프라인 루트를 둘러싼 전쟁이다.

소련 붕괴 이후 유라시아의 에너지 파이프라인 루트 전쟁에서 첫 번째 승자는 미국이었다. 미국의 승리에 기여한 사람은 1990년대 중반 빌 클린턴 행정부 시절 아제르바이잔의 바쿠(B)에서 시작하여 그루지야('조지아'로 국명 변경)의 티빌리시(T)를 거쳐 터키의 항구 제이한(C)에 이르는 BTC 파이프라인 건설에 대해 조언하고 파이프라인 출발지인 아제르바이잔과 미국정부 사이에서 중개자 역할을 한 브레진스키였다.[9] 1994년 '세기의 계약'(Contract of the Century)으로 불리며 착공된 BTC 파이프라인은 미국이 유라시아 지역에서 러시아와 이란의 영향력을 약화시키기 위해 주도적으로 추진한 프로젝트였다.[10] 브레진스키는 2008년 제럴드 포드와 아버지 부시 양 대통령의 국가안보보좌관을 역임한 브렌트 스코우크로프트(Brent Scowcroft)와 가진 미국의 미래 외교정책에 관한 좌담회에서, 향후 아프가니스탄과 파키스탄을 거쳐 인도양으로 연결되는 파이프라인이 실현될 가능성이 있다고 말했다. 그러면서 그는 유라시아 지역에서 파이프라인 정책을 두고 전쟁이 일어날 가능성이 있다고 예견하며 TAPI의 건설을 서둘러야 한다고

주장했다.[11]

BTC와 마찬가지로 TAPI 파이프라인 건설을 추진해 온 배경에도 냉전 붕괴 후 소련과 같은 강력한 라이벌이 출현하는 것을 견제하고 동시에 각 대륙 또는 지역에서 미국의 '전략적 이익'에 걸림돌로 작용할 수 있는 패권국의 등장을 저지하려는 '거대전략'과 관계가 있다.[12] 유라시아에서의 미국의 패권 견제와 관련해서는 크게 두 가지 세부 전략을 생각해 볼 수 있다. 첫째, 이 지역에서 정치·경제·군사적으로 미국의 접근이 거부되는 것을 방지하는 것이다. 이 전략은 북대서양조약기구(나토) 회원국에 일부 동유럽 국가들을 포함시키고 미사일 방어체제를 확장하는 것으로 나타났다. 둘째, 유라시아의 에너지 자원이 러시아의 독점적인 영향력 아래에 있는 것을 저지하는 것이다.[13] 특히 후자와 관련하여 미국의 구체적인 목적은 크게 두 가지로 대별할 수 있다. 첫째, 지하자원의 보고인 카스피해 분지의 자원을 개발하는 것에 있다. 둘째, 이 글에서 분석하는 TAPI와 같이 카스피해 분지에서 생산되는 에너지를 미국과 적대적 관계에 있는 러시아와 이란을 우회하여 세계시장에 공급하고, 이란의 가스를 이용하여 건설하는 IPI 파이프라인을 견제하는 것이다.[14] 그리고 중동 및 아프리카의 에너지를 파키스탄을 경유하여 중국 서부의 신장자치구로 운송하려는 중국의 계획을 저지하는 데 그 목적이 있다.[15]

미국이 에너지 파이프라인 다변화를 추진하는 목적은 지하자원의 보고인 카스피해 분지를 포함한 유라시아 지역 전체를 장악하는데 있지 않다. 에너지 파이프라인에 관한 미국의 핵심이익은 이 지역에서 러시아와 이란의 영향력을 약화시키기 위해 에너지 수송 루트를 통제하는데 있다. 만약 러시아와 같은 권위주의 국가가 에너지 루트를 독점한다면 높은 에너지 가격을 유지하여 세계경제에 부정적 영향을 미칠 수 있고 특히 에너지를 정치적 무기로 삼아 자국으로부터 에너지를 수입하는 국가들을 협박할 수 있다.[16] 실제로 러시아는 2006년과 2009년에 자국의 가스 수입국인 우크라이나로 향하는 파이프라인 밸브를 전격적으로 차단시켜 양국 간에 외교적 문제가 발생한 적이 있다. 에너지 파이프라인 다변화 전략을 추구하는 미국의 궁극적 목표는 중국과 러시아 주변에 있는 자원이 풍부한 국가들을 민주화시키고 미국에 우호적인 나라로 만들어 라이벌 국가를 견제하는 데 있다.[17]

이와 같은 미국의 견제 전략은 소련 시절에 구축된 파이프라인을 통하여 에너지를 세계시장에 독점적으로 공급하기를 원하는 러시아의 반발을 불러일으키기에 충분했다. 2000년 대통령에 당선된 블라디미르 푸틴은 미국이 주도하는 파이프라인 전략이 유라시아에서 러시아의 위상을 크게 약화시킨다고 보았다.[18] 푸틴의 주장을 뒷받침하는 근거는 미국 관리의 발언에서 나왔다. 1997년 9월 상원에서 열린 1996년도 대통령선거 정치 기부금 조사를 위한 청문회에 증인으로 출석한 백악관 국가안보보좌관실의 러시아·우크라이나·유라시아 문제 담당 국장인 쉐일러 헤슬린(Sheila Heslin)은 카스피해 지역에서 미국의 목표는 러시아가 행사하고 있는 에너지 루트 독점을 와해시키는 데 있다고 답변했다.[19] 따라서 유라시아의 어떤 국가라도 에너지 자원을 바탕으로 강력한 군사력을 키워 자국의 패권에 도전하는 것을 경계하는 미국과 에너지를 유럽에 독점 공급하여 서방국가를 위협할 만한 수단을 쥐고 에너지 수출로 얻은 자금력을 바탕으로 구 소련과 같은 강력한 국가를 지향하는 러시아의 전략은 서로 충돌할 수밖에 없는 것이다.

러시아, 중국, 이란의 에너지 루트를 견제하기 위해 추진하는 TAPI 프로젝트의 구상이 처음 나타난 시기는 클린턴 행정부 시절인 1994년경으로 거슬러 올라간다. 미국은 소련이 붕괴되자 투르크메니스탄의 가스를 아프가니스탄과 파키스탄을 경유하여 인도양으로 연결시키려는 파이프라인을 계획했다. 우선 1996년에 미국계 석유회사 우노칼

(Unocal)이 아프가니스탄에서 정권을 잡은 탈레반 측과 접촉했다. 그러나 탈레반에 대한 클린턴 행정부의 부정적인 시각이 파이프라인 교섭에 영향을 미쳤다.[20] 그 직접적인 이유는 탈레반의 과격한 통치와 인권 남용에 대해 미국 내 여성단체들로부터 비난이 거세지자 국무부가 우노칼의 교섭에 부담을 느끼고 있었기 때문으로 풀이된다. 우노칼의 파이프라인 프로젝트 구상에 직격탄이 날아든 사건은 1998년 8월에 발생한 아프리카 케냐와 탄자니아 주재 미 대사관에 대한 폭탄테러였다. 그 결과 클린턴 행정부는 테러조직 알카에다의 근거지인 아프가니스탄을 폭격하고 우노칼에 탈레반과의 교섭을 중단하라는 압력을 가했다.[21]

우노칼과 탈레반 사이의 교섭을 반대하는 목소리는 미국 국내뿐만 아니라 아프가니스탄의 인접국인 러시아, 인도, 이란으로부터도 나왔다. 러시아는 카스피해 분지에서 생산되는 가스가 자국 영토를 통과하지 않고 다른 루트를 통해 세계 시장에 공급되는 것을 원하지 않았고, 인도는 파이프라인이 통과할 나라이자 적국인 파키스탄의 영향력이 확대되는 것을 경계하였기 때문이었다. 또한 이란은 TAPI에 대응하는 IPI 파이프라인을 선호했기 때문으로 알려졌다. 이처럼 아프가니스탄을 둘러싸고 관련국들 사이에서 갈등이 증폭되자 당시 유엔의 코피 아난(Kofi Annan) 사무총장은 아프가니스탄이 "거대 게임의 새로운 버전을 위한 무대"로 전락할 것이라고 경고했다.[22]

한편 클린턴 행정부의 압력으로 교섭이 중단된 TAPI 프로젝트는 2001년에 정권을 잡은 아들 부시 행정부 초기에 잠시 재개되는 듯했다. 널리 알려진 바와 같이 집권 공화당은 민주당보다 비즈니스 이익에 더 우호적이었고 특히 부시 가문은 오랫동안 석유업계와 깊은 관계를 형성하고 있었던 것이 그 배경이 되었다. 하지만 2001년 8월에 탈레반과의 교섭은 다시 한 번 결렬되었다. 파이프라인 건설이 교착상

태에 빠진 주요 원인으로 지적되는 것은 경제협력을 조건으로 알카에
다의 수장인 오사마 빈 라덴(Osama bin Laden)의 인도를 주장한 미국
의 요구에 탈레반이 소극적인 입장을 취했기 때문이었다.[23] 우노칼의
부회장을 역임한 마티 밀러(Marty Miller)는 탈레반과의 활발한 교섭 노
력에도 불구하고 미처 합의에 이르지 못한 사실을 한탄하며 그의 경
력에 있어서 "블랙홀"이라고 아쉬움을 표시한 적이 있다.[24]

투르크메니스탄은 TAPI 프로젝트에 있어 매우 중요한 나라였다. 이
나라는 오랫동안 러시아를 통해 유럽의 시장에 가스를 공급해왔다. 그
러나 러시아의 '변덕스러운' 에너지 정책에 불만을 품은 투르크메니스
탄은 러시아의 영향권에서 벗어나기 위해 가스 소비가 급증하고 있는
인도와 파키스탄에 가스를 공급할 수 있는 미국의 파이프라인 건설
계획에 적극적으로 찬성했다.[25]

19세기의 '거대 게임'과 같이 냉전 붕괴 이후 유라시아의 가스 파이
프라인 전쟁에서도 아프가니스탄의 존재를 무시할 수 없다. 미국이
TAPI를 추진함에 있어서 파이프라인이 통과할 지역인 아프가니스탄은
가스 공급국인 투르크메니스탄에 못지않게 중요한 나라이다. 미 에너
지정보처는 2001년 '9.11 사건'이 발생하기 1주일 전에 아프가니스탄에
대한 정보를 갱신하고 "에너지 관점에서 아프가니스탄의 중요성은 중
앙아시아의 석유와 가스를 아라비아해로 연결시키는 잠재적인 통과지
로서의 지리적 위치"에 있다고 적었다.[26] 미국은 '9.11 사건' 한 달 뒤
인 10월 빈 라덴의 수색 등 '테러와의 전쟁'을 위해 아프가니스탄에 무
력으로 개입했다. 미국의 아프가니스탄 개입 목적은 매우 복잡하지만,
러시아의 에너지 파이프라인 독점을 견제하기 위해 건설할 새로운 파
이프라인의 통과지로서 아프가니스탄을 중시하고 있었던 사실만은 분
명하다.[27]

미국이 아프가니스탄에 개입한 직후인 2001년 12월 하미드 카르자

이(Hamid Karzai)가 아프가니스탄 과도정부의 임시 대통령에 취임했다.[28] 카르자이는 1990년대에 우노칼의 직원으로서 탈레반과의 협상에 개입한 것으로 지적되지만 그는 이 사실을 항상 부인해왔다. 카르자이가 임시 대통령에 취임한 달에는 잘마이 칼릴자드(Zalmay Khalilzad)가 미국의 아프가니스탄 주재 대통령 특사로 임명되었다. 칼릴자드 또한 미국 랜드연구소에 재직하면서 우노칼과 탈레반 사이의 중개자 역할을 한 것으로 알려졌다. 아프가니스탄계 미국인인 그는 아들 부시 행정부에서 아프가니스탄, 이라크, 유엔 주재 대사를 역임하는 등 승승장구하며 오랫동안 미국의 아프가니스탄 정책에 깊숙이 개입한 인물이었다.[29]

아프가니스탄에서 '테러와의 전쟁'이 시작된 이후 현지의 정세가 불안정하여 TAPI 파이프라인 건설이 수 년 동안 지연되었다. 그래서 미국정부는 파이프라인 통과지로 예상되는 아프가니스탄의 안정을 무엇보다도 바라고 있었다. 국무부 남·중앙아시아 담당 차관보를 역임한 리처드 바우처(Richard Boucher)는 2007년 9월 아프가니스탄의 안정을 바라는 목적 중의 하나가 에너지 루트를 남쪽으로 향하도록 하는 것에 있다고 하면서 향후 미군이 오랫동안 머무를 것이라고 예견했다. 그 이유는 특히 파이프라인 건설에서 가장 중요한 부분인 아프가니스탄과 그 인접국인 파키스탄의 안전문제가 큰 장애물로 대두되었기 때문이었다.[30]

아프가니스탄 정세가 조금씩 안정을 되찾아 가던 시기인 2008년 아프가니스탄의 치안문제로 파이프라인 프로젝트 참여에 소극적이었던 인도가 공식적으로 합류를 결정함으로써 TAPI 계획이 조금씩 진전을 보였다. 미화 76억 달러를 들여 2,000킬로미터에 달하는 파이프라인을 건설하고 투르크메니스탄의 가스를 연간 700억 입방피트 규모로 파키스탄과 인도에 공급하려는 프로젝트의 조정자 역할은 아시아개발은행

(ADB)이 맡게 되었다. 파이프라인이 완성된다면 앙숙관계인 인도와 파키스탄의 관계를 호전시킬 수 있는 '평화 파이프라인' 역할을 할 수 있다. 2010년에는 프로젝트에 참여하는 4개국 사이에 협정이 체결되었고 인도와 파키스탄은 별도로 '가스판매및구입협정'(GSPA)을 맺었다.[31]

그러나 조정자 역할을 하는 아시아개발은행 측은 프로젝트의 일부 진전에도 불구하고 완공 목표인 2016년까지 파이프라인이 개통될 가능성에 대해 의문을 제기했다. 그 배경에는 첫째, 투르크메니스탄이 가스요금을 과도하게 요구하면서 나머지 3개국이 거부를 했던 것으로 알려졌다. 특히 인도가 카타르 등지의 중동에서 들여오는 액화천연가스(LNG)의 가격보다 더 소요된다는 결론을 내렸기 때문이었다. 둘째, 다른 3개국이 투르크메니스탄의 가스 매장량에 대한 의문을 제기한 것이 그 원인이었다. 투르크메니스탄은 공식적으로 러시아, 이란, 카타르 다음으로 세계 제4위의 가스 매장량을 자랑하는 것으로 알려져 있으나, 3개국이 투르크메니스탄에 보다 정확한 데이터를 요구했다.[32] 마지막으로, 파이프라인 건설에 필요한 재원분담 문제도 걸림돌로 작용했다. 76억 달러의 비용 분담을 둘러싸고 당사국들 사이에서 합의점을 도출해 내지 못한 것에 있었다.[33]

클린턴에서 부시를 거쳐 오바마 행정부에 이르기까지 오랫동안 추진해온 TAPI 프로젝트의 진척이 지지부진한 가운데 오바마 행정부는 2014년까지 아프가니스탄에서 미군의 철군을 공식적으로 결정했다. 철군 후의 아프가니스탄 안정화 전략이 바로 오바마 행정부가 내건 '신 비단길 구상'(New Silk Road Initiative)이다. 미국정부가 2011년부터 공식적으로 추진한 이 구상의 전신은 '비단길 전략'(Silk Road Strategy)이었다. 존스홉킨스대학교의 중앙아시아 코카서스 연구소 소장인 프레드릭 스타(Frederick Starr)는 1990년대부터 '비단길 전략'을 주도한 인물 중의 한 명으로서 연방 상원의원 샘 브라운백(Sam Brownback) 등과 함께 '비단길전략법' 제정(1999년)을 주도했다.

오바마 행정부가 추진하는 '신 비단길 구상'의 내용을 보면, 아프가니스탄에서의 미군의 완전한 철군 가능성에 의문이 생긴다. 국무부 경제·에너지·농업 담당 차관보인 로버트 호르매츠(Robert Hormats)도 인정했듯이 혹시라도 미군이 철군하면 TAPI 파이프라인이 완성된 후 안전 문제가 발생할 수도 있다는 점이 대두되었기 때문이다.34) 파키스탄의 전문가들도 미군이 아프가니스탄에서 전부 철군할 가능성에 대해 회의적으로 보면서 병력의 일부는 계속 남아있을 것으로 예상했다.35)

TAPI를 핵심 프로젝트로 하는 '신 비단길 구상'의 주요 목적은 유라시아 지역에서 미국의 영향력을 확대하여 러시아의 파이프라인 독점을 견제하고 나아가 이란을 배제하여 IPI를 무력화시키는 데 있다.36) 러시아와 이란의 파이프라인을 견제하려는 전략은 2006년에 개정된 '비단길전략법'을 보면 더욱 명확해진다. 동 법 제202조 제3항에는 "중앙아시아와 남코카서스 지역의 특정국가가 에너지 자원 또는 에너지 수송 기반시설 독점을 시도하려는 것을 막는 것"이 미국의 에너지 안보에 중요하다고 명시하고 있다.37) 이 법에는 "특정국가"를 규정하고 있지는 않지만 러시아와 이란을 지칭한다는 것은, 미국의 경제잡지 〈포브스〉가 TAPI 계획은 중앙아시아에서 러시아의 영향력을 약화시키고 이란을 배제할 것이라고 주장한 것에서 확인할 수 있다.38) '신 비단길 구상'에는 미국의 경쟁국인 중국의 참여 가능성도 거의 없다. 〈아시아타임즈〉 기자이자 유라시아 파이프라인 분석 전문가인 페페 에스코바(Pepe Escobar)는 유라시아의 가스 파이프라인 전쟁을 "신 거대 게임의 복잡한 체스판"이라고 주장하며 '신 비단길 구상'에는 러시아 이외에 중국도 배제된다고 단언했다.39)

중국, 러시아, 이란을 견제하는 '신 비단길 구상'은 최종적으로 [그림 5-1]에서 보는 것과 같이 미국이 중앙아시아 접근의 통로로 만들기 위해 TAPI 파이프라인을 파키스탄 남부의 항구인 과다르(Gwadar)와 연결시키려는 것이다.[40] 이것은 인도와 파키스탄을 TAPI 프로젝트에 참여시켜 관계 정상화를 유도하는 한편, 파키스탄을 중국의 영향권에서 이탈시켜 중국의 파이프라인 루트 건설을 견제하려는 전략과 관계가 있다. 그래서 인도의 전직 고위 외교관이 지적한 것처럼 미국이 주변국의 비판을 의식하여 TAPI 파이프라인의 종착지를 인도로 표시하고 파키스탄의 과다르로 연결되는 루트는 삭제했다는 의견도 있다. 이것이 사실이라면 TAPI의 목적은 경쟁 파이프라인인 IPI 견제하고 중국이 아프리카와 중동으로부터 수입하는 에너지를 과다르를 통해 신장자치구로 연결하려는 루트를 차단하려는 것으로 볼 수 있다.[41]

[그림 5-1] TAPI 가스 파이프라인 예상 루트

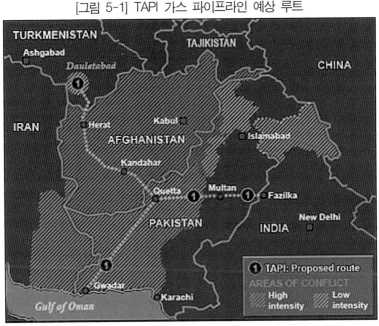

출처 : M. K. Bhadrakumar, "Pipeline project a new Silk Road," *Asia Times*, 16 December 2010.

　미국의 견제로 '신 비단길 구상'에 참여가 배제된 중국과 러시아는
이 구상의 목적에 대해 의구심을 가지고 있었다. 양국은 미국이 유라
시아에서 자신들의 영향력을 약화시키는 대신에 같은 민주주의 국가
인 인도를 유라시아의의 파워게임에 참여시켜 자신들을 견제하려는
의도를 가지고 있다고 불편한 기색을 드러냈다.[42] 특히 중국의 전문
가들은 미국이 TAPI 파이프라인이 통과할 아프가니스탄에서 오랫동안
'테러와의 전쟁'을 벌이고 파키스탄과 긴밀한 관계를 유지하려는 이유
는 중국을 견제하려는 계획의 일환이라고 보았다. 반면에 미국의 전문
가들 중에는 미국과 나토가 과거 10년 여 동안 막대한 인명과 자금을
쏟아 부은 아프가니스탄 전쟁의 결과 안정을 되찾은 지역 부근에서
중국이 에너지와 광물에 투자하여 '어부지리'를 얻으려 한다는 시각도
자리 잡고 있다.[43]

　결론적으로 오바마 2기 행정부가 유라시아 지역에서 추진하는 '신
비단길 구상'의 핵심 프로젝트인 TAPI는 2014년 이후 아프가니스탄에
서 미군과 다국적군의 철군에 대비하여 아프가니스탄을 안정시키고
나아가 미국 또는 유럽이 카스피해 인근의 에너지 자원에 접근 가능
하도록 만들고 중국, 러시아, 이란을 견제하는 '신 거대 게임'인 것이
다.[44] 물론 미국의 관리들이 이러한 목적을 공개적으로 밝힌 적은 없
다. 하지만 전문가들 사이에서 '신 비단길 구상'을 추진함에 있어 경쟁
국들로부터 미국이 유라시아 지역에서 가지고 있는 목적을 '오해'하는
것을 피하기 위해서는 '거대 게임'이라는 단어 사용을 자제해야 한다는
지적이 나왔다는 점을 고려할 때 견제 대상인 3개국의 비판을 의식하
고 있는 것은 분명하다.[45]

3. '평화 파이프라인' 프로젝트 IPI

'신 비단길 구상'의 일환으로 추진되는 TAPI에서 배제되는 이란은 오래 전부터 IPI 가스 파이프라인 프로젝트를 주도했다. IPI를 생각할 때 먼저 이란의 지정학적 중요성을 빼놓을 수 없다. 이 프로젝트에 가스를 독점적으로 공급할 예정인 이란은 세계 제2위의 가스, 제3위의 석유 매장량을 자랑하면서도 세계 유수의 에너지 매장지인 유라시아의 카스피해 분지 및 페르시아만과 국경이 동시에 접해 있는 유일한 나라이다. 또한 두 지역에서 생산되는 에너지를 세계시장에 연결하는 데 가장 짧은 파이프라인만으로도 가능할 만큼 최적의 지리적 위치에 자리 잡고 있다. 그리고 세계적인 요충지인 호르무즈 해협을 봉쇄하여 에너지 수입국들에게 치명적 영향력을 행사할 수 있는 나라이다. 이란과 같은 지정학적 위치를 가진 나라는 강대국들이 영향력 아래에 두고 싶어 하며, 마흐무드 아흐마디네자드(Mahmoud Ahmadinejad) 정권처럼 강대국에 복종하지 않는 정권일 경우 '정권교체'의 표적이 될 수 있다.

이란이 주도하는 IPI 파이프라인은 국제정치적 복잡성으로 인해 오랫동안 지연되어 왔다. 이란의 가스를 이용한 파이프라인 구상이 최초로 나온 것은 1989년까지 거슬러 올라간다. 파이프라인 건설을 처음 제안한 나라는 이란이었다. 이 당시는 파키스탄을 통하지 않고 수중 파이프라인으로 인도를 연결시키는 계획을 가지고 있었다. 그러나 수중 파이프라인 건설은 가스 가격 책정을 둘러싼 이견, 기술적 문제 등으로 인해 현실화되지 못했다.[46] 그 후 1994년부터 본격적으로 파이프라인 건설에 대한 협의가 진행되었으나 파키스탄의 참여에 대한 인도의 반대, 이란에 대한 유엔의 경제제재 등으로 인해 오랫동안 지연되어 오다가 겨우 2008년이 되어서야 3개국 사이에 협정이 체결되었다. 협정이 체결되었을 때 전문가들은 파이프라인이 완공될 경우 1947년 영국으로부터 독립한 이후 적대적 관계를 지속해 온 인도와 파키스탄의 관계를 크게 개선시킬 것으로 기대하며 IPI를 '평화 파이프라인'으로 불렀다.[47]

하지만 협정 체결 후 IPI 프로젝트에 다시 문제가 생겨 결국 2010년 3월 이란과 파키스탄 두 나라만 협정에 서명하여 IP 파이프라인이 되는 운명을 맞았다. 그래서 인도와 파키스탄 사이의 '평화 파이프라인'은 당분간 기대하기 어렵게 된 것이다.[48] IPI가 오랜 기간 동안의 협의와 연기를 거듭한 끝에 결국 IP로 축소된 이유는 이란을 견제하려는 미국의 전략을 빼놓고 생각할 수 없다. 미국은 오랫동안 이란을 향해 핵무기 등 대량살상 무기를 제조하고 테러리스트를 지원하는 등 중동의 평화를 저해하는 '악의 축'이라고 비난해 왔다.[49] 이란이 추진하는 IPI 파이프라인을 저지하면 이상과 같은 활동에 사용되는 자금을 차단하는데 도움이 된다. 또한 이란의 가스가 파키스탄을 통해 인도로 수출된다면 중동에서 이란의 영향력이 커져 결국 이란을 견제하려는 미국의 유라시아 전략에 걸림돌이 될 수 있다.[50] 따라서 미국정부는 카스피해 지역의 가스를 이용하여 건설하는 복수의 파이프라인은 지지하지만 이란의 가스를 이용한 파이프라인 건설에는 반대한다는 입장을 취해 왔다. 다시 말하면, 미국계 석유회사가 카스피해 분지에서 생산되는 가스를 이용하여 추진하는 TAPI에는 찬성하지만 이란이 추진하는 IPI에는 반대한다는 의미이다.[51]

미국의 계속되는 견제에도 불구하고 IPI 프로젝트가 조기에 완성되기를 가장 바라는 나라는 이란이다. 1990년대 중반 이후부터 유엔의 경제제재를 받아 경제가 심각할 정도로 나빠진 이란에게 IPI는 '경제적 생명선'과 같은 존재이다. 따라서 이란은 2008년 이후 줄 곧 중국에 프로젝트 참여를 요청해 왔으며 심지어 방글라데시 정부에 합류를 제안하기도 했다. 특히 이란의 우방국인 중국의 참여는 파이프라인 연결로부터 얻는 경제적 이익뿐만 아니라 외교·안보 부문에서도 이란에 유리하게 작용할 수 있다. 중국이 파이프라인에 합류한다면 양국 간의 경제적 유대가 더욱 강화되어 유엔 안전보장이사회의 상임이사국인 중국으로 하여금 이란에 대한 유엔의 경제제재 결의안에 거부권을 행사하게 유도할 수도 있다. 또한 안보 측면에서도 미국 주도의 나토에 대응하여 중국과 러시아를 중심으로 창설한 상하이협력기구(SCO)에 참여할 경우 핵무기 보유국인 중국이 이란과 적국인 미국 및 이스라엘 사이에서 일어날 수도 있는 전쟁을 막는 버팀목 역할을 할 수 있다.[52] 그래서 2008년 3월 당시 옵저버 자격으로 참여 중이던 이란은 이 기구의 정식 회원국 신청서를 제출했다. 하지만 상하이협력기구 측은 이란의 신청에 대해 기구를 확대하여 이란 또는 다른 옵저버 국가들에게 정식 회원국 자격을 줄 수 있는 체제가 아직 마련되어 있지 않다는 이유로 거부했다.[53]

IPI의 또 다른 당사국으로서 파이프라인의 통과지인 파키스탄은 가스 매장량이 풍부한 것으로 알려져 있다. 그러나 주요 매장지역인 발루치스탄주의 정세 불안으로 개발이 늦어져 급증하는 가스 수요를 감당하지 못하고 있다. 만약 IPI가 완성되면 부족한 가스를 공급할 수 있을 뿐 아니라 파이프라인 통행료를 받는 경제적 이익도 챙길 수 있다. 따라서 파키스탄은 이란 못지않게 파이프라인 프로젝트 참여에 적극적이며, 동시에 중국이 참여하기를 기대하고 있다. 그러나 IPI 파이프라인과 관련하여 파키스탄이 안고 있는 문제로서 적어도 두 가지를 지적할 수 있다. 첫째는 미국의 끊임없는 참여 만류이다. 미국은 오랫동안 파키스탄 정부에 IPI 프로젝트 참여 중지를 요구하며 그렇지 않을 경우 '이란·리비아제재법'(1996년)에 따라 경제제재를 가할 것이라고 압력을 넣었다. 그 대신에 미국은 파키스탄의 에너지 부족을 메워 줄 수력댐 건설 지원을 담보할 것이라는 제안과 함께 미국계 석유회 사가 추진하는 TAPI에 참여하기를 희망해왔다.[54] 결국 2011년 파키스 탄은 미국의 설득에 따라 TAPI 프로젝트에 일단 참여하기로 결정하였 으나, 여전히 이란과의 파이프라인 프로젝트도 동시에 추진하고 있다. 파키스탄의 입장에서는 TAPI보다는 IPI에 참여하는 쪽이 더 저렴한 가 격에 가스를 공급받을 수 있다. 반면에 TAPI는 통과국인 아프가니스탄 의 정세가 불안정하기 때문에 매력적인 선택지가 아닌 것이다.[55] 둘 째는 이란과 국경을 이루고 있으며 파키스탄 국토의 약 43%를 차지하 는 발루치스탄주의 불안정이다. 나중에 상세히 설명하겠지만 파이프 라인이 통과할 예정인 발루치스탄주는 분리주의자와 테러조직에 의해 기존 파이프라인의 절단 사건이 종종 일어나는 곳으로, 새로운 파이프 라인이 건설된다고 해도 이란의 가스가 정상적으로 공급된다는 보장 이 없다는 것이 문제점으로 지적된다.[56]

미국은 '전략적 동반자' 관계에 있는 인도에게도 에너지 부족분을 채워줄 원자력 기술을 지원하며 IPI에 참여하는 것을 견제했다. 미국 은 이란, 파키스탄, 인도 사이에서 파이프라인 건설 합의 가능성이 보 였을 때인 2005년경부터 인도의 참여를 강하게 반대해왔다. 만약 인도 가 이란이 주도하는 파이프라인에 참여한다면 미국이 주도하여 실시 해 온 이란의 석유와 가스시설에 대한 경제제재의 효력을 약화시킬 우려가 있기 때문이었다. 또한 장기적 관점에서 볼 때, 이란이 IPI로 인해 남아시아 지역에서 영향력을 확대하고 핵무기 개발 능력을 향상 시켜 결국 이 지역의 불안정을 초래할 것이라는 이유에서였다.[57]

하지만 2009년 참여 중지를 선언한 인도가 IPI에 적극적으로 참여하 지 못하는 이유는 전적으로 미국의 견제에만 기인하는 것은 아니다. 그 이유는 크게 두 가지로 나누어 생각해 볼 수 있다. 첫째로 파이프

라인 건설 후 파키스탄의 영향력 확대 가능성 때문이다. 1947년 독립
한 이후 카시미르 지역을 사이에 두고 갈등을 빚어온 양국 사이에서
혹시라도 분쟁이 일어나면 이란산 가스가 통과하는 나라인 파키스탄
에게 파이프라인 밸브를 차단시킬 수 있는 레버리지를 줄 수 있다. 이
럴 경우 에너지 수요가 급증하고 있는 인도의 경제에 타격을 입힐 가
능성이 크다. 둘째로는 전술한 파키스탄이 안고 있는 문제와 마찬가지
로 발루치스탄주의 정세 불안이다. 그러나 이와 같은 장애요인에도 불
구하고 인도가 IPI 참여에서 완전히 손을 뗀 상태는 아니므로 언젠가
는 협상에 복귀할 가능성도 없지는 않다는 견해도 나온다.[58]

급속한 경제성장으로 인해 세계 제2위의 에너지 소비국이 된 중국
은 사우디아라비아에 뒤이어 두 번째로 많은 에너지를 자국에 공급해
온 이란의 가스를 파이프라인을 통해서 중국 서부의 신장자치구로 연
결하는 프로젝트에 찬성하는 입장이다. 그래서 중국은 일찌감치 인도
가 IPI 프로젝트에 참여하지 않을 경우 인도에 돌아갈 만큼의 가스를
수입할 용의가 있다고 천명해 왔다. 이러한 태도가 중국을 견제하는
미국과 세계 도처에서 중국과의 에너지 수입 경쟁에 뒤지고 있는 인
도에게 불안감을 던져 주고 있다. 만약 중국이 이란산 가스를 신장자
치구까지 연결하는 루트를 건설한다면 세계의 주요 해상 수송로를 장
악하고 있는 미 해군의 영향권에서 멀어질 수 있게 된다.[59] 그러나 지
금까지 중국은 이란과 파키스탄으로부터의 끊임없는 구애에도 불구하
고 가스 파이프라인 프로젝트에 적극적으로 참여하지 못하고 있다. 이
란에 대한 미국의 경제제재가 중국의 참여를 막는 주요 요인으로 작
용했다는 것이 전문가들의 관측이다.[60]

중국과 마찬가지로 미국으로부터 유라시아 대륙에서 영향력 확대를
견제 받고 있는 러시아도 이란이 추진하는 IPI 프로젝트에 적극적으로
찬성해 왔다. 그러나 러시아가 IPI에 관심을 가지는 이유는 중국과는

다른 측면이 존재한다. 먼저, 러시아는 고비용의 지하자원 생산국으로서 높은 에너지 가격 유지를 원하므로 러시아가 독점적으로 공급하고 있는 유럽시장에 이란이 참가하는 것을 막기 위해서이다. 그러면 러시아는 카스피해 에너지 수송의 독점적 지위를 유지할 수가 있게 되는 것이다. 따라서 러시아 최대의 국영석유회사인 가즈프롬(Gazprom)이 IPI 파이프라인에 관심을 보여 왔다. 가즈프롬이 프로젝트에 참여함으로써 지역에서의 정치적 영향력 확대와 더불어 에너지 소비시장의 확대도 노릴 수 있다. 그리고 러시아 무기의 주요 수입국인 이란이 IPI 파이프라인을 통해 파키스탄과 인도에 에너지 수출을 확대하면 러시아산 무기를 더 많이 구입할 것이다. 이러한 이유들로 인해 러시아는 자국의 에너지 회사가 파키스탄, 인도, 중국의 가스 시장에 접근할 기회를 높여 줄 IPI를 이상적인 파이프라인 루트로 생각해 왔고, IPI가 미국의 주도하에 러시아의 파이프라인 독점체제를 무력화시키려는 TAPI를 견제할 수 있다고 생각한 것이다.[61]

4. 파키스탄 발루치스탄주와 미국의 에너지 루트 견제

TAPI와 IPI 가스 파이프라인이 공통으로 지나게 되는 유라시아의 전략적 요충지가 바로 파키스탄의 발루치스탄주이다. 이곳의 정세는 최근 10년 동안 동·서양의 전략가들이 주의 깊게 지켜보고 있을 만큼 에너지 루트 안보와 전략적 측면에서 중요한 지역이다. 특히 중국이 볼 때 발루치스탄주의 남쪽에 위치하며 이란에서 가까운 전략적 요충지인 과다르항이 가지는 의미는 매우 크다. [그림 5-2]와 같이 중국이

과다르(Gwadar)-카라치(Karachi)-카쉬가르(Kashgar)를 연결하는 고속
도로를 따라 중동과 아프리카에서 수입하는 에너지를 중국 내륙으로
수송할 수 있게 되기 때문이다.[62] 이상과 같은 전략적 중요성으로 인
해 발루치스탄주는 강대국들 사이에서 벌어지는 '신 거대 게임'의 중심
에 서 있다.

경제대국으로 부상하는 중국으로서는 막대한 에너지 확보가 필요하
고 따라서 안전한 수송로를 확보하는 것이 급선무이다. 현재 중국이
중동과 아프리카에서 수입하는 에너지의 수송선은 거의 대부분이 대
만해협과 말라카해협을 통과해야 한다. 그러나 만약 이 해협들이 전쟁
또는 분쟁으로 특정국가에 의해 차단되거나 지연될 경우 중국에게 치
명적인 결과를 초래할 수 있다. 미 해군은 두 해협을 감시하고 있고

[그림 5-2] 과다르항 기점의 파키스탄-중국간 에너지 수송 예상 루트

출처 : Andrew Erickson and Gabriel Collins, "China's Oil Security Pipe Dream: The
Reality, and Strategic Consequences, of Seaborne Imports," *Naval War College Review*,
Vol. 63, No. 2(Spring 2010), p.102.

인도양 해상에 군사적 네트워크를 지속적으로 구축해 왔다. 중국이 미국의 군사력이 미치지 않거나 영향력이 미미한 곳에 에너지 수송 루트를 건설하기 전까지는 자국의 에너지 수송 루트는 미 해군에 그대로 노출되어 있게 된다.[63] 따라서 중국은 이러한 문제를 인식하고 국명이 '-스탄'으로 끝나는 유라시아 지역의 에너지 자원이 풍부한 나라들을 포함하여 러시아, 미얀마, 파키스탄 등지에서 파이프라인을 통해 중국 내륙으로 운송하는 프로젝트를 추진해 왔다.

중국이 태평양과 인도양의 에너지 수송 루트가 미국에 무방비로 노출되는 것을 방지하기 위해 추진해 온 전략이 소위 '진주 목걸이'(String of Pearls) 전략이다. 2005년 1월 17일자 〈워싱턴타임즈〉는 2003년 당시 도널드 럼즈펠드(Donald Rumsfeld) 국방장관에게 보고된 비밀문서인 「아시아의 에너지 미래」라는 보고서와 관련된 특종기사를 내보냈다. 방위계약업자인 부즈 앨런 해밀턴(Booz Allen Hamilton)에 의해 작성된 이 보고서는 중국이 파키스탄의 과다르항에서 건설 중에 있는 새로운 해군기지를 포함하여 중동과 남중국에 걸치는 기지와 관련국들과 외교적 협력을 강화하는 '진주 목걸이' 전략을 채택하고 있다고 주장했다.[64] 지금까지 중국 정부는 공식적으로 '진주 목걸이' 전략을 가지고 있다고 주장한 적은 없다. 하지만 중국의 전략가와 학자들이 19세기 미 해군의 전략가로 유명한 알프레드 마한(Alfred Mahan)이 『해양력이 역사에 미친 영향』에서 "바다를 제패하는 것이 곧 세계를 제패하는 것"이라며 해양의 중요성을 중시한 것에 대해 큰 관심을 가져 왔다는 점, 후진타오(胡錦濤) 전 주석이 '말라카 딜레마'로 표현한 것처럼 말라카해협 문제를 둘러싸고 중국 지도자들이 심각하게 고민해 온 사실 그리고 중국 정부가 국가전략을 대외에 공표하지 않는 경향이 있는 점을 고려할 때 '진주 목걸이'와 유사한 전략을 추진해 온 것은 분명해 보인다.[65]

중국이 '말라카 딜레마'에서 벗어나기 위해 추진하고 있는 '진주 목

걸이' 전략의 가장 서쪽에 위치한 '진주'가 바로 파키스탄의 과다르항
이다. 이 항구의 건설은 최근 10여 년 동안 중국과 파키스탄 사이에
이루어지고 있는 가장 중요한 프로젝트로 알려져 있다.[66] 페르시아만
입구인 호르무즈해협에 가까이 위치한 과다르항은 중국이 총 공사비
의 약80%를 지원하여 중국인 노동자들에 의해 공사가 진행 중이다. 무
역, 군사, 에너지 등 전천후 기능을 할 수 있는 다목적 항구로서 아랍
에미리트의 두바이에 버금가는 세계적 항구를 지향하고 있다.[67]

　〈워싱턴타임즈〉의 특종기사가 보도된 전후를 기점으로 미국의 전략
가들은 '진주 목걸이' 전략을 예의주시해 왔다. 2006년 미국 육군대학
교 전략연구소의 크리스토퍼 피어슨(Christopher Pehrson)은 중국의 '진
주 목걸이' 전략이 미국의 '전략적 이익'에 위협이 될 것으로 내다봤
다.[68] 피어슨이 [그림 5-3]과 같이 나타낸 '진주 목걸이' 노선을 따라
중국이 인도양의 요충지에 군사기지를 설치한다면, 이는 곧 중국이 에
너지 수송에 필요한 바닷길을 통제 아래에 둔다는 것을 의미한다. 또
한 과다르항을 중국과 파키스탄의 중요한 군사기지로 삼아 양국 공통
의 라이벌인 인도를 견제하고 페르시아만에서 수송되는 에너지 루트
를 감시 아래에 둘 수도 있다. 그래서 미국과 인도의 입장에서는 과다
르항을 기점으로 하는 에너지 파이프라인 건설 문제뿐만 아니라, 이
항구를 중심으로 인도양 지역에서 확대될 중국의 군사적 영향력은 결
코 무시할 수 없는 것이다.[69]

　미국은 유라시아에서의 '신 거대 게임'의 연장선상에서 전략적 요충
지인 과다르항이 속한 발루치스탄주에 깊숙이 개입해 왔는데 최근 들
어 미국의 "새로운 전선"이 형성되고 있다.[70] 오랫동안 미국에서 발루
치스탄의 독립을 적극적으로 옹호해 온 파키스탄 전문가들 중 한 명
이 바로 카네기국제평화기금의 아시아 프로그램 좌장인 셀리그 해리
슨(Selig Harrison)이다. 해리슨은 파키스탄이 과다르항 기지를 중국에

[그림 5-3] 피어슨이 표시한 중국의 '진주 목걸이' 루트

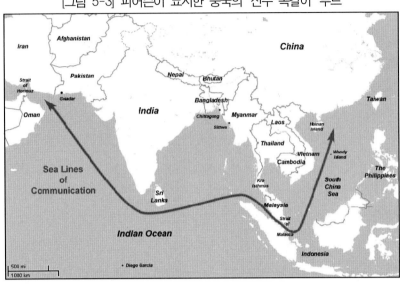

출처 : Christopher Pehrson, *String of Pearls: Meeting the Challenge of China's Rising Power Across the Asian Littoral*, July 2006, Strategic Studies Institute of the U.S. Army War College, p.3.

제공했다는 사실을 경고하면서 앞으로 독립될 '자유발루치스탄'(Free Baluchistan)은 당면한 이슬람 테러리스트 소탕 이외에도 미국의 '전략적 이익'에 도움을 줄 것이라고 주장한다.[71] 여기서 해리슨이 말하는 "전략적 이익"이란 그가 2009년도에 작성한 국제정책센터의 특별보고서에 보다 명확히 나타나 있다. 그는 발루치스탄주의 전략적 중요성을 언급하면서 미국의 에너지 수송 루트인 아라비아해, 페르시아만, 호르무즈 해협 근처에 위치한 점을 예로 들었다. 또한 해리슨은 발루치스탄의 독립이 미국의 국익에 도움이 되는 이유로서 발루치스탄 지도자들이 페르시아만에서 추구하는 미국의 전략적 이익 달성을 위해 지원할 것이라고 확인했다는 점, 중국의 지원으로 건설하고 있는 과다르항을 미국 해군과 상업용 선박을 위해 사용하는 데 찬성했다는 점 그리

고 이들이 인도와 이란에게 발루치스탄을 통과하는 IPI 건설과 운영에 협력할 것이라고 확인한 사실을 거론했다.[72]

미국이 발루치스탄을 독립시키면 과다르항 이용 이외에도 이 지역의 자원에 접근할 수 있게 된다.[73] 발루치스탄에는 석유, 가스, 금, 은, 우라늄 등 풍부한 에너지와 광물자원이 매장되어 있어 경제적 가치가 높은 지역으로 알려져 있다. 지질학자들의 보고에 의하면, 약19조 입방피트 이상의 가스가 매장되어 있는 것으로 추정되며 이 중 대부분이 미개발 상태에 있다.[74]

그러나 발루치스탄은 오래 전부터 정세가 불안정한 지역이다. 그 원인에는 역사적 요인과 경제적 요인이 있다. 발루치인들은 소수민족으로서 중앙정부의 요직을 대대로 맡아 온 펀잡인들로부터 차별을 받아 왔다. 경제적으로도 파키스탄의 에너지 대부분이 발루치스탄에서 생산되고 있음에도 불구하고 현지인들에게 개발이익이 거의 돌아가지 않았고 그 결과 민족주의 운동이 빈번히 일어나자 중앙정부는 무차별로 탄압했다. 최근 들어 발생한 가장 큰 경제적 문제 중의 하나는 중국의 과다르항 건설 과정에서 비롯되었으며 외지인에 의한 부동산 급등, 현지인 고용 저조 등에 의한 발루치인들의 상대적 박탈감이 심각한 상태이다.[75]

일부 발루치인들이 파키스탄 중앙정부와 중국에 대해 가지고 있는 불만은 미국이 발루치스탄을 독립시키는 데 필요한 여론 지지층 확보에 도움이 될 수도 있다. 그래서 최근에는 발루치스탄 독립에 대한 미국 일각의 움직임이 적극성을 띠고 있다. 일부 의원들과 재미 발루치인들은 발루치스탄의 독립을 위해 국제사회의 개입을 줄기차게 요구해 왔다. 2012년 2월 8일에는 하원의 일부 의원들을 중심으로 발루치스탄 독립 문제를 논의하는 청문회를 개최했다. 하원 외교위원회 감독조사분과소위원회 위원장이자 청문회 개최를 주도한 다나 로라바커

(Dana Rohrabacher) 의원은 발루치스탄을 독립시켜야 한다고 주장했다. 이 날 청문회에는 오랫동안 발루치스탄의 독립을 주장해 온 미국계 파키스탄인들도 증인으로 참석했다. 발루치스탄 출신 미국인으로서 변호사인 모하마드 호세인보르(Mohammad Hosseinbor)는 청문회에서 미국의 '전략적 이익'을 위해서는 파키스탄에 적극적으로 개입하여 발루치스탄을 독립시켜야 한다고 말했다.76)

그러나 청문회 참석자 모두가 발루치스탄의 독립에 찬성한 것은 아니었다. 미국 학계의 파키스탄 전문가로서 증인으로 참석한 조지타운대학교의 크리스틴 페어(Christine Fair) 교수는 청문회가 끝난 직후 〈허핑턴포스트〉 신문에 기고한 글에서, 로라바커 소위원장이 청문회에 임하는 태도를 지적하며 발루치인의 인권보다 파키스탄에서 발루치스탄을 분리시키는 것에 더 관심이 있다고 주장했다. 또한 페어는 당초에 증인으로 참석이 예정되어 있지 않았던 육군대학교의 랄프 피터스(Ralph Peters)가 참석한 것을 보고 청문회의 중립성이 훼손되었으며 발루치스탄을 분리시킴으로써 얻을 수 있는 이 지역의 지하자원 이익에 더 관심이 있다고 주장했다.77)

그러나 페어가 미처 인식하지 못한 것은 피터스의 발루치스탄 독립 구상의 이면에는 중국에 대한 견제 의도가 있었다는 점이다. 예비역 중령 출신으로 작가이자 전략가인 피터스는 2006년 6월 〈육군저널〉에 기고한 글에서 파키스탄, 이란, 아프가니스탄 내에 있는 발루치인 거주 영토를 분리시켜 '자유발루치스탄' 건국을 주장하여 타국의 주권침해 논란에 휩싸인 적이 있는 인물이다.78) 피터스의 '자유발루치스탄' 구상은 앞에서 언급한 카네기국제평화기금의 해리슨이 주장한 것과 매우 유사한 것이었다. 아래의 [그림 5-4]에서 보이는 것처럼 피터스의 주장대로 '자유발루치스탄'이 분리·독립될 경우 중국은 매우 불리한 입장에 놓이게 된다. '자유발루치스탄'이 건국된다면 현재 중국과 파키

[그림 5-4] 피터스의 중동 지역 재구성과 '자유발루치스탄' 구상

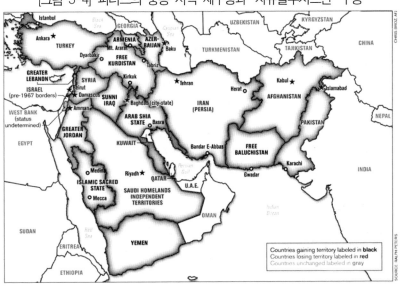

출처 : Ralph Peters, "Blood borders: How a better Middle East would look," *Armed Forces Journal*, June 2006.

스탄 사이에 연결되어 있는 국경이 완전히 단절되어 중국이 참여하기를 원하는 IPI 파이프라인 통로와 중동과 아프리카의 에너지를 파키스탄-중국간 고속도로를 통해 서부의 신장지역에 공급할 수 있는 길이 막혀 버리기 때문이다.

피터스의 '자유발루치스탄' 분리·독립 목적은 하원 청문회에 참석한 호세인보르의 주장에 의해서도 재확인되었다. 호세인보르는 청문회가 열린 직후 카타르의 위성방송인 〈알자지라〉 기자이자 미국 국제전략문제연구소 태평양포럼의 객원연구원인 에디 월쉬(Eddie Walsh)와 가진 인터뷰에서, 발루치스탄의 독립은 중국이 파키스탄 과다르항을 중심으로 세력권을 확대하고 신장자치구로 향하는 에너지 루트를 차단시키려는 목적을 가지고 있다고 인정했다.[79] 파키스탄의 전문가

들도 미국 하원이 청문회를 개최하여 발루치스탄 독립을 시도하는 배경에는 이란의 가스를 연결하는 파이프라인 문제와 관련되어 있다고 지적했다.80)

미국정부는 공개적으로 발루치스탄 독립을 옹호하고 있지는 않으나, 만약 미국의 지원으로 '자유발루치스탄'이 건국되고 '친미정권'이 들어선다면 IPI 또는 중국으로 가는 다른 에너지 루트 건설은 사실상 불가능해질 수밖에 없다. 반대로 '자유발루치스탄'의 건국으로 인해 미국의 석유회사인 쉐브런(Chevron)과 엑슨모빌(Exxon Mobil)이 추진하는 TAPI 파이프라인의 건설에 탄력이 붙을 수도 있다. 그래서 최근 들어 그동안 지지부진했던 TAPI의 건설을 서두르려는 일련의 움직임이 나타났다. 예를 들면, '신 실크로드 구상'의 선구자 중 한 명인 존스홉킨스대학교의 스타는 이란과 파키스탄이 최근 파이프라인 건설을 적극적으로 추진하는 추세를 감안하여 오바마 행정부가 TAPI 건설에 적극적으로 나설 것을 주문했다.81)

스타가 이처럼 오바마 행정부에게 TAPI 건설을 적극적으로 추진할 것을 주장한 이유는 과다르항의 관리권이 기존의 싱가포르 회사에서 중국의 국영회사에 넘어갈 수 있도록 파키스탄 정부가 승인하기 바로 직전이었기 때문이었다. 중국은 지금까지 과다르항에 대해 적극적인 관심을 보일 경우 미국이나 인도의 견제대상이 될 것이라고 판단하여 싱가포르 회사가 항구의 관리를 맡도록 하는 등 비교적 조용히 추진해왔다. 그러나 미국의 입장에서는 앞으로 과다르항의 관리권이 중국의 국영회사에 넘어간다면 막강한 자본력을 가진 중국이 본격적으로 항구를 건설하고 나아가 중국으로 이어지는 파이프라인 연결에 박차를 가할 것으로 볼 수 있다.82) 또한 급속한 경제성장으로 에너지 수입에 목말라 있는 인도가 미국의 만류로 참여를 보류한 기존의 정책을 선회하여 IPI에 적극적으로 참여할 가능성도 배제할 수 없다. 이 경우,

미국의 중국 에너지 루트 견제 정책에 먹구름이 드리울 수밖에 없다. 또한 이란의 가스를 사용하는 IPI 건설이 가속화 되면 핵무기 개발 의혹을 이유로 이란을 제재해 온 미국으로서는 '딜레마'에 빠질 수 있다. 이러한 시나리오를 막기 위해서는 우선 파이프라인이 통과하는 발루치스탄주를 불안정하게 하여 파이프라인 건설을 막는 게 효과적일 수 있다.

최근 몇 년 동안 미 중앙정보국(CIA)이 무인기(drone)를 동원하여 발루치스탄 지역을 미사일로 공격하여 미국·파키스탄 관계가 격랑 속으로 빠져들고 있다.[83] 그렇다고 해서 파키스탄 정부가 그 책임을 전적으로 미국에 전가하는 것도 무리가 있다. 〈뉴욕타임즈〉 보도에 의하면, 2004년 미국과 파키스탄은 파키스탄 영공에서 미국의 무인기 활동을 양해하는 비밀협약을 맺었다. 중앙정보국과 파키스탄 군정보기관인 아이에스아이(ISI)는 이 비밀협약을 통해, 파키스탄에서 모든 무인기 활동을 비밀공작으로 수행하기로 합의했다. 이는 결국 무인기의 미사일 폭격 사실을 미국이 결코 공개적으로 인정하지 않으며 파키스탄도 그로 인한 사망에 침묵한다는 의미였다.[84]

그러나 아프가니스탄과 파키스탄 내에서 미국의 '테러와의 전쟁'에 협조적이던 당시와는 달리 최근에는 양국 관계가 소원해졌고 파키스탄은 미국과 경쟁관계에 있는 중국과의 관계 강화에 더 초점을 맞추고 있다. 이 가운데 발루치스탄은 실종, 납치, 표적, 암살, 테러 등 사건들의 중심지가 되고 있다. 파키스탄 언론은 테러조직들이 정밀한 무기를 가지고 있다는 증거를 들어 발루치스탄이 불안정한 원인으로 미국, 인도, 이스라엘의 정보기관을 지목해 왔다.[85] 2012년 2월 23일자 파키스탄 영자지 〈인터내셔널뉴스〉는 미국 중앙정보국장으로 아프가니스탄 주둔 미군 사령관을 역임한 적이 있는 데이비드 퍼트레이어스(David Petraeus)가 발루치스탄이 가진 전략적 가치에 관심을 가지고 있다고 전하면서, 미국이 발루치스탄에 개입하는 장기적 목적은 전략적 요충지인 과다르항에서 중국을 몰아내는 데 있다고 주장했다.[86) 파키스탄 정부의 견해를 대변하는 뉴스 공급사인 〈파키스탄트리뷴〉도 3월 6일 미국, 인도, 이스라엘이 정보기관을 동원하여 '대발루치스탄'(Greater Balochistan) 건설을 목적으로 군사작전을 시작하고 발루치스탄 지도자들에게 자금을 지원하고 있다는 주장을 했다.[87) 신문이 제기한 '대발루치스탄'은 앞에서 미국 하원의 청문회 증인으로 나온 피터스가 주장한 '자유발루치스탄'을 지칭한다.

파키스탄의 언론과 마찬가지로 민간연구기관인 비전21재단의 보고서도 미국이 발루치스탄을 불안정하게 만드는 목적을 비슷한 관점에서 설명하고 있다. 보고서는 미국 등 국제사회가 발루치스탄을 불안정하게 만드는 목적 중의 하나는 이란의 가스를 과다르항을 통해 중국 서부지역으로 연결하는 데 관심을 가진 중국의 계획을 좌절시키는 데 있다고 주장했다. 그러면 인도양의 전략적 요충지인 과다르항을 확보하고, 나아가 미국이 파이프라인을 통해 투르크메니스탄의 가스를 과다르항으로 연결시킬 수가 있다.[88) 반면에 중국이 이 항구를 장악하게 될 경우에는 미국이 말라카해협에서 중국의 에너지 수송 루트를 봉쇄해도 효과가 없어질 가능성이 있다. 결국 인도양에 접한 전략적 요충지 발루치스탄을 둘러싸고 벌어지는 미·중 사이의 헤게모니 경쟁은 '제로섬 게임'인 것이다.

5. 결론에 대신하여 : 향후 전망

중국은 '진주 목걸이' 전략으로 과다르항 건설을 추진한 것처럼 급속한 경제성장에 따라 막대한 에너지를 필요로 하면서 미국이 제해권을 장악하고 있는 해상 루트를 피하여 안전하게 에너지를 수송하기를 바라고 있다. 러시아의 전략은 카스피해 분지에서 생산되는 에너지를 자국의 파이프라인을 통해 유럽시장에 독점적으로 공급하는 것에 있다. 반면에 미국은 러시아의 파이프라인 독점을 와해시키고 중국이 미국의 군사적 영향력을 벗어난 지역에 파이프라인을 건설하려는 계획을 제지해 왔다. 그리고 중국 및 러시아와 친밀한 관계를 유지하며 핵무기 개발 의혹을 받고 있는 이란을 경제적으로 고립시키기 위해 이란산 에너지가 세계 시장에 공급되는 파이프라인을 차단하는 전략을 취했다. 이상과 같이 제5장에서는 미국이 TAPI를 주도하고 대응 프로젝트인 IPI의 무력화를 시도한 것은, 유라시아 지역에서 패권국 부상을 억제하기 위한 '거대전략'의 일환으로서 잠재적 라이벌인 중국 및 러시아와 중동지역에서 패권을 노리는 이란을 견제하기 위한 것에 있었다는 사실을 규명했다.

2011년 5월 TAPI에 참가하는 4개국이 파이프라인 협정에 서명했다.[89] 하지만 아프가니스탄과 인근 파키스탄의 정세가 여전히 불안정하여 향후 TAPI 프로젝트가 가까운 시간 내에 완공될 지는 미지수다. 만약 오바마 행정부의 공식적 발표대로 미군과 나토군이 2014년까지 아프가니스탄에서 완전히 철수한다고 하더라도 이 지역을 통과하는 파이프라인의 안전이 위협받는다면, 아프가니스탄 정부가 미국 또는 나토에 군사적 지원을 요청할 가능성이 있다. 그러면 외국 군대의 주둔이 장기화되면서 파이프라인을 통과하는 지역의 과격파 이슬람세력들에게 불안감을 조성하여 테러사건이 빈발하는 등 파이프라인의 안전에 문제가 생길 가능성도 있다.[90] 그리고 인도는 미국의 만류 등으로 인해 일단 TAPI 프로젝트에 참여하기로 결정하였으나, 급속한 경제성장으로 인해 가스 수요가 폭발적으로 늘어나고 있어 자국으로 연결될 파이프라인이 통과하게 될 아프가니스탄과 파키스탄의 정세가 단시일 내에 안정되지 않을 경우 대안 파이프라인 프로젝트에 눈을 돌릴 수밖에 없는 상황이 올 수도 있다.

인도의 불참으로 인해 IPI가 IP로 축소되었으나, 현재 이란 지역의 파이프라인이 거의 완성되었으며 파키스탄 영토 내에서도 건설이 진행 중이다.[91] 앞으로 당초 목표로 삼았던 이란에서 파키스탄을 통과하여 인도를 연결하는 '평화 파이프라인'인 IPI가 단기간 내에 실현될 가능성은 낮다. 그 이유는 무엇보다도 미국의 계속되는 견제 때문일 것으로 보인다. 미국은 자국의 견제 대상인 중국 및 러시아와 우호적 관계를 유지하며 TAPI에 대적하는 IPI 가스 파이프라인을 주도하는 이란의 정권을 교체시켜 영향력 아래에 두고 싶어 한다. 이란의 '정권교체'는 그 우호국인 중국과 러시아의 수족을 자르는 것과 다름없다. 따라서 먼저 이란의 가스를 이용하여 유라시아 지역의 에너지 자원 흐름의 판도를 좌우하는 파이프라인으로 작용할 수도 있는 IPI는 미국에 있어서는 반드시 막아야 하는 프로젝트인 것이다.[92]

파키스탄에 대한 외국의 개입은 앞으로도 계속되어, 발루치스탄에서의 중국의 '전략적 이익' 추구에는 차질이 불가피할 전망이다. 중국의 전문가들은 파키스탄의 발루치스탄 지역에서 계속되고 있는 테러 사건과 독립을 요구하는 발루치스탄 분리주의자들로 인해 정세가 불안정하여 파이프라인 건설에 회의적인 견해를 피력했다.[93] 중국의 언론도 이와 비슷한 논조로 발루치스탄 정세를 어둡게 전망했다. 〈인민일보〉의 자매지인 〈환구시보〉는 2013년 2월 1일 발루치스탄 지역의 치안 악화로 인해 앞으로 과다르항의 정상적인 가동에 먹구름이 드리우고 있다며 우려를 표명했다.[94]

발루치스탄 현지의 분위기에서도 심상치 않은 기류가 감지된다. 발루치스탄 복지협회 사무총장인 나사르 발루치(Nasar Baloch)는 중국으로 향하는 파이프라인의 미래에 대해 비관적인 관측을 내놓았다. 그는 "미래에 중국으로 가는 파이프라인은 안전하지 않을 것이다. 파이프라인은 발루치스탄 영토를 통과해야 할 것이다. 만약 우리의 권리가 침해된다면 절대로 안전하지 않을 것이다"며 앞으로 파키스탄 정부가 중국을 위해 파이프라인 건설을 할 경우 발루치인의 거센 저항에 부딪힐 것이라고 전망했다.[95] 그래서 파키스탄의 정세 불안 등으로 인해 중국이 적극적으로 참여하기를 주저하고 있고 양국의 밀접한 관계에 대한 인도의 견제가 발루치스탄을 통과하는 IPI 프로젝트와 중국이 중동 및 아프리카에서 수입하는 에너지를 과다르항을 통해 중국으로 연결시키려는 프로젝트에 걸림돌로 작용할 전망이다. 인도의 한 신문이 "과다르는 중국이 인도를 견제하기 위해 만들어 온 가장 반짝이는 '진주 목걸이'다"라고 주장할 만큼 인도가 예민한 반응을 보이고 있기 때문이다.[96] 과다르항이 "중국의 가장 큰 진주"라는 최상의 조건을 갖추고 있다고 할지라도 파이프라인이 통과할 예정인 파키스탄의 지리도 프로젝트의 성패를 좌우할 수 있다. 파키스탄의 과다르와 중국의 신장 지역을 연결하려는 에너지 루트는 험준한 카라코람 산맥과 파키스탄과 숙적인 인도와 분쟁을 벌이고 있는 카시미르 인근을 통과해야 하는 어려움이 있다.[97]

앞으로 해리슨과 피터스의 주장처럼 미국이 TAPI와 IPI가 모두 통과할 예정지인 발루치스탄의 독립을 지원하여 파키스탄을 약하고 분열된 나라로 만들면 파키스탄이 중국의 영향권 안으로 들어가는 것을 어렵게 만들 수도 있다. 이렇게 될 경우 구 유고슬라비아의 경우처럼 작게 쪼개져 약해진 나라들이 미국에 보호 요청을 해 올 수도 있다. 발루치스탄은 이란의 시스탄-발루치스탄주와 인접하고 있어 독립국가가 되면 서로 영토분쟁이 일어나 이란의 정세를 불안정하게 만들 수 있고 특히 발루치스탄 방향에서 이란을 공격하기에 용이하여 '정권

교체'에 유리한 발판을 마련할 수 있다.[98]

파키스탄을 새롭고 작은 나라로 분리하는 방법은 브레진스키 등 미국의 지전략가들이 평소 주장해 온 유라시아의 '실패한 국가'(failed states)를 분리시키는 '마이크로 국가'(microstates) 또는 '미니 국가'(ministates) 이론과 비슷한 측면이 있다. 이 이론을 옹호하는 미국의 정치학자이자 글로벌 정보회사인 스트레포(STRATFOR)의 최고경영자인 조지 프리드먼(George Friedman)은 미국에 대적할만한 라이벌이 출현하는 것을 제지하기 위해 강국이 부상할 만한 지역의 불안정을 바란다고 주장했다.[99] 프리드먼의 주장대로라면 유라시아 지역에서 미국이 주도하는 TAPI 파이프라인이 지나는 통로인 아프가니스탄에 대해서는 안정을 꾀하면서도, 파이프라인의 종착지로 예상되는 발루치스탄의 불안정을 바라는 것은 다소 역설적이다. 하지만 발루치스탄을 독립시켜 '마이크로 국가' 또는 '미니 국가'로 만든 후 '친미' 또는 '친서방' 정권을 수립하면 TAPI 프로젝트의 성공 가능성이 높아질 수 있다. 또한 대응 파이프라인인 IPI를 무력화시키고 미국이 유라시아에서 추구하는 러시아의 에너지 파이프라인 독점 약화와 이란 견제라는 실익도 챙길 수 있다. 나아가 미국의 경쟁국인 중국이 과다르항을 기점으로 신장자치구로 연결하는 에너지 루트 건설까지도 제지할 수 있다. 그러나 두 개의 파이프라인 통과국인 아프가니스탄과 파키스탄의 정세가 여전히 복잡하고 유동적이어서 약 20여 년 동안 지속되어 온 유라시아에서의 '신 거대 게임'은 당분간 계속될 것으로 전망된다.

주석 ···

1) Robert Kaplan, *The Revenge of Geography: What the Map Tells Us about Coming Conflicts and the Battle against Fate*(New York: Random House, 2012), p.73.

2) Seher Abbas, "IP and TAPI in the 'New Great Game': Can Pakistan Keep Its Hopes High?" *Spotlight on Regional Affairs*, Vol. xxxi, No. 4(April 2012), Institute of Regional Studies Islamabad, p.3.

3) Lutz Kleveman, *The New Great Game: Blood and Oil in Central Asia*(New York: Grove Press, 2003), p.3. '신 거대 게임'이라는 용어는 1990년대 초 파키스탄 언론인 아흐메드 라쉬드(Ahmed Rashid)가 처음 사용한 것으로 알려져 있다. Abbas, 앞의 글, pp.3·5-6.

4) Zbigniew Brzezinski, *The Grand Chessboard: American Primacy and Its Geostrategic Imperatives*(New York: Basic Book, 1997), p.xiv.

5) Zbigniew Brzezinski, *The Choice: Global Domination or Global Leadership* (New York: Basic Books, 2004), p.75.

6) 유라시아 지역의 파이프라인에 관한 국내 연구로는 오종진, "아제르바이잔-터키 BTC(바쿠-티빌리시-제이한) 송유관 건설과 터키의 새로운 에너지 정책 구상,"『중동문제연구』, 제8월 제1호(2009년 여름), pp.1-28; 윤영미, "탈냉전기 중앙아시아의 파이프라인 구축에 관한 소고 : 러시아와 투르크메니스탄의 에너지 협력과 갈등을 중심으로,"『유라시아연구』, 제7권 제4호 통권 19호(2010년 12월), pp.415-436; 이두환, "Nord Stream 천연가스 파이프라인의 에너지 안보 영향과 정책 시사점,"『社會科學論叢』, 제31집(2011년), pp.99-119; 김상원, "러시아의 에너지 전략 변화와 러·중 에너지 협력,"『한국동북아논총』, 제16권 제4호 통권61집(2011년 12월), pp.55-78; 백훈, "남·북·러 가스관 사업의 정책적 접근,"『東北亞經濟研究』, 제23권 제4호(2011년 12월), pp.93-123; 이두환, "나부코 천연가스 파이프라인의 성공 가능성 평가와 정책 시사점,"『社會科學研究論叢』, 제26집(2011년 12월), pp.81-98 등이 있다.

7) 예를 들면 Abbas, 앞의 글, p.22; Abbas Maleki, *Iran-Pakistan-India Pipeline: Is It a Peace Pipeline?* September 2007, MIT Center for International Studies, p.2; John Foster, "*A Pipeline through a Troubled Land: Afghanistan, Canada, and the New Great Energy Game*," *Foreign Policy Series*, Vol. 3, No. 1(19 June 2008), p.4 참조.

8) Christopher Layne, *The Peace of Illusions: American Grand Strategy from 1940 to the Present*(Ithaca, NY: Cornell University Press, 2006), p.181.

9) Zbigniew Brzezinski, *Second Chance: Three Presidents and the Crisis of American Power*(New York: Basic Books, 2007), p.121.

10) 에리히 폴라트·알렉산더 융 외 지음, 김태희 옮김, 『자원전쟁』, 영림카디널, 2008년, p.12; Pepe Escobar, *Globalistan: How the Globalized World Is Dissolving into Liquid War*(Ann Arbor, MI: Nimble Books LLC, 2006), p.45. BTC 파이프라인은 2006년 7월 개통식을 가졌다.

11) Zbigniew Brzezinski and Brent Scowcroft, *America and the World: Conversations on the Future of American Foreign Policy*(New York: Basic Books, 2008), pp.174·185.

12) John Mearsheimer, *The Tragedy of Great Power Politics*(New York: W. W. Norton & Company, 2001), p.41.

13) Zalmay Khalilzad, David Orletsky, Jonathan Pollack, Kevin Pollpeter, Angel Robasa, David Shlapak, Abram Shulsky, and Ashley Tellis, *The United States and Asia: Toward a New U.S. Strategy and Force Posture*, 2001, RAND, p.43.

14) Michael Klare, *Resource Wars: The New Landscape of Global Conflict*(New York: Henry Holt and Company, 2002), p.90.

15) Angira Sen Sarma, "Uncertainty Still Looms Large Over TAPI," *ICWA Issue Brief*, 28 September 2012, Indian Council of World Affairs, p.6; Brzezinski and Scowcroft, 앞의 책, p.191.

16) Michael Mandelbaum, *The Frugal Superpower: America's Global Leadership in a Cash-Strapped Era* (New York: PublicAffairs, 2010), p.128.

17) Jen-kun Fu, "Reassessing a 'New Great Game' between India and China in Central Asia," *China and Eurasia Forum Quarterly*, Vol. 8, No. 1(2010), p.20.

18) Jim Nichol, *Central Asia: Regional Developments and Implications for U.S. Interests*, 1 December 2005, Congressional Research Service, p.4.

19) Klare, 앞의 책, p.89.

20) Abbas, 앞의 글, p.12.

21) Saleem Ali, *Emerging Peace: The Role of Pipelines in Regional Cooperation*,

No. 2, July 2010, Brookings Doha Center, pp.16-17.

22) Kleveman, 앞의 책, pp.162-163.

23) Ali, 앞의 글, p.17.

24) Steve LeVine, *The Oil and the Glory: The Pursuit of Empire and Fortune on the Caspian Sea*(New York: Random house, 2007), p.310.

25) Foster, 앞의 글, p.3.

26) Philippe Le Billon, *The Geopolitics of Resource Wars: Resource Dependence, Governance and Violence*(New York: Routledge, 2005), p.150 에서 재인용.

27) Foster, 앞의 글, p.2.

28) 카르자이는 2004년 선거에 의해 대통령으로 정식 취임했다.

29) Foster, 앞의 글, p.4.

30) 위의 글, 같은 쪽.

31) 위의 글, 같은 쪽.

32) Rainer Gonzalez Palau, "The TAPI Natural Gas Pipeline: Status & Source of Potential Delays," *Afghanistan In Transition*, February 2012, Civil-Military Fusion Centre, p.3.

33) 위의 글, p.4.

34) 호르매츠의 연설내용은 국무부 홈페이지 http://www.state.gov/e/rls/rmk/2011/174800.htm 에서 인용.

35) Najam Rafique and Fahd Humayun, "Washington and the New Silk Road: a new great game?" *Strategic Studies*, Vol. XXXI & XXXII, No. 4 & 1(Winter 2011 & Spring 2012), pp.1-3.

36) Project 2049 Institute, *Strengthening Fragile Partnerships: An Agenda for the Future of U.S.-Central Asia Relations*, February 2011, p.4.

37) 이 법은 http://www.govtrack.us/congress/bills/109/s2749/text 참조.

38) Maha Atal, "IPI vs. TAPI," *Forbes*, 21 July 2008, http://www.forbes.com/global/2008/0721/028.html(검색일: 2013. 5. 13).

39) Pepe Escobar, "All Aboard the New Silk Road(s)," *Aljazeera*, 16 September 2012, http://www.aljazeera.com/indepth/opinion/2012/09/20129138245360573.html(검색일: 2013. 5. 24).

40) Sarma, 앞의 글, p.6.

41) M. K. Bhadrakumar, "U.S. brings Silk Road to India," *The Hindu*, 24 December 2010, http://www.thehindu.com/opinion/lead/us-brings-silk-road -to-india/article972541.ece(검색일: 2013. 5. 11). TAPI 파이프라인의 세부 루트는 여러 번 수정되어 왔기 때문에 다양한 버전이 존재하고 있으며 IPI의 경우도 마찬가지이다.

42) Elliott School of International Affairs, *Discussing the 'New Silk Road' Strategy in Central Asia*, No. 2, June 2012, Central Asia Policy Forum, p.5.

43) Paul Stares, Scott Snyder, Joshua Kurlantzick Daniel Markey, and Evan Feigenbaum, *Managing Instability on China's Periphery*, September 2011, Council on Foreign Relations, p.51.

44) Rafique and Humayun, 앞의 글, p.5.

45) Project 2049 Institute, 앞의 글, p.6.

46) Aleena Khan, "IPI Pipeline and Its Implications on Pakistan," *Strategic Studies*, Vol. XXXII, No. 2-3(Summer & Autumn 2012), p.102.

47) Abbas, 앞의 글, p.22.

48) 위의 글, p.23.

49) Kleveman, 앞의 책, p.26.

50) 위의 책, p.129.

51) Maleki, 앞의 글, p.2에서 재인용.

52) Abbas, 앞의 글, pp.27-28.

53) Alexandros Petersen, *The World Island: Eurasian Geopolitics and the Fate of the West*(Santa Barbara, California: Praeger, 2011), p.95.

54) Khan, 앞의 글, p.107.

55) Rafique and Humayun, 앞의 글, p.15.

56) Abbas, 앞의 글, p.28.

57) Ariel Cohen, Lisa Curtis, and Owen Graham, "The Proposed Iran-Pakistan-India Gas Pipeline: An Unacceptable Risk to Regional Security," *Backgrounder*, No. 2139, 30 May 2008, Heritage Foundation, p.7.

58) Abbas, 앞의 글, p.26.

59) Cohen, et al., 앞의 글, p.11.

60) Khan, 앞의 글, pp.105 · 108.

61) Cohen, et al., 앞의 글, pp.8-10.

62) Zbigniew Brzezinski, *Strategic Vision: America and the Crisis of Global Power*(New York: Basic Books, 2012), pp.87 · 172.

63) Mahdi Darius Nazemroaya, *The Globalization of NATO*(Atlanta: Clarity Press, 2012), p.177.

64) "China builds up strategic sea lanes," *Washington Times*, 17 January 2005, http://www.washingtontimes.com/news/2005/jan/17/20050117-115550-1929r/?page=all(검색일: 2013. 5. 14).

65) Kaplan, 앞의 책, pp.110-111.

66) Geoffrey Kemp, *The East Moves West: India, China, and Asia's Growing Presence in the Middle East*(Washington, D.C.: Brookings Institution Press, 2010), pp.110-111.

67) Frédéric Grare, *Pakistan: The Resurgence of Baluch Nationalism*, No. 65, January 2006, Carnegie Endowment for International Peace, p.10.

68) Christopher Pehrson, *String of Pearls: Meeting the Challenge of China's Rising Power Across the Asian Littoral*, July 2006, Strategic Studies Institute of the U.S. Army War College, p.14.

69) Eduardo Abisellan, *CENTCOM's China Challenge: Anti-Access and Area Denial in the Middle East*, 28 June 2012, Brookings Institute, pp.13-14.

70) Nasreen Akhtar, *Re-Thinking Balochistan: A healing touch in need?* March 1, 2012, Institute of Foreign Policy Studies, p.2.

71) Selig Harrison, "Free Baluchistan," *National Interests*, 1 February 2011, http://nationalinterest.org/commentary/free-baluchistan-4799(검색일: 2013. 3. 16).

72) Selig Harrison, *Pakistan: The State of the Union(Special Report)*, April 2009, Center for International Policy, p.25.

73) Grare, 앞의 글, pp.12-13.

74) Harrison(2009), 앞의 글, p.21.

75) Mickey Kupecz, "Pakistan's Baloch Insurgency: History, Conflict Drivers, and Regional Implications," *International Affairs Review*, Vol. XX, No.

3(Spring 2012), p.103.

76) 미국 하원 홈페이지 http://archives.republicans.foreignaffairs.house.gov/112/ 72791.pdf 참조.

77) Christian Fair, "Rohrabacher's 'Blood Borders' in Balochistan," *Huffington Post*, 22 February 2012, http://www.huffingtonpost.com/c-christine-fair/ rohrabachers-blood-border_b_1289061.html(검색일: 2013. 5. 16).

78) Ralph Peters, "Blood borders: How a better Middle East would look," *Armed Forces Journal*, June 2006 참조.

79) Eddie Walsh, "Should the US support an independent Balochistan?" *Aljazeera*, 3 March 2012, http://www.aljazeera.com/indepth/opinion/2012/02/ 201222112203196390.html(검색일: 2013. 5. 17).

80) Muhammad Saleem Mazhar, Umbreen Javaid, and Naheed Goraya, "Balochistan(From Strategic Significance to US Involvement)," *Journal of Political Studies*, Vol. 19, No. 1(2012), p.123.

81) Frederick Starr, "Why Is the United States Subsidizing Iran?" *Foreign Policy*, 4 February 2013, http://www.foreignpolicy.com/articles/2013/02/04/why_is_ the_united_states_subsidizing_iran(검색일: 2013. 5. 17).

82) 위의 글.

83) 파키스탄 내에서의 중앙정보국 무인기의 폭격에 대해서는 Shuja Nawaz, "Drone Attacks Inside Pakistan: Wayang or Willing Suspension of Disbelief?" *Georgetown Journal of International Affairs*, Summer/Fall 2011, pp.79-87 참조.

84) Mark Mazzetti, "A Secret Deal on Drones, Sealed in Blood," *New York Times*, 6 April 2013, http://www.nytimes.com/2013/04/07/world/asia/origins- of-cias-not-so-secret-drone-war-in-pakistan.html?pagewanted=all&_r=0 (검색일: 2013. 5. 8).

85) Grare, 앞의 글, p.9. 인도가 정보기관을 통해 발루치스탄의 불안정을 야기하고 있는 이유는 전통적으로 숙적인 파키스탄이 아프가니스탄의 탈레반과 친밀한 관계를 유지하고 지원을 하고 있기 때문이다. 인도는 아프가니스탄과 동맹을 맺고 싶어 하지만 파키스탄이 이를 방해하고 있다는 것이 일반적인 인식이다. 또한 인도가 발루치스탄에 대해 개입 하고자하는 이유는 바로 숙적인 중국에 대한 경계심 때문이다. 중국이 대부분의 자금을 투자하여 건설하고 있는 과다르항은 인도양 지역에서

인도의 전략적 이익에 큰 걸림돌로 작용하게 된다. 만약 중국이 이 항구에 군사시설을 만들면 인도의 안보상 큰 위협이 될 수가 있다. 인도양에서 중국의 군사력이 증대된다면 페르시아만에서 수입하는 인도의 에너지 안보에 큰 영향을 받을 수밖에 없다. 또한 IPI를 만들어 이란의 가스를 발루치스탄을 경유하여 수입하고자 해도 중국이 이 지역에서 헤게모니를 장악할 경우 인도로서는 안심할 수가 없다. 미국이 인도의 파이프라인 참가를 견제하는 것 이외에도 이 지역에서의 중국의 존재가 인도로 하여금 IPI 파이프라인 참여를 주저하게 만드는 것이다. 따라서 발루치스탄 지역은 중국의 인도양 진출에 중요한 요충지이지만, 인도는 이 지역에 대한 중국의 서진을 막아야 하는 반대 입장에 서 있다. 한편 이스라엘이 발루치스탄에 개입하는 까닭은 이란과의 관계에 깊이 관련되어 있다. 이란의 적대국인 이스라엘은 이란의 접경지대인 발루치스탄을 혼란시킴으로써 이란을 불안정하게 만들려는 것이다. 이스라엘의 최종적 목적은 아마도 미국과 협력하여 이란의 정권을 교체하는 것에 있다. 만약 발루치스탄이 파키스탄으로 분리되어 민주적 독립국가가 된다면 이란 공격을 위한 교두보가 될 수 있다. 위의 글, pp.9-10.

86) Farrukh Saleem, "CIA carving out new role," *International News*, 23 February 2012, http://www.thenews.com.pk/Todays-News-2-94180-CIA-carving-out-new-role(검색일: 2013. 5. 16).

87) Zaheerul Hassan, "US Dirty Tricks & Pak-Iran Gas Pipeline," *Pak Tribune*, 6 March 2012, http://paktribune.com/articles/US-Dirty-Tricks-%5E-Pak-Iran-Gas-Pipeline-242879.html(검색일: 2013. 5. 23).

88) Vision21 Foundation, *Balochistan: Problems and Solutions*, p.11.

89) 최근 중국이 TAPI 프로젝트에 참여할 가능성이 있다는 정보가 있으나 미국이 찬성할지는 불투명하다.

90) Sarma, 앞의 글, p.6.

91) IP는 2013년 3월 현재 총1,681킬로미터 중 이란 지역의 900킬로미터는 완성되었으며 파키스탄 지역에 건설될 781킬로미터는 공사가 착공된 상태에 있다. 파키스탄 측은 2014년 12월까지 완공을 목표로 추진 중이나 국내 상황에 따라 가변성이 있을 것으로 보인다.

92) Cohen, et al., 앞의 글, p.14.

93) Erickson and Collins, 앞의 글, p.101.

94) Hao Zhou, "China to rune Pakistani port," *Global Times*, 1 February 2013,

http://www.globaltimes.cn/content/759538.shtml(검색일: 2013. 5. 23).

95) Robert Kaplan, *Monsoon: The Indian Ocean and the Future of American Power*(New York: Random House, 2010), pp.77-78.

96) Manoj Joshi, "Ring of dragon fire: Pakistan's transfer of Gwadar port to China is a significant addition to the latter's 'string of pearls' created to contain," *India today*, 2 February 2013, http://indiatoday.intoday.in/story/gwadar-port-china-pakistan-qamar-zaman-kaira-strait-of-hormuz/1/248577.html(검색일: 2013. 5. 14).

97) Mazhar, et al., 앞의 글, p.120.

98) Nazemroaya, 앞의 책, p.186.

99) George Friedman, *The Nest 100 Years: A Forecast for the 21st Century* (New York: Doubleday, 2009), p.46.

제6장.
'국민보호' 전쟁

- NATO의 리비아 정권교체 원인

제6장 '국민보호'전쟁
- NATO의 리비아 정권교체 원인

1. 서론

21세기는 '혁명의 시대'로 불릴 만큼 동유럽, 중동, 아프리카 등지에서 혁명이 빈발하여 다수의 정권이 붕괴되었다. 서방언론을 통해 비춰진 이러한 혁명은 '시민주도의 자발적 혁명'의 이미지가 강하게 부각되었다. 그러나 시위주도 세력의 실체를 살펴보면 언론에 비친 이미지와는 사뭇 다르다는 사실을 확인할 수 있다. 중동과 아프리카 지역에서 '아랍의 봄'(Arab Spring)이 한창 고조되고 있던 때인 2011년 2월 16일, 미국의 퓰리처상(Pulitzer Prize) 수상 작가이자 언론인인 티나 로젠버그(Tina Rosenberg)는 외교전문잡지 〈포린폴리시〉에 "혁명은 종종 자발적으로 일어나는 것으로 보인다. (중략) 하지만 그것은 수개월 또는 수년 동안 준비한 결과다"라며 과거 동유럽 등 외국의 정권교체를 위해 시위대를 훈련시킨 경험이 있는 관계자와 인터뷰한 내용을 기고했다(Rosenberg 2011). 여기서 시위대 훈련요원은 자신이 관여한 동유럽의 '색깔혁명'(color revolution)이 '시민주도의 자발적 혁명'이 아니었다는 것을 암시하고 있다. 로젠버그가 인터뷰한 요원은 미국이 지원한 구 유고슬라비아의 세르비아계 시위조직인 '옵터'(Optor, 세르비아어로 '저항'을 의미) 소속이었다. 이 조직은 미국정부가 2005년에 발간한 보고서에서도 '색깔혁명'의 효시로 불리는 2000년 구 유고슬라비아의 슬로보단 밀로세비치(Slobodan Milošević) 정권교체에 깊숙이 관여한 사실을 인정할 만큼 외국의 정권교체를 위해 만들어진 시위전문 조직으로 유명하다(USAID 2005: 8).

동유럽에서 발생한 '색깔혁명'과 중동 및 아프리카 지역에서 일어난 혁명인 '아랍의 봄'은 나라별로 정도의 차이는 있으나 대체로 후자가 전자의 모델을 계승·발전시킨 것으로 지적된다(Engdahl 2012: 213). '아랍의 봄' 중 밀로세비치 정권 붕괴 과정과 가장 유사한 경우가 바로 리비아의 무아마르 카다피(Muammar Gaddafi) 정권교체에서 나타난다. 구 유고슬라비아에서 실시한 것처럼 북대서양조약기구(NATO, North Atlantic Treaty Organization)는 2011년 3월 17일 유엔 안전보장이사회 (이하 '안보리') 결의안 제1973호에 근거하여 리비아 상공에 '비행금지구역'(no-fly zone) 설정을 결정하고, 이틀 후인 3월 19일에 공습을 개시했다. NATO의 공습과 동시에 지상에서는 카다피 정부군과 반군 사이에 치열한 전투가 벌어져 민간인을 비롯해 수많은 사상자를 내고, 개전 후 약 8개월 만인 10월 20일 카다피가 처형됨으로써 42년에 걸친 독재정권이 역사 속으로 사라졌다.[1]

여기서 혁명의 원인과 관련하여 '아랍의 봄'이 일어날 당시의 리비아 국내 상황에 주목할 필요가 있는 것은, 리비아의 경우 튀니지, 이집트, 예멘, 바레인 등과는 다른 특징을 보인다는 점이다. 리비아는 아프리카 대륙에서 가장 부유한 나라로서 카다피가 평소 '이슬람 사회주의'(Islamic Socialism)의 기치를 내걸고 석유 수출을 통해 축적된 부가 대체로 국민들에게 골고루 분배되어 교육, 복지 등이 충실한 편이었고, 빈곤선상에 있는 국민의 비율이 선진국인 네덜란드보다 낮았다. 그래서 카다피 정권으로부터 오랫동안 차별을 받아 온 벵가지(Benghazi)를 중심으로 한 일부 리비아인들을 제외하고는 카다피군에 대해 전국

적인 규모로 항거할만한 특별한 이유가 존재하지 않았다. 또한 대부분
의 리비아인들은 아프리카의 튀니지와 이집트에서 혁명이 일어났을 때
리비아에서도 유사한 사태가 발생할 것으로는 믿지 않았다(Tempelhof
et al. 2012: 3).[2] 이러한 정황들을 살펴보면 상대적으로 정세가 불안하
지 않았던 리비아에서 갑자기 대규모 시위가 일어나 정권이 붕괴된
원인(이유)에 대한 의문이 생긴다. 따라서 제6장에서는 NATO의 카다
피 정권교체의 원인에 대한 분석을 통해 리비아에서 일어난 '아랍의
봄'의 성격을 규명하고자 한다.[3]

제임스 겔빈(James Gelvin)은 NATO 주도국인 미국이 리비아 사태에
적극적으로 개입해야 할 "전략적 중요성"이 없었다고 주장한다(Gelvin
2012: 87). 그러나 겔빈의 주장은 미국이 리비아에서 '아랍의 봄'이 발
생하기 이전부터 정보기관 및 특수부대를 이용하여 비밀리에 개입하
는 전략을 취했다는 사실을 간과하고 있다. 리비아 사태에 관한 국내
연구는 주로 한국 언론의 보도 분석, 국제법적 논의, 한국에의 시사점,
북한에의 적용 가능성 등의 연구에 한정되어 있어 본고에서 다루고자
하는 NATO의 카다피 정권교체 원인에 대한 분석은 보이지 않는다.[4]

앞에서 지적한 것처럼 리비아에서 일어난 '아랍의 봄'은, 밀로세비치
정권의 경우와 유사한 사실을 염두에 두고 이 장에서는 카다피 정권
교체가 '시민주도의 자발적 혁명'이 아닌 'NATO의 조직적인 개입에 의
해 이루어진 혁명'이라고 가정한다. 이 가설을 규명하기 위해 본문에
서는 첫째, NATO의 공습과는 별도로 리비아 지상에서 카다피의 정부
군과 싸운 반군을 조직하고 무장시킨 주체가 누구인지와 반군의 실체
에 대해 살펴본다. 반군을 조직한 주체와 반군의 실체를 파악하는 것
은 리비아 혁명의 성격을 규정하는데 중요한 단서를 제공해 준다. 둘
째, 리비아를 폭격한 NATO의 주요 회원국들이 리비아 사태에 개입한
이유를 분석한다. 여기서는 유사한 역사적 사건을 염두에 두면서 NATO가

리비아에 대한 무력 개입의 명목으로 내건 카다피 정권의 학살로부터 리비아 국민 '보호책무'와 개입한 실제 이유 사이에는 괴리가 있음을 밝힌다. 셋째, 카다피 사망 과정과 NATO의 역할에 관해 고찰한다. 이를 통해 카다피가 정당한 재판 절차를 거치지 않고 처형된 이유에 대해 분석한다.[5)]

전 미국 국무부 차관보 마크 팔머(Mark Palmer)는 2003년에 출간한 저서에서 리비아, 북한 등과 같은 권위주의 국가 또는 독재국가의 정권교체를 안보정책의 최우선 과제로 삼을 것을 제안하며, 2025년까지 세계의 모든 독재자 제거를 주장했다(Palmer 2003). 리비아 혁명에 관한 연구는 향후 NATO 주도국인 미국이 북한에 대해 시도할 수도 있는 정권교체의 메커니즘을 이해하는데 도움을 준다.

2. 카다피 정권교체의 주도 세력

1) NATO의 반군 지원

리비아 공습에 주도적으로 참여한 미국, 영국, 프랑스 등의 언론은 리비아 반군을 '자유의 전사들'(freedom fighters)로 지칭했다. 장기간에 걸친 독재와 다양한 부족 간의 반목 등으로 인해 카다피 정권에 대해 불만을 품은 리비아인들 중 일부가 시위에 자발적으로 참가하고 반군 대열에 합류한 사실은 부정할 수 없다. 하지만 카다피 정권에 대항하여 싸운 리비아 시위대와 반군의 주축을 '자유의 전사들'로 표현하는 것은 다소 무리가 있다. 미국 드래이크대학교 명예교수인 이스마엘

호세인-자데(Ismael Hossein-zadeh)는 '자유의 전사들'이 실제로 만들어지는 과정과 카다피 정권과 같은 서방국가들에게 비우호적인 정권을 교체시키는 방법이 다음과 같은 단계로 이루어진다고 설명한다. 먼저 '민주주의를 위한 싸움'이라는 명목 아래 비우호적인 국가 내의 반정권 성향이 강한 그룹들에게 무기를 제공, 훈련시키고 비밀리에 외국용병(테러리스트)의 도움을 받아 무장반란을 기도한다. 그 다음에 정부군이 반란 진압을 시도하면 '인권침해'라고 비난한다. 마지막으로 인권 '보호책무'의 이름으로 공개적으로 정권교체를 정당화시킨다(Hossein-zadeh 2012). 이 과정을 보면 '자유의 전사들'이 만들어지는 과정이라기보다는 서방국가들을 대신하여 '대리전'(proxy war)을 치를 반군 양성 과정에 더 가까운 성격을 띠고 있다고 볼 수 있다.

'대리전' 방식은 '아랍의 봄'이 발생한 나라 중에서도 특히 리비아와 시리아에서 나타나는 특징이다. 리비아에서의 '대리전' 지원에는 NATO의 정보기관과 특수부대의 활약이 두드러졌다. NATO 주재 미국 대사를 역임한 로버트 헌터(Robert Hunter)는 NATO의 공습 직전 서방 국가가 리비아 반군을 무장시켜야 한다고 주장했다(CFR 2011: 262). 또한 미국의 외교정책에 큰 영향력을 행사하는 싱크탱크인 외교협회(CFR, Council on Foreign Relations)의 수석연구원인 맥스 부트(Max Boot)는 NATO의 리비아 공습 직후인 2011년 3월 28일, 반군을 지원하기 위해 정보기관과 특수부대 요원들을 파견해야 한다고 주장하며 '대리전' 방식을 옹호했다(Boot 2011). 실제로 미국은 리비아에서 정보기관과 특수부대를 이용해 철저히 '비밀개입 전략'을 취하고 있었다(Barry 2011).

거의 모든 전쟁에서 공통적으로 나타나는 현상이지만 전쟁을 개시하는 주체는 수개월 또는 수년 전부터 준비를 시작한다. 리비아에 대한 경우도 예외가 아니다. 미국은 NATO의 리비아 공습이 시작되기도

전에 이미 정보기관 요원들을 리비아 현지에 파견하여 비밀작전을 전개하고 있었다. 버락 오바마(Barack Obama) 대통령이 NATO의 공습 수주 전에 중앙정보국(CIA, Central Intelligence Agency)으로 하여금 리비아 시위대에 무기를 제공하고 기타 다양한 지원을 할 수 있도록 하는 비밀문서에 서명한 사실은 미국 언론을 통해 밝혀진 바가 있다(Mazzetti et al. 2011). 결국 정보기관과 특수부대를 활용하여 "뒤에서 지도하는"(leading from behind) 전략을 취하면서도 리비아의 카다피 정권교체 작전에서 "매우 중요한 역할"을 했다고 보는 것이 타당하다(Barry 2011).

이렇게 "뒤에서 지도하는" 전략을 취한 이유는 첫째, 이라크와 아프가니스탄을 무력으로 침공한 적이 있는 미국이 또 다른 이슬람 국가인 리비아를 전면에 나서서 공격하는 모습을 보일 경우 이슬람 사회로부터 비난을 받을 우려가 있다고 판단했기 때문이다. 하지만 오바마 대통령이 2011년 10월 제이 레노(Jay Leno)가 진행하는 인기 토크쇼인〈투나잇쇼〉에 출연하여 밝혔듯이, 미국은 "뒤에서 지도하는" 전략을 취했지만 실제로는 "전면에서 지도"(lead the front)하여 카다피 정권을 붕괴시킨 것이었다(Simons 2011). 오바마는 미국의 존재를 최대한 숨기기 위해 심지어 미군 조종사가 프랑스 전투기에 탑승하여 리비아를 폭격하기도 했다고 주장했다(Forte 2012: 24).

둘째, 미국의 정권교체 대상국에 대한 기존의 군사전략이 수정되었기 때문이다. 2011년 3월 28일 오바마 대통령이 주장했듯이, 미국은 아프가니스탄과 이라크 전쟁의 경우 대규모의 지상군을 파견한 결과 엄청난 예산이 소모된 경험이 있어, 리비아에서는 정보기관과 특수부대가 비밀작전을 통해 반군을 지원하여 정권교체를 이루는 전쟁방식을 채택한 것이다(Forte 2012: 82). 막대한 국가부채에 시달리고 있는 상황에서 의회로부터 국방비 삭감 압력을 받고 있던 오바마 행정부로서는 불가피한 선택이었을 것이다. 미국의 군사전략 수정은 정보기관과 국 방성의 최고위직 인사 이동에서도 드러났다. 아프가니스탄에서 특수 작전을 수행하던 미군 사령관인 데이비드 퍼트레이어스(David Petraeus) 대장을 CIA 국장에, CIA 국장 리언 파네타(Leon Panetta)를 국방장관에 임명하여 정보기관과 국방성의 유기적 협조체제를 구축하려고 한 것 은 이상과 같은 전략의 변화에 따른 것으로 보인다.

CIA는 리비아 반군의 작전 지원 뿐 아니라 반군의 모집에도 적극적 으로 가담한 사실이 드러났다. 그 예로서 카다피 정권을 붕괴시키기 위해 아프가니스탄 등지에서 1,500여명의 용병을 모집, 무장시켜 리비 아에 투입하였으며 반군 측에 무기도 공급한 것으로 밝혀졌다(Masood 2011). 이 과정은 앞에서 호세인-자데가 주장한 내용과 거의 일치한다.

CIA 이외에 영국 정보기관과 특수부대도 리비아 전쟁에 비밀리에 개입했다. 영국의 정보기관인 군첩보국(MI6, Military Intelligence 6)과 특수부대인 공수특전대(SAS, Special Air Service)와 해군특전대(SBS, Special Boat Service) 요원들이 리비아에 파견되어 카다피 정부군의 미 사일, 탱크, 포진지 등 중요한 군사시설의 위치정보를 수집하여 NATO 의 공습 시에 참고할 수 있도록 지원한 것으로 드러났다(Nazemroaya 2012: 239, Prashad 2012: 224). 정보기관과 특수부대는 반군과 합동으로 카다피 색출작전도 실시했다. 수도 트리폴리(Tripoli)가 함락되자 정보 기관과 특수부대 요원들의 주요 임무가 카다피 색출에 집중되었는데 SAS의 제22연대 요원들은 리비아 반군들이 카다피를 잡을 수 있도록 적극적으로 지원한 것으로 알려졌다. 데이비드 캐머런(David Cameron) 영국 총리의 명령에 의해 리비아에 파견된 SAS 요원들은 카다피를 찾 기 위해 아랍인 복장으로 위장하고 구 소련제 소총인 AK-47 등 반군 들이 사용하고 있는 것과 같은 무기를 사용하고 있었다(Allen et al. 2011).

2) 알카에다 연계조직 리비아 이슬람 전투단

전쟁에서 과거 적대관계에 있던 국가 또는 조직과 연합하는 방식은 역사적 유래가 깊다. 이와 같은 연합 형태는 적어도 제2차 세계대전까지 거슬러 올라간다. 미국의 테러와 이슬람에 대한 정책연구소인 민주주의수호재단(FDD, Foundation for Defense of Democracies)의 회장 클리포드 메이(Clifford May)는 이러한 미국의 전쟁방식에 대해 다음과 같이 설명한다. "우리는 '적과 손을 잡는다'고 [프랭클린] 루즈벨트 대통령이 말했듯이 파시스트 이데올로기와 운동을 저지하기 위해 소련 공산주의자들과 연합했다. (중략) 그는 국가안보 정책이 이렇게 이상한 적과의 동침을 하도록 만든다고 이해했다. [지금도] 항상 그렇게 하고 있고 항상 그럴 것이다"(May 2012). 그래서 미국 역사상 국가안보를 위해서라면 '악마'와도 손을 잡는 경우는 매우 흔한 일이었다(Crumpton 2013). 미국의 "적과의 동침"은 리비아 개입에도 적용되었다.

리비아에서 미국의 "적과의 동침" 대상이 된 대표적 조직은 리비아 이슬람 전투단이었다. 이 조직은 리비아 반군의 주축 역할을 수행했는데 사령관은 압델 하킴 벨하지(Abdel Hakim Belhaj)였다. 1995년에 카다피를 축출하기 위해 결성된 LIFG는 2007년에 테러조직인 알카에다에 공식적으로 합류했다(Souad et al. 2011). 미 국무부는 곧바로 LIFG를 알카에다와 연계된 테러조직으로 지정했다. 전 CIA 국장 조지 테닛(George Tenet)은 2004년 상원 청문회에서 이미 이 조직을 "미국 안보에 직접적인 위협들 중의 하나"라고까지 주장했다(Newman 2011). 벨하지가 지휘한 반군은 리비아에 비밀리에 침투한 NATO 특수부대로부터 훈련을 받고 전투 능력을 향상시킨 후 수도 트리폴리를 공략한 주력이었다(Escobar 2011). 미국은 리비아 반군에 대한 무기 공급, 공중정찰 등의 명목으로 적어도 약 10억 달러의 자금을 투입한 것으로 알려졌다(Barry 2011). 이처럼 리비아의 민주화를 이룩하기 위해 반군을 지원하는 것은 42년간 독재정권 아래에서 살아 온 리비아인들의 입장을 생각할 때 큰 의미가 있다. 하지만 알카에다와 연계된 무장단체이자 미국정부 자신이 테러조직으로 지정한 그룹이면 평소 강조해 온 '테러와의 전쟁'(war on terror)과 모순되는 측면이 있다고 하겠다.

리비아 반군은 '아랍의 봄' 시작 전, 중동과 아프리카 지역에 파견한 시위대 중 일부와 함께 무장 폭동을 일으킨 주축이었다. 미국은 '아랍의 봄' 시작 6주 전에 이미 시위를 주도할 핵심요원 5,000여 명을 훈련, 중동과 아프리카에 파견하였고 이들이 당국에 체포되지 않도록 다양한 방법으로 지원했다. 미 국무부 인권·노동담당 차관보 마이클 포스너(Michael Posner)는 리비아 사태가 일어나기 전까지 2년 간 약 5천 만 달러를 들여 시위대의 훈련 및 소셜미디어와 휴대폰 기술을 지원했다는 사실을 공식적으로 인정했다.[6] 사전에 리비아 등 중동과 아프리카 지역에 파견되는 시위 주동자를 조직·지원한 것은 외국이 '아랍의 봄' 발생에 적극적으로 개입했다는 사실을 뒷받침하고 있다. LIFG를 주축으로 한 반군은 리비아에서 시위대를 조직하고 NATO의 공습 후에는

[그림 6-1] 시위를 선동하는 소셜 미디어(페이스북)와 싸우고 있는 카다피 만화

출처 :
www.cartoon
movement.com
(©amr okasha)

카다피 정부군과의 전투에도 적극적으로 참가했다. 미국 싱크탱크인 브루킹스연구소(Brookings Institute)는 카다피 정권이 붕괴된 후 발간한 보고서에서 LIFG가 "리비아 혁명을 지원하였고 카다피 정권 제거에 중요한 역할을 수행했다"고 인정했다(Ashour 2012: 2).

카다피 사망 후 서방국가들의 다음 정권교체 대상인 시리아의 아사드 정권을 붕괴시키기 위해 시리아 국경에서 활동하고 있는 벨하지 사령관은 NATO의 리비아 공습 후 이탈리아 신문과의 인터뷰에서 그의 조직이 알카에다와 연결되어 있다고 인정했다. 하지만 자신들은 테러리스트가 아니며 "선량한 이슬람교도로서 외국의 침략자로부터 항거해 싸우고 있다"고 주장했다(Swami et al. 2011). 그러나 여기서 카다피가 벨하지의 조직이 외국의 이익을 위해 싸우고 있다고 주장하며 자신은 "알카에다와 싸우고 있다"고 말한 사실에 주목할 필요가 있다. 카다피는 반군의 주축이 알카에다 출신이라는 사실을 미리 알고 있었다. 그래서 그는 이번 전쟁은 리비아에서 석유 이권을 취하려는 외국이 지원하는 테러조직인 '알카에다와의 전쟁'이라고 주장했다(Swami et al. 2011). 카다피는 특히 미국정부가 수감했다가 석방한 알카에다가 리비아에서 싸우고 있는 사실을 유엔 안보리가 알고 있는지 비난하면서 알카에다가 시위대를 구별하지 않고 무차별로 학살하고 있다고 주장했다(McKinney 2012: 72).

카다피가 반군의 대열에 알카에다가 포함되어 있다고 주장한 사실은 NATO의 리비아 작전을 총지휘한 미국인 사령관의 발언에서 공식적으로 확인되었다. 제임스 스타비리디스(James Stavridis) 제독은 NATO의 공습 개시 직후인 2011년 3월 27일 상원 청문회에서 공화당 소속 연방 상원의원인 제임스 인호프(James Inhofe)의 질문에 답변하면서 서방 정보기관들이 리비아 반군 중에 알카에다 요원들이 포함되어 있다는 정보를 입수했다고 증언했다. 이것은 당시 인호프를 비롯한 일부 연방

의회 의원들 사이에서 서방국가들이 알카에다를 지원하여 카다피 정권을 붕괴시키고 있다는 의혹이 제기되던 와중에 나온 발언이었다. 그러나 스타비리디스 제독은 NATO의 정보기관과 특수부대가 리비아 반군을 모집, 무장시킨 사실을 공개적으로 밝히지는 않았다(Entous et al. 2011).

앞에서 카다피가 지적하였듯이, 서방국가들이 리비아 반군을 지원하여 카다피 제거를 시도한 중요한 목적 중 하나는 석유 이권과 같은 '전략적 이익' 추구에 도움이 되는 '친서방' 정권을 수립하는데 있었다. 실제로 카다피 정권에 대항하여 세운 반군의 지도부 구성을 보면 대부분 '친서방' 또는 '친미' 성향이라는 사실을 잘 알 수 있다. NATO가 리비아를 공습하기 이전인 2011년 2월에 이미 미국, 프랑스 등 서방국가들은 정권교체를 염두에 두고 반군의 지도부인 국가과도위원회(NTC, National Transitional Council)를 구성하고 정권교체 이후 리비아를 이끌어 갈 지도자 옹립을 주도했다. NTC의 위원장 무스타파 압둘 잘릴(Mustafa Abdul Jalil)은 미국에 매우 협조적인 인물이었다. NTC의 재무장관을 역임하였으며 "우리는 우리 자신의 은행을 강탈했다"며 카다피 정권의 중앙은행에 있던 자금 몰수를 주도한 알리 타르후니(Ali Tarhouni)는 1970년대 벵가지대학교를 졸업한 후 미국으로 망명하여 박사학위를 받고 워싱턴대학교에서 경제학 교수를 지낸 '신자유주의적 개혁론자'(neoliberal reformer)였다(Raghavan et al. 2011, Prashad 2012: 210). NATO가 리비아 전쟁 종료를 선언한 날인 2011년 10월 31일 NTC는, 미국과 리비아의 이중국적자인 압둘라힘 엘-키브(Abdurrahim el-Keib)를 새 총리로 선출했다. 그는 전임 총리이자 현재 '친서방' 성향의 정당 당수로 있으며 '신자유주의' 성향의 마흐무드 지브릴(Mahmud Jibril)과 같이 미국에서 교육받은 '친미파'로 알려져 있다. 미국에서 공학박사 학위를 취득하고 교수 생활을 한 엘-키브는 서방의 에너지 업계와 깊은 관계를 맺었으며 미국 에너지부의 자금을 받아 연구한 적도 있다(Prashad 2012: 237). 반군 지도부 주축은 이전에 미국이 침공한 이라크와 아프가니스탄의 경우처럼 미국정부가 '뒤에서' 옹립한 사람들일 가능성이 크다. 미국 CFR의 부트가 NATO의 리비아 공습 직후인 3월 28일, 미국과 우방국이 카다피 정권 붕괴 후 리비아를 이끌어 갈 민주정부를 세울 준비를 "뒤에서" 해야 한다고 주장한 부분에서 그 힌트를 얻을 수 있다(Boot 2011).

결론적으로 NATO가 반군을 이용해 리비아 정권을 붕괴시키는 과정에서 나타난 일반적인 특징은, 정보기관과 특수부대를 통해 비밀리에 반군을 무장시킨 후 시위 주도 및 '대리전'을 치르게 하여 카다피를 몰아내고 '친서방' 정권을 수립하는 과정을 거친 것이다. 그래서 정보기관과 특수부대의 비밀 개입 그리고 시위대와 반군의 특징을 고려할 때, 리비아에서 일어난 '아랍의 봄'의 성격은 'NATO의 조직적인 개입에 의해 이루어진 혁명'이었다고 봐야 한다.

3. NATO가 리비아에 개입한 이유

1) 석유 이권

카다피는 1969년 무혈쿠데타로 집권한 직후 자국 내 미국과 영국 기지를 철수시키는 등 '반서방' 성향으로 악명이 높았다. 그 후 미국과 영국의 정보기관은 여러 차례 카다피 살해를 시도하였으나 성공하지 못했다. 2003년 미국의 이라크 침공 이후 카다피 정권은 대량살상무기 프로그램을 포기하고 미국의 '테러와의 전쟁'에 협력하는 등 서방국가와의 화해무드에 들어갔다. 그렇다고 해서 서방국가들이 독재정권을 유지하고 있던 카다피에 대한 의구심을 완전히 풀지는 않았다. 한편 카다피도 자신을 방문하는 외국인들에게 리비아의 대량살상무기 프로그램 포기에 대한 서방의 '대가'가 미미하고 특히 리비아에 대한 서방의 군사기술 이전의 부진에 대해 불만을 토로했다. 결국 리비아에서 '아랍의 봄'이 일어나기 수년 전부터 서방국가들과의 관계가 서서히 악화되기 시작했다(Forte 2012: 76).

앞에서 분석하였듯이 리비아 사태의 성격이 'NATO의 조직적인 개입에 의해 이루어진 혁명'이었다면 NATO가 무력으로 개입한 이유는 무엇일까? 리비아 수도 트리폴리가 함락된 날인 2011년 8월 22일, 미국 〈뉴욕타임즈〉 신문은 "리비아 석유 자산에 접근하기 위한 쟁탈전이 시작되다"는 제하의 기사에서 NATO 회원국들이 리비아에서 석유 이권 취득을 위해 각축전을 벌이고 있다고 지적했다. 그리고 신문은 외국의 석유 회사들에게 까다로웠던 카다피와는 달리 향후 리비아에서 NATO와 깊은 관계를 맺는 정부가 탄생한다면 서방국가들에게 좀 더 쉬운 상대가 될 수도 있다고 주장했다. 〈뉴욕타임즈〉 기사의 내용은 NATO가 무력으로 리비아 사태에 개입한 이유를 어느 정도 짐작할 수 있게 해 준다(Krauss 2011).

NATO와 같은 군사 동맹 또는 특정 국가의 전쟁 개시 배경에는 여러 가지 이유가 존재한다. 각종 산업의 발달과 전쟁에서의 에너지 수요 확대에 따라 제1차 세계대전을 기점으로 그 이후 발생한 전쟁은 종종 석유 확보와 관련되어 있었다. 제2차 세계대전의 경우 1941년 독일의 아돌프 히틀러(Adolf Hitler)가 코카서스(Caucasus) 지방의 유전지대 확보를 위해 소련을 침공하거나, 같은 해 일본이 자원 확보를 위해 동남아시아를 점령한 예를 들 수 있다(Bacevich 2005, Yergin 2009). 2000년

대 초기에 일어난 대표적 사례는 2003년 미국의 이라크 침공이다. 산유국인 이라크에 대한 개입은 미국의 '거대전략'(grand strategy)의 일환으로 이루어진 것이었다. 미국 브랜다이스대학교의 국제관계학과 교수인 로버트 아트(Robert Art)는 '거대전략' 개념을 설명하면서 중요도의 순서로 '우선적인 국가 이익' 여섯 가지를 제시하였는데, 그 세 번째에 "석유를 비싸지 않은 가격에 안정적으로 공급받을 수 있는 상태를 유지하는 것"이라고 주장했다. 이처럼 석유공급처 확보를 미국의 "매우 중요한"(very important) 전략으로 규정할 만큼 21세기 미국의 '거대전략'은 석유와 불가분한 관계에 있다(Art 2003: 7).

앞에서 〈뉴욕타임즈〉가 암시한 것처럼 2011년 3월 NATO의 리비아 개입도 석유와 무관하지 않았다. 리비아는 아프리카 산유국 중에서도 최대 매장량을 자랑하며 저유황 양질의 원유 생산국으로 유명하다. NATO의 개입에 명분을 제공한 것으로 먼저 카다피 정권의 '자원민족주의'(resource nationalism)를 지적할 수 있다. 여기서 우선, '자원민족주의'를 주창하다 서방국가들에 의해 정권이 교체된 사례 한 가지를 간단히 살펴본 후 본론으로 들어가기로 한다. 제2차 세계대전 이후 서방국가들이 중동 산유국의 '자원민족주의'로부터 석유 이권을 보호하기 위해 정권교체를 시도한 최초의 사례는 아마 1953년에 붕괴된 이란의 모하마드 모사데크(Mohammad Mossadegh) 정권일 것이다. 미국정부는 이 사건에 대한 개입을 부인해오다 1990년대 말인 빌 클린턴(Bill Clinton) 행정부 시절에서야 비로소 인정했다. 당시 이란의 정권교체 과정을 보면 리비아의 경우와 유사한 부분이 발견된다. 예를 들면, 외국 정보기관이 주도적으로 개입한 점을 들 수 있다(Erlich 2007: 56). 미국과 영국 정보기관의 적극적 개입에 의해 모사데크 정권이 붕괴된 후 미국은 '친서방' 성향의 모하마드 레자 샤 팔레비(Mohammad Reza Shah Pahlevi)를 국왕으로 옹립하고 이란의 석유 국유화 조치를 해제시켰다(Perkins 2006: 21).

리비아의 카다피 정권도 '자원민족주의'를 기치로 내세우며 석유 국유화를 주장하는 등 이란의 모사데크 정권과 비슷한 운명의 길을 걷고 있었다. 카다피는 NATO가 리비아를 공습하기 수년 전부터 석유 국유화를 주장해 왔다(Blanchard 2012: 15). 인터넷 폭로 전문 사이트인 〈위키리크스〉가 유출한 미국의 국무부 전문들을 살펴보면, 미국정부 내에서 적어도 2007년 말경부터 카다피 정권이 내세운 '자원민족주의'에 대한 비판이 일어났다는 사실을 발견할 수 있다. 그 해 11월에 작성된 국무부 전문에는 "리비아 정부에 의한 '자원민족주의'가 점점 고조되고 있다"고 경고했다. 국무부 전문은 리비아의 '자원민족주의'를 서방 석유회사에 대한 사실상의 '전쟁행위'로 간주했다. 또한 2009년 1월 30일자 전문을 보면 원유 가격이 급락하는 것을 지켜 본 카다피가 다른 산유국들에게 석유 생산 시설의 국유화를 제안했다는 사실도 드러났다(Mufson 2011). 이란의 경우에서도 보았듯이 전통적으로 '자원민족주의'를 강조하는 산유국의 정권교체를 불사해 온 미국정부 입장에서는 석유 국유화를 시도하고 다른 산유국들을 합류시키려는 카다피 정권은 미국의 '거대전략'에 걸림돌 같은 존재로 보일 수밖에 없었을 것이다.

그래서 2011년 3월 19일 NATO가 리비아를 공습한 당일부터 석유 이권에 대한 서방국가들의 의지가 엿보였다. 이들이 주도하여 설립한 반군지도부인 NTC가 카다피 정권의 기존 국영 석유회사를 대체하기 위해 동부의 반군 거점인 벵가지에 새로운 석유회사 설립을 전격적으로 결정한 것이다. 이 결정은 이틀 전인 3월 17일 유엔 안보리의 리비아 국영 석유회사 해외자산 동결 결정에 따른 후속조치였다(Varner 2011). NTC가 NATO의 공습 개시 바로 당일 전광석화 같이 국영 석유회사를 대체할 회사를 설립하기로 발표한 사실은 카다피 정권교체 이유 중

하나가 바로 석유 이권과 관련되어 있다는 것을 의미한다. 미국의 원유 채굴 및 경영회사인 퀀텀 레저보어 임펙트(Quantum Reservoir Impact)의 최고경영자인 난센 살레리(Nansen Saleri)는 NATO의 리비아 공습이 한창 진행 중이던 2011년 6월 10일 〈워싱턴포스트〉 신문에 실린 인터뷰 기사에서 리비아에서는 모든 일이 카다피 또는 그의 아들 중 한 명에 의해 결정된다고 주장했다(Mufson 2011). 따라서 카다피와 그의 아들을 축출하고 새로운 정권을 수립한다면 서방의 석유회사가 리비아 석유에 접근하기 쉽다고 판단한 것이 미국과 NATO의 입장이라고 볼 수 있다.

리비아 전황이 NATO에 유리하게 전개되어 카다피 축출 가능성이 높아지는 가운데 석유 이권에 대한 미국의 관심이 더욱 고조되었다. NATO의 공습이 시작된 지 2개월 후인 2011년 5월, 코코노필립스(ConocoPhillips) 등 미국계 석유회사 간부들이 벵가지에서 열린 반군 측과 석유 이권을 위한 회의에 참가했다. 퀀텀 리저버 임펙트의 살레리는 머지않아 카다피가 축출될 것이라며 "서방의 [석유]회사들이 자신의 자리를 잡아 가고 있다"며 기뻐했다. 또한 카다피가 사망하기 약 한 달 전인 9월 22일, 그 동안 폐쇄된 대사관을 재가동하는 기념식에서 리비아 주재 미국대사 진 크레츠(Gene Cretz)는, 미국 석유회사들이 대량의 리비아 석유 확보를 희망한다는 취지의 발언을 했다(Mufson 2011).

미국뿐만 아니라 NATO의 공습 전부터 리비아산 원유를 수입하고 있던 프랑스, 이탈리아 등지의 유럽계 석유회사들도 카다피 정권교체와 관계가 있었다는 사실이 공습 전후에 나타난 일련의 움직임에서 드러났다. 프랑스는 리비아 폭격 이전까지 석유 수입량의 약 10%를 리비아로부터 들여오고 있었다(Gelvin 2012: 87). 리비아 공습 초기 서방 언론들이 리비아 전쟁에 임하는 니콜라 사르코지(Nicolas Sarkozy) 대통령의 태도를 표현할 때 '사르코지의 전쟁'(Sarkozy's War)이라고 부를 만큼 프랑스는 유럽국가들 중에서도 리비아 전쟁에 매우 적극적인 태도를 보인 나라였다. 특히 사르코지 정부는 반군의 지도부인 NTC 설립에 주도적으로 참여하였고 가장 먼저 카다피 정권을 대신할 합법정부로 승인했다. 프랑스의 주도적 참여 배경에는 프랑스 최대의 석유회사 토탈(TOTAL)이 사르코지 정부의 리비아 전쟁 개입에 중요한 역할을 한 것으로 알려져 있다. 이 회사는 리비아 석유를 가장 많이 수입하고 있는 이탈리아의 이엔아이(ENI) 만큼의 지분 확보를 바라고 있었다(Gibbs 2011). 한편 이탈리아도 석유 수입량의 약 25%를 리비아에서 수입하고 있었다(Gelvin 2012: 87). 외무장관 프랑코 프라티니(Franco Frattini)는 자국의 최대 석유회사인 ENI가 향후 리비아에서 "가장 중요한 역할"을 할 것이라고 주장할 정도로 리비아 석유에 큰 관심을 보였다(Ahmad 2011).[7] 그러나 서방국가들은 리비아의 석유 이권에만 관심이 있는 것이 아니었다.

2) 금융 이권

미국의 전쟁영웅이자 퇴역 해병대 소장인 스메들리 버틀러(Smedley Bulter)는 1933년에 행한 〈전쟁은 부정한 돈벌이〉라는 제목의 유명한 연설에서, 미국·스페인 전쟁, 제1차 세계대전 등 자신이 참전한 전쟁은 월가 은행들의 돈벌이와 관련되어 있다고 주장했다. 이 연설에서 전쟁을 통한 부정한 돈벌이는 "항상 있어 왔다"는 버틀러 장군의 주장대로, 19세기 후반부터 현재까지 발생한 수많은 전쟁은 서방 대형은행의 이익과 관계가 있다(Butler 1935). 2011년 3월의 NATO에 의한 리비아 개입도 예외가 아니다.

앞에서 아트 교수가 분류한 미국의 '거대전략'에는 "개방된 국제 경제 질서의 확보"도 미국의 "중요한"(important) 전략에 포함되어 있었다

(Art 2003: 7). 대개 권위주의 국가 또는 독재국가의 경우 금융시장이 서방에 완전히 개방되지 않은 경우가 많다. 리비아 공습 이전까지 세계에서 외국계 은행의 영향권에 놓이지 않은 나라는 리비아, 북한, 이란, 수단, 쿠바 등 5개국 정도로 알려졌다. 5개국 모두 서방국가들과 우호적이지 않은 정권이 장악하고 있었다. 이들 국가는 오래 전부터 서방의 정권교체의 우선순위이기도 하다.

서방의 개입에 의해 독재정권이 교체된 나라의 금융이 서방 은행의 이권에 넘어간 최근의 사례로 이라크를 들 수 있다. 2003년 미국의 이라크 개입으로 사담 후세인(Saddam Hussein) 정권이 붕괴된 후 수립된 '친서방'의 누리 알 말리키(Nouri al Maliki) 정권이 가장 먼저 취한 행동 중 하나는 이라크 국책은행에 대한 '민영화' 조치였으며, 국제자문감시위원회의 고위급 전문가 그룹에는 국제통화기금(IMF, International Monetary Fund)과 세계은행(WB, World Bank) 관계자들이 대거 참여했다. 이후 '민영화'된 은행은 골드만 삭스(Goldman Sachs), 제이 피 모건 체이스(J.P. Morgan Chase & Co) 등 서방 은행의 이권 개입 대상이 되었다.

NATO가 리비아에 개입한 이유는 금융 이권과도 깊이 관련되어 있었다. 전쟁 개시 이후에 일어난 조치를 보면 전쟁을 개시한 측의 목적이 드러나는 경우가 종종 있다. 리비아에서 발생한 특이한 현상은 중앙은행의 재빠른 설립이었다. 미국은 2011년 3월 17일 유엔 안보리가 리비아 상공에 대한 '비행금지구역' 설정을 승인함과 동시에 리비아 중앙은행의 해외계좌를 전격적으로 동결시켰다. 그리고 이틀 뒤인 3월 19일에는 반군의 지도부인 NTC가 벵가지중앙은행(Central Bank of Benghazi) 설립을 공표했다. 전광석화 같은 중앙은행 설립 결정 사실을 들은 미국의 금융분석가 로버트 웬젤(Robert Wenzel)은 "여기 기네스북에 오를 또 하나의 기록이 생겼다 (중략) 나는 민주화 시위가 있

은 지 몇 주도 안 되어 중앙은행이 설립된 사례를 지금까지 들어 본
적이 없다"며 외부세력, 즉 서방의 개입을 시사했다(Wenzel 2011).

여기서 카다피 정권 주도로 아프리카의 금융 독립 움직임이 서방국
가들로 하여금 리비아에 개입하도록 원인을 제공했다는 사실에 주목
할 필요가 있다. 이라크 사례와는 달리 리비아의 경우에는 NATO의 공
습이 시작되기도 전에 서방의 금융 이권에 정면으로 도전하는 조치가
카다피의 주도 하에 추진되고 있었다. 아프리카를 통합하여 '아프리카
합중국'(United States of Africa) 창설을 목표로 하고 있던 카다피가 아
프리카 금융의 독립을 위해 나이지리아에 아프리카중앙은행(CBA,
Central Bank of Africa), 리비아에 아프리카투자은행(AIB, African
Investment Bank), 카메룬에 아프리카통화기금(AMF, African Monetary
Fund)을 각각 설립하기로 한 것이었다. 2010년 12월에 서방국가들이
AMF 가입을 시도하였으나 아프리카 국가가 아니라는 이유로 거절당
했다(Forte 2012: 161, 171).

전 미국 국무장관 헨리 키신저(Henry Kissinger)는 1974년, 사우디아
라비아 정부와 오일달러(petrodollar)에 관한 방침을 최종 결정한 직후
사석에서 "화폐를 통제하는 자는 세계를 통제할 수 있다"고 주장 한 것
으로 전해진다.[8] 리비아의 아프리카 금융 독립 주도는 서방의 금융 영
향권에서 벗어나겠다는 것을 의미했다. 서방 금융권의 제3세계 국가
개입에 직접 참여한 존 퍼킨스(John Perkins)에 의하면, IMF와 WB는 그
들의 세계 금융시장 지배구도에 위협이 되는 나라의 지도자를 곱게
보지 않는다(Perkins 2006). 그래서 카다피의 아프리카 금융 독립 주도
는 서방 금융권에 심각한 도전일 수밖에 없었다(Forte 2012: 148).

또한 제4장에서도 언급했듯이, 카다피는 아프리카 전역을 대상으로
'금 디나르'('디나르'는 리비아의 화폐단위)로 통용되는 금본위제 실시
계획을 마련하고 있었다(Forte 2012: 269). 이와 같은 카다피의 움직임

은 미국의 달러 패권에 정면으로 도전하는 조치로 보였다는 주장도 제기되었다. 결국 서방 금융권의 입장에서는 그들이 경계하는 아프리카 금융 독립과 금본위제 도입을 추진한 카다피 정권이 눈엣가시 같은 존재일 수밖에 없었다(장회식 2013: 200). 흥미로운 사실은 NATO가 리비아를 공습한 지 2개월이 이 경과한 2011년 5월, NTC의 임시 총리인 지브릴과 재무장관 타르후니가 미국에서 재무부 관리들과 만났을 때, 미국 측으로부터 리비아의 석유대금 결제 방식을 '금 디나르'와 유로가 아닌 달러로 변경하라는 압력을 받은 것이다. 아직 카다피 정권이 완전히 붕괴되지 않은 상태에서 반군 지도부를 미국에 불러 긴급히 달러로 환원조치를 요구했다는 것은 그 만큼 오일달러가 미국의 패권 유지에 중요하다는 것을 나타내며 이는 카다피 정권을 교체하려는 이유 중 하나였다는 것을 말해준다. 그리고 그 해 8월에는 리비아 사태에 관한 프로파간다(propaganda)를 담당한 워싱턴 소재 홍보회사인 패튼 복스(Patton Boggs) 관계자들이 벵가지에서 반군 지도부와 만나 미국이 동결한 리비아 중앙은행의 해외계좌를 서방 은행으로 변경시키는 방안을 협의했다(Prashad 2012: 240-41). 결국 앞에서 은행이 전쟁을 통해 이권을 챙기는 사례가 "항상 있어 왔다"는 버틀러 장군의 주장은 리비아의 경우에도 그대로 들어맞았다.

최근의 NATO에 관한 연구에서도 밝혀졌듯이, 미국의 정관계에 영향력을 행사하는 은행인 골드만 삭스와 제이 피 모건 체이스가 리비아 침공에 찬성했다(Nazemroaya 2012: 246). NATO의 침공으로 카다피 정권이 붕괴될 것이 기정사실화 된 시점에서 먼저 리비아 현지에 조사단을 파견한 국제기구가 바로 골드만 삭스와 제이 피 모건 체이스와 같은 대형은행들의 입김이 강하게 작용하는 IMF와 WB였다. 두 기구는 카다피 사망 직전인 2011년 10월 6일부터 13일까지 리비아에 공동조사단을 파견하였고, 그 후 리비아 재정상황 등을 조사하기 위해 경제실사단을 파견했다(『데일리경제』11/10/21).

이러한 IMF와 WB의 움직임은 당초 리비아에 대한 NATO의 공습 명분인 카다피 정부군의 학살로부터 리비아 국민의 '보호책무'가 카다피 정권의 붕괴가 임박한 시점에서 공습으로 황폐화된 리비아의 '재건책무'(Responsibility To Rebuild)로 전환되는 것을 의미했다. 이것은 구 유고슬라비아의 밀로세비치 정권이 붕괴된 이후 서방국가들이 주권국가의 내부 문제를 이유로 개입하는 과정에서 종종 나타나는 방식이었다(ICISS 2001). 금융부문에서의 리비아 '재건책무'는 '구조개혁'과 '민영화'의 이름으로 이루어졌다. 2012년에 발간된 IMF 보고서는 카다피 정권 시절 대부분의 리비아 민간은행들이 국가의 통제 아래에 있었다며 대대적인 '구조개혁'과 '민영화'를 통한 '신자유주의'(neoliberalism) 정책의 필요성을 주장했다(IMF 2012: 7). '신자유주의'는 곧 서방 은행권이 리비아 금융에 접근할 길을 열어 준다는 것이다. 그래서 '신자유주의' 정책을 반대해 온 사회주의 성향의 카다피는 걸림돌로 작용해 온 것이다.

3) 아프리카에서 중국 견제와 에너지 확보

G2로 불리는 미국과 중국의 관계를 표현할 때 '견제'와 '협력'이라는 단어가 자주 등장한다. 그러나 아프리카 대륙에 관한 한 두 나라의 관계는 전자에 무게중심이 더 실린다. 미국이 리비아 사태에 개입한 또 다른 이유는 아프리카 지역에서 중국 견제와 에너지 확보를 위한 전략과 깊은 관련이 있다. 이와 관련하여 2011년 9월 리비아 주재 미국 대사 크레츠가 자국이 리비아에 개입한 이유를 석유 이외에도 "다른 경제적, 전략적, 군사적 이유들"이 있었다고 한 주장에 유의할 필요가 있다. 크레츠의 주장은 중국을 염두에 두고 한 발언이었다(Forte 2012: 61).

냉전 붕괴 이후 지금까지 일관되게 유지되고 있는 미국의 세계전략은 소련과 같은 라이벌이 출현하여 패권에 도전하는 것을 미연에 방지하는 것이었다. 아들 부시 행정부의 부통령과 국방부 부장관을 각각 역임하게 되는 딕 체니(Dick Cheney)와 폴 울포위츠(Paul Wolfowitz) 주도의 '새로운 미국의 세기를 위한 프로젝트'(PNAC, Project for the New American Century)라는 조직이 2000년 작성한 안보전략 보고서인 「미국의 국방 재건」(Rebuilding America's Defenses)은, 21세기 미국의 전략 목표를 "미국의 세기 유지"에 두고 미군의 주요 임무로 "새로운 강력한 경쟁 국가의 부상을 저지"하는데 있다고 명시했다(PNAC 2000: 2).

최근 "미국의 세기 유지"에 가장 위협적인 존재로 부각되고 있는 나라가 바로 중국이다. 미국이 세계 패권국으로서의 지위를 유지함에 있어 잠재적 위협이 되는 국가의 조건은 '강력한 경제력'과 '대규모의 인구'를 가진 나라이다. 경제력은 군사력의 원천이 되고 인구는 병력의 근간을 이룬다. 따라서 중국과 같이 급속한 경제 성장률과 세계 최다의 인구를 보유한 경우는 미국의 잠재적인 라이벌이 될 가능성이 크다. 시카고대학교의 국제정치학 교수인 존 미어쉐이머(John Mearsheimer)는 2001년에 이미 "부상하는 중국은 21세기 초에 있어서 미국의 잠재적인 위협 국가"라며 향후 미국과 중국의 경쟁 가능성을 예고했다(Mearsheimer 2001: 45-46, 362). PNAC의 창립멤버이자 하버드대학교 올린전략연구소 소장이었던 스티븐 피터 로슨(Stephen Peter Rosen)은 2002년 미어쉐이머보다 더 강경한 어조로 중국의 부상을 막아야 한다고 주장한 인물이다. 그는 미국이 제국의 유지를 위해 필요하다면 "전쟁이라는 방법을 동원"할 수도 있다면서 한 세대 안에 미국에 도전할 가능성이 가장 높은 나라로 중국을 지목했다(Rosen 2002: 31).

그런데 예상과는 달리 중국은 의외로 빨리 미국의 경쟁 상대로 다가왔다. 2001년 이후 미국이 아프가니스탄과 이라크에서 '테러와의 전쟁'으로 국력을 소모하고 있는 동안에 중국이 경제 성장에 치중한 것도 한 원인이었다. 최근 몇 년 동안 미국의 전략가들 사이에서는 아프리카 관련 대외정책에 가장 위협적인 존재가 중국이라는 점에 의견을 같이 하고, 그 중에서도 중국의 석유 확보 경쟁은 열띤 토론주제가 되었다(Lawson 2007: 9). 그래서 미국은 경제적으로 무섭게 추격해 오고 있는 중국이 아프리카 지역에서 경쟁적으로 자원 확보를 추진하는 추세 등에 전략적으로 대응하기 위해 2008년 아프리카군(AFRICOM)을 창설하고 사령부를 독일의 슈투트가르트(Stuttgart)에 두었다.

AFRICOM 창설 배경에는 에너지 확보처의 다원화 전략과도 깊은 관련이 있다. 미국이 아프리카 지역의 자원 획득을 위해 본격적으로 뛰어든 시기는 아들 부시 행정부 때였다. 부시 행정부 당시 원유 총 수입량의 20%를 아프리카 지역으로부터 수입하고 있었는데 2015년까지 25%로 늘리는 계획을 세운 상태였다. 부시는 2006년 연두 연설에서 2025년까지 중동산 원유 수입량의 75% 이상을 다른 지역에서 대체할 것이라고 천명했다. 그가 말한 "다른 지역" 중 하나가 바로 아프리카 대륙이었다(Ploch 2011: 16).

미국이 AFRICOM 창설을 공식화한 때는 2007년이었는데 창설을 둘러싸고 여기저기서 비판의 목소리가 나왔다. 아프리카인들 사이에서는 AFRICOM의 목적이 아프리카 지역의 석유 자원에 접근하는 데 있다고 생각하는 사람이 많았다. 또한 일부 아프리카 지도자들로부터는 아프리카 지역을 군사적으로 지배하려는 "신제국주의적 시도"라는 비판도 나왔다(Ploch 2011: 24-25). 19세기 영국, 프랑스 등 유럽 국가들로부터 식민지 지배를 받았고 자원을 수탈당한 경험이 있는 아프리카인들로서는 자연스런 반응일 것이다. 한편 중국의 한 고위관리는 미국의 AFRICOM 창설 이유를 '테러와의 전쟁' 이외에도 중국에 대한 미국의 견제용이자 전략적 요충지를 확보하는 데 있다고 주장했다(Holslag 2009: 26).

중국도 급속한 경제성장에 따라 늘어나는 에너지 수요를 충족시키기 위해 아프리카 지역에서 적극적인 자원 외교를 펼쳐 왔다. 미국, 영국 등 대부분의 서방국가들과는 달리 중국은 에너지 자원이 풍부한 아프리카 국가들의 인권상황 개선이나 정치체제 개혁을 요구하지 않는 '내정불간섭' 기조를 유지했다. 또한 이 지역 산유국들에게 자금을 빌려줄 때도 IMF와 같이 까다로운 조건을 내걸며 '구조조정 프로그램'과 국가 기간산업의 '민영화'를 요구하는 '신자유주의' 정책을 강요하지도 않았다. 오랫동안 서양의 식민지 경험과 미국식 자본주의 경제질서를 채택한 결과 빈곤에 허덕여 온 대부분의 아프리카 정부들은 일본과 서양으로부터 '반식민지'(semi-colony) 경험을 가진 중국을 "제국주의자"로는 생각하지 않았다(Sprance 2008: 2). 이상과 같은 이유들이 복합적으로 작용한 결과 중국은 아프리카 산유국들로부터 대체로 환영받고 있었다(Moyo 2010).

아프리카에서 자원 확보를 위해 치열하게 경쟁하고 있던 미국은 중국의 자원 확보 방식과 정치·경제적 영향력에 대해 못 마땅해 하고 있었다. 미국의 싱크탱크인 CFR이 2006년 발간한 보고서에는 미국의 초초함이 그대로 녹아들어 있다. 이 보고서는 아프리카에서의 중국의 자원 확보 경쟁이 "우리의 사고와 우리의 정책에 도전"하고 있다며 경고음을 내보냈다(CFR 2006: 127). 또한 해군대학원의 아프리카 전문가 레티샤 로손(Letitia Lawson)은 2007년 1월 민주주의, 인권 등이 열악한 아프리카 산유국에 대한 중국의 '내정불간섭' 정책을 비난했다. 만약 앞으로도 이와 같은 중국의 아프리카 접근 방식이 계속된다면 미국과 서방 동맹국들의 영향력을 감소시키고, 장기적으로는 지금까지 아프리카에서 추진해 온 서방국가들의 정치·경제개혁 노력을 훼손시키기에 충분했다. 그래서 미국은 아프리카에서의 중국의 행동이 전통적으로 미국 외교정책의 중요한 어젠다인 인권과 민주주의 정책에 정면으로

[그림 6-2] 중국의 원조로 아프리카 전 지역이 중국화 되고 있다는 미국 만화

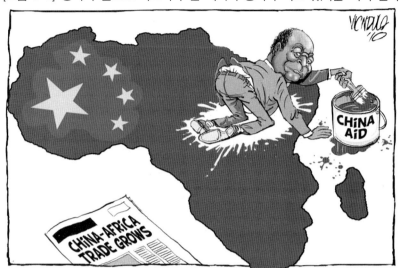

이 만화에는 전통적으로 서구의 영향 아래에 있었던 아프리카에 본격적으로 진출
하고 있는 중국에 대한 미국인의 견제심리가 반영되어 있다.
출처 : www.secretsofthefed.com

배치된다고 본 것이다. 로손은 중국이 아프리카에서 자원 확보와 경제
적 영역을 경쟁적으로 확대해 나간다면 머지않아 냉전 시대에 소련이
미국의 영향력에 도전한 정도로 심각해질 가능성이 있다고 내다봤다
(Lawson 2007: 10). 이렇게 되면 중국은 소련과 같은 라이벌이 출현하
여 미국의 패권에 맞서는 것을 방지하려는 미국의 '거대전략'에 위협적
인 존재가 될 수도 있는 것이다.

아프리카 지역에서 중국의 자원 확보 방식과 영향력 확대에 대한
미국정부의 불편한 속내는 인터넷 폭로 전문 사이트인 〈위키리크스〉
가 유출한 미국의 국무부 비밀 전문에도 잘 나타나 있었다. 영국 〈가
디언〉 신문에 유출된 전문 중 2010년 12월 8일자 보도에 나온 내용에
의하면, 같은 해 2월 23일 당시 국무부 아프리카 담당 차관보인 자니

카슨(Johnnie Carson)이 나이지리아 방문 시 미국 석유업자들과 만난 자리에서 "중국은 도덕이라고는 털끝만큼도 없는 매우 공격적이고 유해한 경제적 경쟁자다. 중국은 이타적인 이유로 아프리카에 와 있지 않다. 중국은 기본적으로 중국을 위해 아프리카에 와 있다"며 중국의 에너지 확보 방식에 대해 원색적으로 비난했다. 그래서 그는 아프리카에서 "중국의 권위주의적 자본주의가 정치적으로 도전적인 상황이지만 미국은 계속해서 민주주의와 자본주의를 이식할 것"이라고 석유업자들에게 다짐했다(Guardian 10/12/08). 그러나 카슨이 말한 중국의 '권위주의적 자본주의'는 미국식 자본주의 경제 질서인 '워싱턴 컨센서스'(Washington Consensus)와는 근본적으로 어울릴 수 없는 시스템이었다. 따라서 미국과 중국이 아프리카에서 자원 확보를 위해 벌이고 있는 경쟁은 또 다른 의미에서는 '경제적 이데올로기 전쟁'이기도 했다.

　이와 같이 아프리카에서의 중국의 자원 확보 방식을 둘러싸고 미국의 심기가 불편한 것을 잘 알고 있던 중국의 일부 엘리트들은 미국이 중국의 아프리카 자원 확보를 의도적으로 방해하고 있다고 불만을 토로했다. 2007년 베이징대학교 국제관계학 교수 왕지시(王緝思)는 미국이 중국의 부상에 제동을 걸고 있다고 보았다. 특히 에너지 안보 면에서 아프리카의 값싼 석유 확보를 방해하기 위해 중국의 아프리카 정책을 비판한다고 불편한 심기를 드러냈다(Norman 2008: 35-38, Lieberthal et al. 2012).

　미국 전략가들 사이에서 중국의 석유 확보와 아프리카 진출을 견제하기 위해 아프리카에 대한 미국의 '인도적 개입'을 요구하는 목소리가 이어지는 가운데 중국은 리비아에 대규모의 투자를 해 왔다(Foster 2006). NATO 전투기들이 리비아를 폭격하기 이전까지 미화 180억 달러 규모의 55개 프로젝트에 투자하고 약 3만 6천명의 인력을 파견하여 자원 확보와 트리폴리-시르테 간 철도 건설 등에 매진하고 있었다

(Prashad 2012: 239, Forte 2012: 58). 그래서 자원 확보 경쟁을 둘러싸고 다음 전쟁은 아프리카에서 일어날 것이라고 예상하는 사람들이 있었다.(Moyo 2012: 166-68) 중국의 관료들은 미국이 아프리카에서 중국을 견제하기 위해 중국의 영향력이 미치지 않는 새로운 정권을 탄생시키려고 한다고 지적했다(Holslag 2009: 26).

미국 주도의 NATO가 리비아에 개입하도록 직접적인 원인을 제공한 사람이 바로 카다피였다. 평소 '아프리카 민족주의'(African nationalism)와 '반식민주의'(anti-colonialism)를 강조해 온 것으로 유명한 카다피는 미국이 자원 확보와 중국 견제를 위해 아프리카 대륙에 AFRICOM 사령부를 두는 것을 반대했다. 대부분의 아프리카 정부들이 AFRICOM 창설에 대해 내심으로는 못마땅해 하면서도 공식적인 언급은 자제하였으나, 리비아 정부는 공개적으로 반대하는 입장을 취함으로써 미국의 비위를 건드렸다. 결국 미국이 아프리카 지역을 관할하는 군사령부를 독일에 둘 수밖에 없었던 배경에는 리비아를 비롯한 아프리카 국가들의 반대 때문이었다(Pham 2008: 267).

이처럼 리비아는 AFRICOM 창설 당시부터 미국의 아프리카에서의 중국 견제 전략에 '방해물'이 되어 있었다. 레이건 행정부 시절 재무부 부장관을 역임한 폴 크레이그 로버츠(Paul Craig Roberts) 박사는 미국이 중국과 관련하여 카다피 정권을 붕괴시키고자 하는 이유를 다음과 같이 명쾌하게 설명하고 있다. "그[카다피]는 미국의 AFRICOM을 방해하고 있고 (중략) [리비아에서] 중국이 미래에 필요한 에너지를 찾도록 허락하였기 때문이다. 워싱턴은 에너지 확보를 반대함으로써 주요 경쟁국인 중국을 견제하기 위해 노력하고 있다. 리비아 사태의 본질은 중국의 아프리카 침투에 대한 미국의 반응이다."[9] 그래서 미국의 카다피 정권교체 이유는 AFRICOM을 통해 중국의 에너지 확보를 저지하려는 국가전략에 걸림돌이 되었기 때문이었다(Engdahl 2011).

21세기 들어서 아프리카 지역의 자원 획득에 본격적으로 뛰어든 미국의 입장에서는, 인구 13억에 얼마 전까지만 해도 연평균 10% 이상의 경제성장률을 자랑하던 중국은 가장 무서운 경쟁 상대이고, 중국의 급속한 경제성장의 원동력이 되는 에너지가 바로 석유이기 때문에 리비아에서 중국의 석유 확보 루트를 통제할 필요가 있었다. 미국정부가 분명히 인식하고 있는 것은 중국과 같은 라이벌이 특정지역에서 에너지 흐름을 장악할 능력을 보유하는 것을 원치 않는다는 것이다(Klare 2002: 53). 중국정부가 유엔 안보리의 리비아 상공에 대한 '비행금지구역' 설정을 위한 결의안에 찬성을 하지 않고 기권한 이유도 바로 이와 같은 리비아에서 중국을 견제하려는 미국의 의도를 미리 알고 있었기 때문이다.

결론적으로 중국에게 우호적인 입장을 취하며 각종 이권을 내 준 반면, 아프리카 대륙에 AFRICOM 사령부를 두는 것에 반대하여 미국의 심기를 불편하게 만든 카다피의 몰락은, 로슨이 강조했듯이 미국이라는 "제국에 도전했다가는 무사할 수 없음"을 보여준 최근의 사례로 볼 수 있다(Rosen 2002: 31). 또한 미국의 경쟁국으로 부상하고 있는 중국에게 계속해서 자원 확보를 허락하는 아프리카 지도자들에게는 "제2의 카다피가 되지 말라"는 경고성 메시지이기도 하다.

4. 카다피 제거의 의미

1) NATO의 역할

리비아 사태에 개입한 NATO의 정보기관과 특수부대 요원들로부터 끈질긴 추적을 받아 온 카다피가 사망한 당일에 일어난 일련의 과정을 살펴보면 NATO가 카다피 제거에 중요한 역할을 했다는 사실을 알 수 있다. 2011년 10월 20일 오전 8시경 카다피 일행을 태운 70여 대의 차량이 백기를 꽂은 채 그의 고향인 시르테(Sirte)를 빠져나가는 모습이 목격되었다. 이 정보를 입수한 미국 무인기와 프랑스 전투기가 카다피 차량을 폭격했다는 주장이 나왔다(McKinney 2012: 121). 미 국방부 관리도 카다피 일행의 트럭들이 미국의 무인기(drone)와 프랑스 공군기에 의해 공습을 당했다는 사실을 인정했다.[10) NATO 공군기의 폭격 후 인근에 숨어 있던 카다피는 곧장 반군들에게 체포되어 살해되었다. 이것이 공식적으로 알려진 카다피의 사망 과정이다.

하지만 카다피의 사망 과정을 둘러싸고 여전히 풀리지 않는 의문점이 있다. 전투가 치열한 시르테 지역에서 그리고 NATO의 정보기관과 특수부대가 리비아 반군과 함께 카다피의 소재 파악에 혈안이 되어

[그림 6-3] 카다피가 사망했다는 사실을 알리는 만화

출처 : www.caglecartoons.com

있던 당시 그가 생명의 위험을 각오하지 않고서는 사방이 훤히 보이는 아침 8시경에 긴 차량 행렬을 보이며 고속도로에 진입한 것은 의외의 상황이었다. 리비아 현지 소식통에 의하면, 폭격 직후 서방의 기자들은 카다피 일행의 차량에 걸려 있던 백기를 전부 수거하기 전까지 폭격 장소에 접근이 금지된 것으로 전해졌다.[11] 정확하게 밝혀지지는 않았지만, 카다피 일행의 차량에 백기가 꽂혀 있었다는 것은 카다피 측과 반군 사이에 정전 합의 또는 카다피가 투항 의사를 가지고 있었다는 것을 의미한다. 또한 NATO의 합동작전사령관인 새뮤얼 라커리어(Samuel Locklear) 제독이 4월 미 하원 군사위원회에서 NATO가 카다피를 살해하기 위해 활동하고 있다고 증언하였고, 힐러리 클린턴(Hillary Clinton) 국무장관은 카다피가 사망하기 이틀 전인 10월 18일 평소 카다피 제거를 강력히 주장하던 리비아 반군 지도자들을 만나기 위해 수도 트리폴리에 도착했다. 여기서 클린턴이 카다피가 반드시 생포 또는 사살되기를 바란다고 한 발언은 매우 의미심장한 메시지였다(Prashad 2012: 173, McKinney 2012: 120). 클린턴은 카다피가 사망한 날 자신의 트리폴리 방문이 카다피의 사망과 관계가 있는지에 대한 기자의 질문에 대답하며 "확실히 그렇다"고 인정했다(Forte 2012: 130-31). 또한 전 임시 총리 지브릴도 카다피 사망 직후 언론과의 인터뷰에서 카다피는 "특정 국가의 요구에 의해 살해되었다"며 외압설을 주장했다(Forte 2012: 120). 이상과 같은 상황을 감안할 때, 미국 등 NATO 소속 국가들이 리비아 반군과 긴밀히 협의하여 카다피의 운명을 결정하였을 가능성도 배제할 수 없다.

이스라엘 정보기관에 정통한 정보지는 10월 21일, NATO 공군기에 의해 폭격된 카다피 일행의 근처에 있던 영국 SAS 등 NATO의 특수부대 요원들이 카다피의 위치를 미스라타(Misurata) 지역의 리비아 반군에게 알려 처형되도록 하였을 가능성이 크다고 분석했다.[12] 특수부대 요원들이 반군으로 하여금 카다피를 사살하도록 유도했다는 또 다른 주장이 러시아의 블라디미르 푸틴(Vladimir Putin) 대통령(당시 총리)으로부터 나왔다는 사실이 흥미롭다. 푸틴은 2011년 12월 러시아 국민들에게 한 연례 연설에서, 카다피 일행을 태운 차량을 미국의 무인기가 발견, 폭격 후 아직 살아 있던 카다피를 미국의 특수부대 요원들이 발견하여 리비아 반군에게 넘겨 재판에 회부 또는 조사 없이 살해당하도록 했다고 주장했다(Nazemroaya 2012: 245). 푸틴의 이러한 주장에 대해 미 국방부 대변인 존 커비(John Kirby)는 "터무니없는 소리"라고 일축했다.[13] 하지만 러시아는 세계 최고 수준의 정보력과 군사위성을 보유하고 있고 구 소련 시절 비밀정보기관 요원이었던 푸틴이 총리로서 한 대국민 연설에서 전혀 근거 없는 주장을 했을 것으로는 보이지 않는다. 푸틴의 주장이 앞에서 나온 이스라엘 정보지와 거의 유사한 점을 감안할 때, 미국, 영국 등 NATO 회원국의 특수부대가 카다피의 위치를 반군에 통보하여 살해당하도록 하였을 가능성이 있다.

이상과 같은 상황과 주장을 종합하면 카다피가 사망에 이르는 과정은 ①미국 무인기가 카다피 일행의 차량을 발견 후 선도 차량 폭격 → ②연락을 받은 프랑스 공군기가 나머지 차량에 폭탄 투하 → ③폭격 현장에 있던 NATO의 특수부대 요원들이 카다피를 발견, 반군에게 통보 → ④반군이 카다피 사살한 것으로 구성해 볼 수 있다. 카다피의 구체적인 사망 과정은 여전히 베일에 가려져 있으나, 이상에서 살펴본 바와 같이 NATO가 매우 중요한 역할을 한 사실은 확실해 보인다.[14]

2) 운명의 카다피

독재자 카다피의 사망소식을 접한 NATO 지도자들은 매우 들떠 있었다. 카다피 사망 당시 리비아에 머무르고 있던 클린턴 국무장관은 본국으로 귀국한 직후 〈CBS〉 방송과의 인터뷰에서 "왔노라, 보았노라,

그(필자 주 : 카다피를 지칭)가 죽었노라"며 로마제국의 황제 율리우스 카이사르(Julius Caesar)의 명언("왔노라, 보았노라, 이겼노라")을 재미있게 응용하며 기뻐했다. 앞에서 거론된 리비아 침공 이유 이외에도 클린턴을 비롯한 NATO 지도자들에게 카다피 사망이 가져다 줄 정치적 의미는 크게 두 가지로 요약할 수 있다. 첫째, 만약 카다피가 생포되어 전범재판에 회부될 경우 법정에서 유엔헌장이 금지한 주권국가의 내부 문제를 이유로 무력을 행사하고, 반군 무장을 위해 무기를 반입함으로써 유엔 안보리 결의안 제1973조를 위반하는 등 NATO가 저지른 죄상을 공개할 수 있는 선전무대를 사전에 차단하는 효과를 거둔 것이다.

둘째, 과거 실시된 국가 원수에 대한 전범재판 과정에서 일어난 '불상사'가 다시는 반복되지 않도록 미연에 차단한 것이다. 비견한 역사적 사례를 살펴보면, 구 유고슬라비아의 밀로세비치 대통령이 해당된다. NATO는 1999년 유고슬라비아에 리비아에서와 같은 '비행금지구역'을 설정, 폭격하고 이들이 훈련시킨 반군과 시위대가 밀로세비치 정권을 붕괴시킨 후 유고슬라비아 내 소수인종에 대한 '인종청소' 혐의로 그를 유엔의 국제법정에 세웠다. 그러나 서방국가들의 입장에서 볼 때 이 법정은 '실패작'과 다름없었다. 즉, 재판과정에서 밀로세비치 자신이 저지른 죄상보다는 민간인에 대한 무차별 폭격 등 NATO가 자행한 범죄가 더 많이 세상에 알려지는 결과가 되어버린 것이다. 밀로세비치의 변호인단은 NATO가 유고슬라비아 내 세르비아계에 대항하여 싸우는 코소보 자유군(KLA, Kosovo Liberation Army)을 위해 테러조직 알카에다를 지원하게 된 과정을 담은 미 연방수사국(FBI, Federal Bureau of Investigation) 문건을 법정에 제출했다. NATO가 숨기고 싶은 비밀을 만천하에 폭로해 버린 것이다. 결국 밀로세비치는 최종 판결 직전인 2006년 초 감옥에서 의문사로 생을 마감했다(MacKinnon 2007: 267).

이상에서 살펴본 바와 같이 구 유고슬라비아 지도자의 입을 막는 데 실패한 사례를 교훈으로 삼아 NATO 지도자들은 카다피를 생포하여 재판정에 세우지 않고 사살하기로 결정하였을 가능성이 있다. 사망하기 전 이미 카다피는 유엔의 산하에 있는 국제형사재판소(ICC, International Criminal Court)로부터 영장이 발부된 상태였다. 밀로세비치와 마찬가지로 카다피도 만약 서방이 마련한 재판정에 선다면 NATO의 리비아 개입에 대해 할 말이 많은 사람이었다. 더욱이 카다피는 장황하게 오랫동안 연설하기로 소문난 사람으로 NATO 국가들에게는 매우 성가신 존재임이 틀림없었다. 카다피가 재판정에 섰다면 그동안 영국, 프랑스 등지의 언론이 의혹으로 제기해 온 카다피 정권과 NATO 지도자들과의 비밀거래 내용을 카다피가 폭로할 가능성도 있었다.

특히 사르코지 대통령은 2007년 대선과정에서 카다피로부터 거액의 자금을 지원받은 사실이 폭로되는 것을 두려워했다는 분석도 있다(Forte 2012: 129). 〈포린폴리시〉는 카다피 사망 직후인 2011년 10월 24일자 기사에서 카다피가 서방국가들과의 비밀거래 정보를 "너무 많이 알고 있어서" 그가 죽은 사실로 인해 "서방국가 정부들이 안도의 한숨을 쉬고 있다"고 적었다(Rieff 2011). 이 기사는 카다피 정권 붕괴 작전에 참가한 서방국가들이 카다피 제거에 협력한 이유를 암시하는 대목이다.

5. 결론

이 장에서는, 2011년 NATO가 리비아를 공습한 이유, 지상에서의 NATO의 지원과 반군의 특징 그리고 카다피가 사살된 이유 등의 분석

결과, 리비아에서 일어난 '아랍의 봄'은 카다피 독재정권에 항거한 '자
발적인 시민혁명'이라기보다는 'NATO의 조직적인 지원에 의한 혁명'이
라는 결론을 도출해 내었다. NATO는 리비아에 대한 공습 이유로서 카
다피 정부군의 시위대 폭력 진압에 대한 리비아 국민의 '보호책무'를
내세웠으나, 개입의 이유를 분석한 결과 이들의 권력질서에 도전한 카
다피를 제거한 후 '친서방' 정권을 수립하여 리비아 석유와 금융 이권
을 취득하고자 했다. 특히 미국은 아프리카 지역에서 자국의 '전략적
이익' 추구에 걸림돌로 작용해 온 카다피를 제거함으로써 최대 라이벌
로 부상하고 있는 중국이 아프리카 지역에서 지하자원을 확보하고 정
치·경제적 영향력을 확대하는 것을 저지하고자 했다.

　NATO 소속 국가들은 이상과 같은 목적을 달성하기 위해 카다피 정
권교체를 주도했다. 특히 미국은 카다피 정권교체 과정에서 핵심적인
역할을 했지만 '비밀개입 전략'을 추구했다. 주된 이유는 아프가니스탄
과 이라크 전쟁에서의 실패, 막대한 재정적자 등으로 인한 국내의 반
전 여론 및 전쟁전략의 변화 등에 따라 리비아 정권교체 과정에서는
'뒤에서 지도하는' 전략을 취할 수밖에 없었기 때문이었다. 또한 노벨
평화상 수상자이자 미국 최초의 '흑인' 대통령인 오바마가 '검은 대륙'
아프리카에의 무력 개입에 적극적으로 나서는 것이 부담이 되었을 것
이라는 지적도 가능하다(Nazemroaya 2012: 240). 공식적으로는 NATO
소속 국가인 영국, 프랑스가 카다피군과의 교전을 주도하도록 하고,
아랍국가들 중 '친서방' 성향인 사우디아라비아, 카타르 등이 협조하는
방식을 취했다. 그리고 리비아 반군을 조직·지원하는 과정에서도 철
저하게 '비밀개입 전략'을 취했다. 이와 같은 전략으로 인해 리비아 지
상에서 미국의 존재감이 크게 부각되지 않았다. 그러나 미국은 유엔
안보리가 리비아 상공에 대한 '비행금지구역'을 설정하기 이전부터 정
보기관과 특수부대 요원들을 파견하여 반정부 시위의 기폭제 역할을

하도록 반군과 시위대를 지원하고 본국에서는 리비아 헌법 작성 등 카다피 정권교체를 실질적으로 주도했다.[15]

끝으로 리비아 정권교체 과정에서 나타난 문제점으로 지적할 수 있는 것은, NATO가 폭격으로 생포된 카다피를 정당한 법적절차도 없이 반군에게 살해당하도록 유도 또는 협조한 점이다. 리비아 현지에 파견되어 전쟁의 참상을 지켜본 한 미국인은 국무장관 클린턴이 카다피가 "반인륜적이고 비도덕적"인 방법으로 사망한 소식을 알고 득의양양하게 웃는 모습을 가리켜 "미국 역사상 가장 슬픈 순간 중 한 장면"이라며, 어떠한 법적 절차도 거치지 않고 반군에게 무참히 살해당하도록 내버려 둔 지도자들의 태도를 신랄히 비판했다(McKinney 2012: 246). 오랫동안 절대 권력을 행사하고 '반서방' 노선을 추구해 온 카다피에 대한 평가는 극명하게 엇갈리지만, 주권국가의 원수이자 전쟁 포로인 그를 사살한 것은 전시 포로에 관한 국제법상 명백히 위법인데도 불구하고 이를 지키지 않았다는 것은 국제법 준수에 대한 NATO 소속 국가들과 리비아 반군의 한계를 보여준 셈이다. 그러나 이 글에서 분석한 것처럼 NATO의 리비아 사태 개입 과정에는 여러 가지 문제가 있었지만, 결과적으로 볼 때 카다피의 독재정치가 막을 내렸고 리비아 국민들에게 자유와 민주주의를 되돌려 주는 데 기여한 점은 인정해야 할 것이다.

주석 ....

1) 리비아 정권교체에는 NATO 소속 국가와 아랍의 '친서방' 국가인 이스라엘, 사우디아라비아, 카타르 등 19개국이 직·간접적인 형태로 관여했다.

2) 그리고 수많은 부족 사이의 갈등, 광활한 국토에 비해 매우 낮은 인구밀도 등으로 인해 카다피 정부군 이외에 외세의 침공에 맞서 조직적으로 항거할 상황에 있지 않았다. 국내 일부 전문가들 사이에서는 리비아 사태의 내부적 요인도 중요하다는 지적이 있다. 그러나 이 책에서는 외국의 선행연구에서 내부적 요인보다는 외부적 요인에 무게중심을 두고 있다는 점을 염두에 두고 NATO의 개입 원인을 분석하는데 초점을 맞추고자 한다. 물론 내부적 요인은 향후 연구대상으로 할 필요가 있다. 외부적 요인을 강조하는 외국의 선행연구로는 (Engdahl 2012, Forte 2012, Nazemroaya 2012) 등이 있다.

3) 이 글에서 리비아를 연구대상으로 주목하는 또 다른 이유를 들면 적어도 두 가지가 있다. 첫째, 2005년 유엔 총회에서 회원국 정상들이 통과시킨 독재정권에 의한 자국민 대량학살, 전쟁범죄, 인종청소, 인류에 대한 범죄로부터 '보호책무'(Responsibility To Protect, 영문 약어로 'R2P'라고도 함) 조항이 적용되어 국제사회가 주권국가의 내정문제를 이유로 무력으로 개입한 첫 번째 사례이기 때문이다. 둘째, 현재 진행되고 있는 시리아 유혈사태와 관련되어 있다. 즉 튀니지, 이집트, 예멘, 바레인 등지에서 일어난 '아랍의 봄'과는 달리 리비아와 시리아에서 독재정권에 항거한 주축은 중무장한 반군과 시위대라는 특징을 가지고 있다. 그리고 시리아에서 바샤르 알 아사드(Bashar al-Assad)의 정부군과 싸우고 있는 반군 중에는 리비아에서 카다피 정권에 대항해 싸운 알카에다 연계조직인 리비아 이슬람 전투단(LIFG, Libyan Islamic Fighting Group)이 포함되어 있는 것으로 밝혀졌다(Rosenthal 2012). 시리아의 반군을 모집, 무장시킨 주체는 NATO의 정보기관과 특수부대로서 리비아의 경우와 매우 흡사하다. 따라서 리비아의 정권교체에 대한 분석은 현재 시리아에서 일어나고 있는 유혈사태의 성격을 이해하는 데 중요한 힌트를 제공해 준다.

4) 리비아 사태에 관해 다룬 국내 연구는 (장익선(외) 2011, 박진우(외) 2011, 조정현 2011, 김성욱(외) 2012, 이재복(외) 2012)이 있다.

5) 리비아 정권교체가 최근에 일어난 사건이라는 점과 미국 등 리비아 사태에 개입한 대부분의 국가들이 정부문서를 공개하지 않고 있는 등 자료 수집에 한계가 있어 이 장에서는 신문, 잡지 등 1차 자료(온라인)도 일부 이용하였음을 밝혀둔다.

6) "US trains activists to evade security forces," http:// www.activistpost.com/ 2011/ 04/ us - trains - activists-to-evade-security.html(검색일: 2013. 4. 17).

7) 여기서 유럽과 미국의 카다피 정권교체 이유 중 차이점 하나를 지적하자면, 전자의 경우 카다피가 아프리카 전 지역의 단일여권제도를 추진하고 비자가 없어도 여권만 있으면 다른 나라를 자유롭게 이동 가능하게 함으로써 아프리카 이민이 유럽으로 대량 유입되어 결국 자국의 실업률이 증가되는 것을 큰 위협으로 느끼고 있었다는 점이 있다(Forte 2012: 170).

8) Henry A. Kissinger, http://en.wikiquote.org/wiki/Talk:Henry_Kissinger(검색일: 2013. 4. 9).

9) 2011년 4월 17일 로버츠가 이란의 〈Press TV〉와 행한 인터뷰 자료 인용.

10) "U.S. Predator Drone Fired on Qaddafi Convoy, Official Says," http://www.myfoxhouston.com/ dpp/ news/ national/foxnews/US-Predator-Drone-Fired-on-Qaddafi-Convoy-Official-Says(검색일: 2013. 4. 12).

11) Larry Sinclair, "Secretary of State Hillary clinton Told of Qaddafi 'White Flag' Truce," http://www.larrysin clair.org/2011/10/25/secretary-of-state-hillary-clinton-told/(검색일: 2013. 4. 11).

12) "After helping to kill Qaddafi, NATO prepares to end Libya mission," http://www.debka.com/article/21400/(검색일: 2013. 4. 10).

13) James Crugnale, "Vladimir Putin Blames US Drones For Gaddafi Death, Slams John McCain," http://www. mediaite.com/online/vladimir-putin-blames-us-drones-for-gaddafi-death-slams-john-mccain/(검색일: 2013. 3. 17).

14) 2012년 7월 전 임시 총리인 지브릴은 카다피를 사살한 범인으로 "외국 요원들"을 지목하였고, NTC에서 해외정보국장을 역임한 라미 엘 오베이디(Rami El Obeidi)는 보다 구체적으로 "반군과 함께 있던 프랑스인"이었다고 주장한다(Forte 2012: 129). 카다피의 구체적인 사살과정은 향후 깊이 있는 연구가 필요하다.

15) '아랍의 봄'이 일어난 나라 중 서방국가들이 무력에 의한 정권교체를 추구한 리비아 및 시리아의 헌법 제(개)정 작업을 미국 국무부가 재정을 지원하는 미국평화연구소(United States Institute of Peace)가 담당하였으나 철저하게 '비밀리에 주도'하는 전략을 취했다. 그 이유는 〈포린폴리시〉도 지적하였듯이, 오바마 행정부 관리들은 미국의 역할이 너무 눈에 띄게 될 경우에는 '외세에 의해 강제된 헌법'이라는 사실이 알려져 그 정당성을 잃어버릴 수 있다는 사실을 인식하고 있었기 때문이었다(Rogin 2012).

참고문헌

1. 단행본·논문

에리히 폴라트, 알렉산더 융 외 지음, 김태희 옮김. 『자원전쟁』. 영림카디
    널, 2008년.

오종진. 아제르바이잔-터키 BTC(바쿠-티빌리시-제이한) 송유관 건설과 터
    키의 새로운 에너지 정책 구상. 『중동문제연구』. 8(2009): 1-28.

윤영미. 탈냉전기 중앙아시아의 파이프라인 구축에 관한 소고 : 러시아와
    투르크메니스탄의 에너지 협력과 갈등을 중심으로. 『유라시아연구』.
    7(2010): 415-36.

이두환. 나부코 천연가스 파이프라인의 성공 가능성 평가와 정책 시사점.
    『社會科學研究論叢』. 26(2011): 81-98.

_____. Nord Stream 천연가스 파이프라인의 에너지 안보 영향과 정책 시사
    점. 『社會科學論叢』. 31(2011): 99-119.

김상원. 러시아의 에너지 전략 변화와 러·중 에너지 협력. 『한국동북아논
    총』. 16(2011): 55-78.

김성욱, 김위근. 전쟁과 프로파간다 : 국내외 언론매체의 리비아 사태 보도
    에 서 나타난 정보원 심층 분석. 『커뮤니케이션 이론』. 8(2012):
    177-212.

박진우, 김수연. 인도주의적 개입의 프레이밍 : 리비아 사태에 대한 국내

언 론의 보도 분석. 『韓國言論學報』. 55(2011): 331-55.

배리 아이켄그린 저, 김태훈 옮김. 『달러 제국의 몰락』. 북하이브, 2011년.

백훈. 남·북·러 가스관 사업의 정책적 접근. 『東北亞經濟研究』. 23(2011): 93-123.

CCTV 경제 30분팀 지음, 류방승 옮김. 『화폐전쟁, 진실과 미래』. 랜덤하우스 코리아, 2011년.

장회식. 오일달러 체제와 미국의 통화전쟁. 『군사논단』. 73(2013): 192-210.

조지 프리드먼 지음, 김홍래 옮김. 『넥스트 디케이드』. 쌤앤파커스, 2011년.

조정현. 리비아 사태와 국제법, 그리고 한반도에의 함의. 『국제법평론』. 33(2011): 53-69.

이임하. 『적을 삐라로 묻어라-한국전쟁기 미국의 심리전』. 철수와영희, 2012년.

이재복, 이강민. 북한 급변 사태시 '보호책임(R2P) 원칙' 적용 가능성과 한계 : 리비아 사태 분석을 중심으로. 『군사평론』. 41(2012): 71-85.

Abbas, Seher. IP and TAPI in the 'New Great Game': Can Pakistan Keep Its Hopes High? *Spotlight on Regional Affairs*. 31(2012): 1-38.

Art, R. *A Grand Strategy*. Ithaca: Cornell University Press, 2003.

Bacevich, A. *The New American Militarism: How Americans are Seduced by War*. Oxford: Oxford University Press, 2005.

Baer, Robert. *The Devil We Know: Dealing with the New Iranian Superpower*. New York: Crown Publishers, 2008.

Bird, William, and Rubenstein, Harry. *Design for Victory: World War II Posters on the American Home Front*. New York: Princeton Architectural Press, 1998.

Boelcke, Willi ed., *The Secret Conferences of Dr. Goebbels: The Nazi Propaganda War, 1939-43*, trans. Ewald Osers. New York: E. P. Dutton & CO., INC., 1970.

Brzezinski, Zbigniew. *The Grand Chessboard: American Primacy and Its*

Geostrategic Imperatives. New York: Basic Book, 1997.

_____. *The Choice: Global Domination or Global Leadership*. New York: Basic Books, 2004.

_____. *Second Chance: Three Presidents and the Crisis of American Power*. New York: Basic Books, 2007.

_____. *Strategic Vision: America and the Crisis of Global Power*. New York: Basic Books, 2012.

Brzezinski, Zbigniew and Brent Scowcroft. *America and the World: Conversations on the Future of American Foreign Policy*. New York: Basic Books, 2008.

Buckley, Roger. Britain and the Emperor: The Foreign Office and Constitutional Reform in Japan, 1945-1946. *Modern Asian Studies*. 12(1978).

Bulter, S. *War is a Racket*. New York: Round Table Press, Inc., 1935.

CFR(Council on Foreign Relations), ed. *The New Arab Revolt: What Happened, What It Means, and What Comes Next*. New York: Council on Foreign Relations, 2011.

Chang, Matthias. *Brainwashed for War: Programmed to Kill*. Washington, D.C.: American Free Press, 2005.

Clark, William. *Petrodollar Warfare: Oil, Iraq and the Future of the Dollar*. Gabriola Island, Canada: New Society Publishers, 2005.

Crumpton, H. *The Art of Intelligence: Lessons from a Life in the CIA's Clandestine Service*. New York: Penguin Books, 2013.

Dietrich, Otto. *Hitler*, trans. Richard and Clara Winston. Chicago: Henry Regnery Company, 1955.

Dower, John. *War Without Mercy: Race and Power in the Pacific War*. New York: Pantheon, 1987.

Engdahl, W. *Myths, Lies and Oil Wars*. Wiesbaden, Germany: edition.engdahl, 2012.

Erickson, Andrew and Gabriel Collins. China's Oil Security Pipe Dream: The Reality, and Strategic Consequences, of Seaborne Imports. *Naval War College Review.* 63(2010): 89-111.

Erlich, R. *The Iran Agenda: The Real Story of U.S. Policy and the Middle East Crisis.* Sausalito, CA: PoliPointPress, 2007.

Escobar, Pepe. *Globalistan: How the Globalized World Is Dissolving Into Liquid War.* Ann Arbor, MI: Nimble Books LLC, 2006.

Fairbank, John King. *Chinabound: A Fifty-Year Memoir.* New York: Harper & Row, Publishers, 1982.

Fellers, Bonner F. *Wings for Peace: A Prime for a New Defense.* Chicago: Regnery Company, 1953.

Forte, M. *Slouching Towards Sirte: NATO's War on Libya and Africa.* Montreal: Baraka Books, 2012.

Foster, John. A Pipeline through a Troubled Land: Afghanistan, Canada, and the New Great Energy Game. *Foreign Policy Series.* 3(2008): 1-17.

Friedman, George. *The Nest 100 Years: A Forecast for the 21st Century.* New York: Doubleday, 2009.

Fu, Jen-kun. Reassessing a 'New Great Game' between India and China in Central Asia. *China and Eurasia Forum Quarterly.* 8(2010): 17-22.

Gayn, Mark. *Japan Diary.* New York: William Sloane Associates, 1948.

Gelvin, J. *The Arab Uprisings: What Everyone Needs to Know.* Oxford: Oxford University Press, 2012.

Gilbert, G. M. *Nuremberg Diary.* New York: A Signet Book, 1947.

Gilmore, Allison. *You Can't Fight with Bayonets: Psychological Warfare against the Japanese Army in the Southwest Pacific.* London: Bison Books, 1998.

Hitler, Adolf. *Hitler's Secret Conversations, 1941-1944*, trans. Norman Cameron and R. H . Stevens. New York: A Signet Book, 1961.

_____. *Hitler's Table Talk, 1941-1944*, trans. Norman Cameron and R. H. Stevens. New York: Enigma Books, 2000.

_____. *Mein Kampf*, trans. Ralph Manheim. New York: A Mariner Book, 2001.

Holslag, J. China's New Security Strategy for Africa. *Parameters*. Summer 2009: 23-37.

Horne, Gerald. *Race War!: White Supremacy and the Japanese Attack on the British Empire*. New York: New York University Press, 2004.

Hunt, Frazier. *MacArthur and the War against Japan*. New York: Charles Scribner's Sons, 1944.

James, D. Clayton. *Oral Reminiscences of Brigadier General Bonner F. Fellers*. Washington, DC.: MacArthur Archives, 26 June 1971.

Jang, Hoi Sik. *Japanese Imperial Ideology, Shifting War Aims and Domestic Propaganda during the Pacific War of 1941-45*. Ph.D. Thesis: University of New York at Binghamton, 2007.

Kaplan, Robert. *Monsoon: The Indian Ocean and the Future of American Power*. New York: Random House, 2010.

_____. *The Revenge of Geography: What the Map Tells Us about Coming Conflicts and the Battle against Fate*. New York: Random House, 2012.

Kemp, Geoffrey. *The East Moves West: India, China, and Asia's Growing Presence in the Middle East*. Washington, D.C.: Brookings Institution Press, 2010.

Khan, Aleena. IPI Pipeline and Its Implications on Pakistan. *Strategic Studies*. 32(2012): 102-13.

Kim, Shee Poon. An Anatomy of China's 'String of Pearls' Strategy. *Hikone Ronso*. 387(2011): 22-37.

Klare, Michael. *Resource Wars: The New Landscape of Global Conflict*. New

York: Henry Holt and Company, 2002.

Kleveman, Lutz. *The New Great Game: Blood and Oil in Central Asia*. New York: Grove Press, 2003.

Kupecz, Mickey. Pakistan's Baloch Insurgency: History, Conflict Drivers, and Regional Implications. *International Affairs Review*. 20(2012): 95-110.

Lawson, L. U.S. Africa Policy Since the Cold War. *Strategic Insights*. VI(2007): 1-14.

Layne, Christopher. *The Peace of Illusions: American Grand Strategy from 1940 to the Present*. Ithaca, NY: Cornell University Press, 2006.

Le Billon, Philippe. *The Geopolitics of Resource Wars: Resource Dependence, Governance and Violence*. New York: Routledge, 2005.

Lea, Homer. *The Valor of Ignorance*. New York: Harper & Brothers Publishers, 1909.

LeMay, Curtis, and Kantor, MacKinlay. *Mission with LeMay: My Story by General Curtis E. LeMay with MacKinlay Kantor*. New York: Doubleday&Company, INC., 1965.

LeVine, Steve. *The Oil and the Glory: The Pursuit of Empire and Fortune on the Caspian Sea*. New York: Random house, 2007.

Lindbergh, Charles A. *The Wartime Journals of Charles A. Lindbergh*. New York: Harcourt Brace Jovanovich, 1970.

Linebarger, Paul M. A. *Psychological Warfare*(2nd ed.). Washington: Combat Forces Press, 1954.

Lochner, Louis ed. *The Goebbels Diaries, 1942-1943*, trans. Louis Lochner. New York: Doubleday & Company, Lnc., 1948.

Looney, Robert. A Threat to U.S. Interests in the Gulf? *Middle East Policy*. 11(2004): 26-37.

_____. The Iranian Oil Bourse: A Threat to Dollar Supremacy? *Challenge*. 50(2007): 1-25.

MacDonogh, Giles. *The Last Kaiser: The Life of Wilhelm II*. New York: St. Martin's Griffin, 2000.

MacKinnon, M. *The New Cold War: Revolutions, Rigged Elections, and Pipeline Politics in the Former Soviet Union*. New York: Carroll & Graf Publishers, 2007.

Mandelbaum, Michael. *The Frugal Superpower: America's Global Leadership in a Cash-Strapped Era*. New York: PublicAffairs, 2010.

Mashbir, Sidney F. *I was an American Spy*. New York: Vantage Press, 1953.

Mazhar, Muhammad Saleem, Umbreen Javaid, and Naheed Goraya. Balochistan(From Strategic Significance to US Involvement). *Journal of Political Studies*. 19(2012): 113-27.

McKinney, C, ed. *The Illegal War on Libya*. Atlanta: Clarity Press, INC., 2012.

Mearsheimer, J. *The Tragedy of Great Power Politics*. New York: W. W. Norton & Company, 2001.

Military Intelligence Service Association of Northern California and the National Japanese American Historical Society. *The Pacific War and Peace: Americans of Japanese Ancestry in Military Intelligence Service 1941 to 1952*. California, 1991.

Moyo, D. *Dead Aid: Why Aid Is Not Working and How There Is a Better Way for Africa*. New York: Douglas & Mcintyre Ltd., 2010.

_____. *Winner Take All: China's Race for Resources and What It Means for the World*. New York: Basic Books, 2012.

Nawaz, Shuja. Drone Attacks Inside Pakistan: Wayang or Willing Suspension of Disbelief? *Georgetown Journal of International Affairs*. Summer/Fall 2011: 79-87.

Nazemroaya, M. D. *The Globalization of NATO*. Atlanta: Clarity Press, 2012.

Norman, J. *The Oil Card: Global Economic Warfare in the 21th Century*. Chicago: Independent Publishers Group, 2008.

Palmer, M. *Breaking the Real Axis of Evil: How to Oust the World's Last Dictators by 2025.* New York: Rowman & Littlefield Publishers, Inc., 2003.

Perkins, J. *Confessions of an Economic Hit Man.* New York: A Plum Book, 2006.

Petersen, Alexandros. *The World Island: Eurasian Geopolitics and the Fate of the West.* Santa Barbara, California: Praeger, 2011.

Pham, P. America's New Command: Paradigm Shift or Step Backwards? *Brown Journal of World Affairs.* XV(2008): 257-72.

Prashad, V. *Arab Spring, Libyan Winter.* Oakland: AK Press, 2012.

Rafique, Najam and Fahd Humayun. Washington and the New Silk Road: a new great game? *Strategic Studies.* 31-2(Winter 2011 and Spring 2012): 1-18.

Rickards, James. *Currency Wars: The Making of the Next Global Crisis.* New York: Potfolio/Penguin, 2011.

Ritter, Scott. *Target Iran: The Truth about the White House's Plans for Regime Change.* New York: Nation books, 2006.

Robinson, Jerry. *Bankruptcy of Our Nation.* Green Forest, AR: New Leaf Press, 2009.

Ruppert, Michael. As The World Burns. *From The Wilderness.* 8(2004).

Sarwar, Nadia. US Drone Attacks Indise Pakistan Territory: UN Charter. *Reflections.* 3(2009): 1-5.

Schmulowitz, Nat, and Luckmann, Lloyd D. Foreign Policy by Propaganda Leaflets. *Public Opinion Quarterly.* 9(Winter 1945-46).

Semmler, Rudolf. *Goebbels-The Man Next to Hitler.* London: Westhouse, 1947.

Sjahrir, Soetan. *Out of Exile*, trans. Charles Wolf, Jr.. New York: The John Day Company, 1949.

Smith, Bradford. *Americans from Japan.* New York: Lippincott Company, 1948.

Speer, Albert. *Inside the Third Reich*, trans. Richard and Clara Winston. New York: Avon Books, 1971.

Spiro, David. *The Hidden Hand of American Hegemony: Petrodollar Recycling and International Market*. Ithaca, NY: Cornell University Press, 1999.

Sprance, W. The New Tournament of Shadows: The Strategic Implications of China's Activity in Sub-Saharan Africa and AFRICOM's Role in the U.S. Response. *Journal of Military and Strategic Studies*. 10(2008): 1-19.

Sussman, G. *Branding Democracy: U.S. Regime Change in Post-Soviet Eastern Europe*. New York: Peter Lang, 2010.

Thorne, Christopher. Racial aspects of the Far Eastern War of 1941-1945. *The British Academy, Proceedings of the British Academy*(Volume LXVI 1980). London: Oxford University Press, 1982.

Thorpe, Elliott R. *East Wind, Rain*. Boston: Gambit Incorporated, 1969.

Tolischus, Otto. *Tokyo Record*. New York: Reynal & Hitchcock, 1943.

Walberg, Eric. *Postmodern Imperialism: Geopolitics and the Great Games*. Atlanta: Clarity Press, Inc., 2011.

Wildes, Harry Emerson. *Typhoon in Tokyo*. New York: Macmillan Company, 1954.

Yergin, D. *The Prize: The Epic Quest for Oil, Money & Power*. New York: Free Press, 2009.

赤沢史朗・北河賢三・由井正臣 編. 『資料日本現代史13-太平洋戦争下の国民生活』. 大月書店, 1985.

粟屋憲太郎. 『東京裁判論』. 大月書店, 1989.

粟屋憲太郎・中園裕 編集・解説. 『敗戦前後の社会情勢第1巻 戦争末期の民心動向)』. 現代資料出版, 1998.

アンドルー・ロス 著, 小山博也 訳. 『日本のジレンマ』. 新興出版社, 1970.

アンヌ・モレリ 著, 永田千奈 訳. 『戦争プロパガンダ 10の法則』. 草思社, 2002.

伊藤整. 『太平洋戦争日記(一)』. 新潮社, 1983.

伊藤隆 編.『高木惣吉日記と情報 下』. みすず書房, 2000.

伊藤隆・廣橋眞光・片島紀男 編.『東條内閣総理大臣機密記録』. 東京大学出 版 会, 1990.

伊藤隆・武田知己 編.『重光葵 最高戦争指導会議記録・手記』. 中央公論新 社, 2004.

今村政史.『わが闘争』日本語版の研究」-ヒトラーの「対日偏見」問題を中 心に-. 『メディア史研究』. 16(2004).

内川芳美 編.『現代史資料(40-マス・メディア統制(一)』. みすず書房, 1973.

大岡昇平.『俘虜記』. 講談社, 1971.

大田昌秀.『沖縄戦下の米日心理作戦 』. 岩波書店, 2004.

オーテス・ケーリ.『よこ糸のない日本』. サイマル出版会, 1976.

カール・ヨネダ.『アメリカ一情報兵士の日記』. PMC出版, 1989.

木戸幸一.『木戸幸一日記(下)』. 東京大学出版会, 1966.

清沢洌.『暗黒日記Ⅲ』. 評論社, 1976.

北山節郎.『ピース・トーク一日米電波戦争』. ゆまに書房, 1996.

軍事史学会 編.『大本営陸軍部戦争指導班 機密戦争日誌(上)』. 錦正社, 1998.

_____.『大本営陸軍部戦争指導班 機密戦争日誌(下)』. 錦正社, 1998.

佐藤賢了.『佐藤賢了の証言-対米戦争の原点』. 芙蓉書房, 1976.

張會植. マッカーサー軍の対日心理作戦と戦後天皇制構想. 一橋大学大学院修 士論文, 2003.

_____.マッカーサー軍の対日心理作戦と天皇観. 『季刊 戦争責任研究』. 第41 号, 2003年 9月.

参謀本部 編.『敗戦の記録』. 原書房, 1967.

_____.『杉山メモ(下)』. 原書房, 1967.

C・A・ウェイロビー.『知られざる日本占領一ウェイロビー回顧録』. 番町書房, 1973.

式場隆三郎 編.『俘虜の心理』. 綜合出版社, 1946.

GHQ参謀第2部. 『マッカーサーレポート第2巻(Reports of General Macarthur Volume I Supplement』. 現代史料出版, 1998.

週刊新潮編集部. 『マッカーサーの日本』. 新潮社, 1970.

鈴木明・山本明. 『秘録・謀略宣伝ビラ』. 講談社, 1977.

ロジャー・エグバーグ 著, 林茂雄・北村哲男 訳. 『裸のマッカーサー』. 図書出版社, 1995.

松谷誠. 『大東亜戦争収拾の真相』. 芙蓉書房, 1980.

孫崎 享. 『アメリカに潰された政治家たち』. 小学館, 2012.

松下芳男 編. 『田中作戦部長の証言－大戦突入の真相』. 芙蓉書房, 1978.

南博・佐藤健二 編. 『近代庶民生活誌 第4巻 流言』. 三一書房, 1985.

日本の空襲編集委員会 編. 『日本の空襲－北海道・東北』. 三省堂, 1980.

ハインツ・ゴルヴィッツァー 著, 瀬野文教 訳. 『黄禍論とは何か』. 草思社, 1999.

東久邇稔彦. 『一皇族の戦争日記』. 日本週報社, 1957.

_____. 『東久邇稔彦日記-日本激動期の秘録』. 徳間書店, 1968.

吹浦忠正. 『書き書 日本人捕虜』. 図書出版社, 1987.

平和博物館を創る会 編. 『紙の戦争・伝単-謀略宣伝ビラは語る』. エミール社, 1990.

米軍マニラ司令部. 『「落下傘ニュース」復刻版』. 新風書房, 2000.

米国戦略爆撃調査団. 『The United States States Strategic Bombing Survey』(太平洋戦争白書)(第7巻)』. 日本図書センター, 1992.

ダグラス・マッカーサー 著, 津島一夫 訳. 『マッカーサー回想記(上)』. 朝日新聞社, 1964.

_____. 『マッカーサー回想記(下)』. 朝日新聞社, 1964.

種村佐孝. 『大本営機密日誌』. 芙蓉書房, 1985.

土屋礼子. 『対日宣伝ビラが語る太平洋戦争』. 吉川弘文館, 2011.

寺崎 英成, マリコ・テラサキ ミラー. 『昭和天皇独白録・寺崎英成御用掛日記』.

文藝春秋, 1991.

東郷茂徳. 『時代の一面』. 中央文庫, 1989.

山極晃・中村政則 編. 『資料日本占領 1 天皇制』. 大月書店, 1990.

山本文雄. 『日本マス・コミュニケーション史(増補)』. 東海大学出版会, 1981.

若槻禮次郎. 『明治・大正・昭和政界秘史-古風庵回顧録』. 講談社, 1983.

吉田裕. 『シリーズ日本近現代史⑥-アジア・太平洋戦争』. 岩波書店, 2007.

2. 보고서

Abisellan, Eduardo. *CENTCOM's China Challenge: Anti-Access and Area Denial in the Middle East.* 28 June 2012, Brookings Institute.

Akhtar, Nasreen. *Re-Thinking Balochistan: A healing touch in need?* 1 March 2012, Institute of Foreign Policy Studies.

Ali, Saleem. *Emerging Peace: The Role of Pipelines in Regional Cooperation.* No. 2(July 2010), Brookings Doha Center.

Ashour, O. *Libyan Islamists Unpacked: Rise, Transformation, and Future.* 2012, Brookings Doha Center.

Blanchard, C. Libya: *Transition and U.S. Policy.* Congressional Research Service, 2012.

CFR(Council on Foreign Relations). *More Than Humanitarianism: A Strategic U.S. Approach Toward Africa.* Independent Task Force Report 56, 2006.

Cohen, Ariel, Lisa Curtis, and Owen Graham. The Proposed Iran-Pakistan-India Gas Pipeline: An Unacceptable Risk to Regional Security. *Backgrounder.* No. 2139(30 May 2008), Heritage Foundation.

Deutsche Bank Research. The euro: Well established as a reserve currency. *EU*

Monitor, No. 28(8 September 2005).

Elliott School of International Affairs. *Discussing the 'New Silk Road' Strategy in Central Asia*. No. 2(June 2012), Central Asia Policy Forum.

Gardiner, Sam. *The End of the 'Summer of Diplomacy': Assessing U.S. Military Options on Iran*. 16 March 2006, Century Foundation.

Grare, Frédéric. *Pakistan: The Resurgence of Baluch Nationalism*. No. 65(January 2006), Carnegie Endowment for International Peace.

Harrison, Selig. *Pakistan: The State of the Union(Special Report)*. April 2009, Center for International Policy.

HSBC Global Research. USD reserve status will fade. *Macro Currency Strategy*, February 2009.

ICISS(International Commission on Intervention and State Sovereignty). *The Responsibility to Protect*, 2001

IMF(International Monetary Fund). *Libya beyond the Revolution: Challenges and Opportunities*, 2012.

Khalilzad, Zalmay, David Orletsky, Jonathan Pollack, Kevin Pollpeter, Angel Robasa, David Shlapak, Abram Shulsky, and Ashley Tellis. *The United States and Asia: Toward a New U.S. Strategy and Force Posture*. 2001, RAND.

Lieberthal, K. and Wang, J. *Addressing U.S.-China Strategic Distrust*. Brookings Institute, 2012.

Maleki, Abbas. *Iran-Pakistan-India Pipeline: Is It a Peace Pipeline?* September 2007, MIT Center for International Studies.

Nichol, Jim. *Central Asia: Regional Developments and Implications for U.S. Interests*. 1 December 2005, Congressional Research Service.

Palau, Rainer Gonzalez. The TAPI Natural Gas Pipeline: Status & Source of Potential Delays. *Afghanistan In Transition*. February 2012, Civil-Military Fusion Centre.

Pehrson, Christopher. *String of Pearls: Meeting the Challenge of China's Rising Power Across the Asian Littoral.* July 2006, Strategic Studies Institute of the U.S. Army War College.

Ploch, L. *Africa Command: U.S. Strategic Interests and the Role of the U.S. Military in Africa.* Congressional Research Service, 2011.

PNAC(Project for the New American Century). *Rebuilding America's Defenses: Strategy, Forces and Resources for a New Century*, 2000.

Project 2049 Institute. *Strengthening Fragile Partnerships: An Agenda for the Future of U.S.-Central Asia Relations*, February 2011.

Saban Center for Middle East Policy at the Brookings Institution. *Which Path to Persia?: Options for a New American Strategy toward Iran.* No. 20(June 2009).

Sarma, Angira Sen. Uncertainty Still Looms Large Over TAPI. *ICWA Issue Brief.* 28 September 2012, Indian Council of World Affairs.

Stares, Paul, Scott Snyder, Joshua Kurlantzick Daniel Markey, and Evan Feigenbaum. *Managing Instability on China's Periphery.* September 2011, Council on Foreign Relations.

Tempelhof, S. T. and Omar, M. *Stakeholders of Libya's February 17 Revolution.* United States Institute of Peace, 2012.

USAID. *Georgia: Causes of the Rose Revolution and Lessons for Democracy Assistance*, 2005.

Vision21 Foundation. *Balochistan: Problems and Solutions.*

3. 1차 사료

Chief of Staff of the War Department. Japanese Capitulation. attached to the Memo for the President by the Chief of Staff of the War Department.

25 July 1945. RG 165, Entry 15, 1944-45, Box 10. National Archives,.

Donovan, William. Letter to Brigadier General Bonner Fellers. 12 Dec. 1944, *Fellers Papers*. ※ Fellers Papers는 맥아더군의 심리전부 부장 펠러스가 딸인 낸시 펠러스 길레스피의 자택에 보관한 문서로서, 이것을 일본 공영방송인 NHK의 히가시노 마코토씨가 발굴하여 히토츠바시대학교 요시다 유타카 교수실에 기증한 문서임.

Fellers, Bonner. Travel Notes-The Psychology of the Japanese Soldier. *Fellers Papers*.

_____. Answer to Japan. 1944, *Bonner F. Fellers Collection*.

_____. Letter to Col. H. V. White. 24 Jan. 1945, *Fellers Papers*.

_____. Letter to Spike. 2 July 1945, *Fellers Papers*.

_____. Letter to Nancy Jane. 15 Sept. 1945, *Fellers Papers*.

_____. Letter to Dorothy. 6 Sept. 1946, *Fellers Papers*.

_____. Letter to Dorothy. 10 Mar. 1946, *Fellers Papers*.

_____. Peace from the Palace. *Fellers Papers*.

_____. Bonner. Report on Psychological Warfare Against Japan, Southwest Pacific Area, 1944-1945. 15 Mar. 1946, *Bonner F. Fellers Collection*. Archives of Herbert Hoover Presidential Library and Hoover Institution on War, Revolution and Peace, Stanford University, California.

FMAD, OWI. Persistent and Changeable Attitudes of the Japanese Forces and Their Implication for Propaganda Purposes. *U.S. Strategic Bombing Survey(Pacific): Records and Other Records, 1928-47*. Microfilm Publications M1655(National Archives; Washington, 1991). Institute of Economic Research, Hitotsubashi Univ., Roll 134.

_____. Recent Trends in Japanese Military Morale(Report No. 17, 9 Apr. 1945). *USSBS Records*, Roll 134.

_____. Principal Findings Regarding Japanese Morale During the War(Report No. 26, 20 Sept. 1945). *USSBS Records*, Roll 133.

Hellegers, Dale F. Interview with Bonner F. Fellers(19 Jan. 1973). Parker School of Foreign and Comparative Law, Columbia University. *Fellers Papers*.

Henle, Raymond. Interview with Bonner F. Fellers. 23 June 1967. *Herbert Hoover Oral History Program*. Archives of Herbert Hoover Presidential Library and Hoover Institution on War, Revolution and Peace.

Joint Intelligence Center. Leaflets Dropped and Target Areas(5 Mar. 1945 to 16 Aug. 1945). *USSBS Records*.

Morale Analysis Section, OWI. Japanese Morale Report Ⅱ(Aug. 1944). *USSBS Records*, Roll 134.

Office of Assistant Chief of Staff, SWPA. Establishment of Psychological Warfare. 4 June 1944, *Fellers Papers*.

Patton, John. Headquarters XI Corps. Letter to Brigadier General Bonner Fellers. 19 Nov. 1944, *Fellers papers*.

Psychological Warfare Branch. A Comparative Evaluation of Certain Studies in Psychological Warfare. 20 June 1944, *Fellers Papers*.

_____. The Emperor of Japan(Special Report No. 4). 22 July 1945, *Fellers Papers*.

USSBS. Interview with Isamu Iuoue. 5 Dec. 1945. *USSBS Records*, Roll 129.

外務省調査局. 第七十九議会ニ於ケル外交關係質疑應答要旨. 文書番号 B-A-7-0-353. 1942年 11月. 『外務省記録』. 外務省外交資料館.

警視庁. 米国戦略爆撃調査ニ関する件. *USSBS Records*, Roll 130.

佐々木克己. 空襲ノ与論ニ及ボシタル影響及其ノ対策等. *USSBS Records*, Roll 128.

情報局. 日英米戦争ニ對スル情報宣傳方策大綱. 文書番号B-A-7-0-352. 1941年 12月 8日. 『外務省記録』. 外務省外交資料館.

_____. 菊號宣傳實施要綱(案). 1943年 10月 31日. 文書番号IMT-383, マイクロフィルム リール WT52. 国会図書館憲政資料室.

世界経済調査会. 行政査察報告書. 1945年 7月 23日. *USSBS Records*, Roll 142.

大政翼賛會. 調査會第十委員會審議要禄第四號. 文書番号B-A-5-0-018. 1942年 10月 9日. 『外務省記録』. 外務省外交資料館.

内務省. 敵ノ文書、図画等ノ届出等ニ関スル件. 法令全書(昭和20年). マイクロ フィルム(YC/2), 国会図書館法令議会資料室所蔵.

_____. 極東防空軍司令部フィシャア大尉会見資料. *USSBS Records*, Roll 128.

内務省警保局保安課. 『思想旬報』. 第31号, 1945年 7月 20日.

4. 신문·잡지(온라인 포함)

IMF·세계은행. 리비아에 경제실사단 파견. 『데일리경제』(2011년 10월 21일).

Ahmad, A. Libya Recolonised: New African Bases For AFRICOM-NATO Combine. *Global Research*. 2 November 2011.

Allen, V. and Williams, D. SAS troops dressed in Arab clothes join hunt for Gaddafi as £1m reward is offered for dictator's head. *Daily Mail*. 25 August 2011.

Atal, Maha. IPI vs. TAPI. *Forbes*, 21 July 2008.

Banzai, Rihachiro. The 'DEMOCRACIES' GO WEST. *Contemporary Japan*. XI(1942)

Barry, J. America's Secret Libya War. *Daily Beast*. 30 August 2011.

Bhadrakumar, M. K. U.S. brings Silk Road to India. *The Hindu*, 24 December 2010.

Boot, M. Qaddafi Must Go. *Weekly Standard*. 28 March 2011.

China builds up strategic sea lanes. *Washington Times*, 17 January 2005.

Egeberg, Roger. How Hirohito Kept His Throne. *Washington Post*, 19 Feb. 1989.

Engdahl, F. W. Nato's War on Libya is Directed against China: AFRICOM and the Threat to China's National Energy Security. *Global Research*. 25 September 2011.

Entous, A., Johnson, K. and Levinson, C. Amid Libya Rebels, 'Flickers' of al Qaeda. *Wall Street Journal*. 30 March 2011.

Escobar, Pepe. How al-Qaeda got to rule in Tripoli. *Asia Times*. 30 August 2011.

_____. All Aboard the New Silk Road(s). *Aljazeera*, 16 September 2012.

Fair, Christian. Rohrabacher's 'Blood Borders' in Balochistan. *Huffington Post*, 22 February 2012.

Foster, J. B. A Warning to Africa: The New U.S. Imperial Grand Strategy. *Monthly Review*. 1 June 2006.

Gibbs, D. Power Politics, NATO, and the Libyan Intervention. *Counterpunch*. 15 September 2011.

Guardian. December 8, 2010.

Haddick, R. The Next Proxy War. *Foreign Policy*. 10 August 2012.

Hassan, Zaheerul. US Dirty Tricks & Pak-Iran Gas Pipeline. *Pak Tribune*, 6 March 2012.

Hossein-zadeh, I. The Arab Spring story in a nutshell: Fake springs, post-modern coup d'etat. *Global Research*. 22 July 2012.

JAPAN HOLDS UP HER END OF AXIS. *New York Times*, 1 March 1942.

Joshi, Manoj. Ring of dragon fire: Pakistan's transfer of Gwadar port to China is a significant addition to the latter's "string of pearls" created to contain. *India today*, 2 February 2013.

Krauss, C. Scramble for Access to Libya's Oil Wealth Begins. *New York Times*, 22 August 2011.

Masood, A. CIA recruits 1,500 from Mazar-e-Sharif to fight in Libya. *Nation*. 31

August 2011.

May, C. The Battle of Syria. *National Review.* 7 June 2012.

Mazzetti, Mark. A Secret Deal on Drones, Sealed in Blood. *New York Times,* 6 April 2013.

Mazzetti, M. and Schmitt, E. C.I.A. Agents in Libya Aid Airstrikes and Meet Rebels. *New York Times.* 31 March 2011.

Peters, Ralph. Blood borders: How a better Middle East would look. *Armed Forces Journal,* June 2006.

Saleem, Farrukh. CIA carving out new role. *International News,* 23 February 2012.

Souad, M. and Schmitt, E. Exiled Islamists Watch Rebellion Unfold at Home. *New York Times.* 19 July 2011.

Starr, Frederick. Why Is the United States Subsidizing Iran? *Foreign Policy,* 4 February 2013.

Mufson, S. Conflict in Libya: U.S oil companies sit on sidelines as Gaddafi maintains hold. *Washington Post.* 10 June 2011.

NAZI FEELER RAISES THE 'YELLOW PERIL'. *New York Times,* 23 January 1942.

Newman, A. 2011. Al-Qaeda and NATO's Islamic Extremists Taking Over Libya. *The New American.* 30 August 2011.

Raghavan, S. and Grimaldi, J. Rebels rob Libyan bank. *Seattle Times.* 24 May 2011.

Rieff, D. The Man Who Knew Too Much. *Foreign Policy.* 24 October 2011.

Rogin, J. Inside the quiet effort plan for a post-Assad Syria. *Foreign Policy.* 20 July 2012.

Rosen, S. P. The Future of War and the American Military. *Harvard Magazine.* 104(2002): 31.

Rosenthal, J. Al-Qaeda in Rebel Syria. *National Review.* 8 March 2012.

Rosenberg, T Revolution U: What Egypt Learned from the Students Who

Overthrew Milosevic. *Foreign Policy*. 16 February 2011.

Simons, L. As Libya shows, U.S. can capably lead from behind. *USA Today*. 11 October 2011.

Swami, P., Squires, N. and Gardham, D. Libyan rebel commander admits his fighters have al-Qaeda links. *Telegraph*. 25 March 2011.

Varner, B. Libyan Rebel Council Forms Oil Company to Replace Qaddafi's. *Bloomberg*. 21 March 2011.

Walsh, Eddie. Should the US support an independent Balochistan? *Aljazeera*, 3 March 2012.

Wenzel, R. 2011. Libyan Rebels Form Central Bank. *Economic Policy Journal*. March 2011.

Zhou, Hao. China to rune Pakistani port. *Global Times*, 1 February 2013.

小倉庫次. 小倉庫次侍従日記－昭和天皇戦時下の肉声.『文藝春秋』, 2007年 4月号.

『毎日新聞』(1945. 6. 13).

『読売新聞』(1999. 3. 22).

찾아보기

저자소개

장 회 식

일본 히토츠바시대학교에서 석사,
미국 뉴욕주립대학교(빙햄턴)에서
박사 학위를 취득하였다.
약 20년 동안 중앙부처에서 근무하였으며,
현재 경희대학교 객원교수이자 한국글로벌전략문제연구소
소장으로 있다.